Collection « Raisonance »
Dirigée par Georges Nurdin

« Raisonance » conjugue raison et créativité, pensée latérale, et rigueur intellectuelle. « Raisonance » emprunte à la raison raisonnante sa rationalité, mais comme sa racine latine, ratio, l'indique, ose mettre en rapport plusieurs courants de pensée a priori divergents ou disjoints. De même qu'en physique le phénomène de résonnance d' ondes différentes peut provoquer des phénomènes très puissants , « Raisonance » dégage une forte énergie novatrice en faisant dialoguer, de manière féconde, des champs a priori éloignés et s'intéresse plus particulièrement aux sciences sociales , à l' économie, à l' international, aux cultures et au management et sait être impertinent...tout en restant fondamentalement pertinent.

Dernières parutions

Cyril MARCHAND, *Self-défense : savoir se défendre en 10 points clés*, 2024.
Philippe LATASTE, *Transformation des organisations : oser la permaculture !*, 2020.
Vincent RODRIGUEZ, *Les leçons de vie d'un enseignant de terrain de Nouvelle-Calédonie*, 2019.
Lillia AREZKI, *Industrie pharmaceutique : quel avenir ?*, 2018.
Hubert LANDIER, *Renaissance*, 2018.
Jacques-Eloi DUFFAU, *Réveillons-nous !*; 2016.
Ellen WASYLINA, *La défense européenne face aux menaces*, 2015.
Georges NURDIN, Soraya DJERMOUN, *Les multinationales émergentes*, 2015.
Georges NURDIN, Olin O. OEDEKOVEN, Deborah K. ROBBINS, *Le leadership en action*, 2015.
Denise COHEN, *Tu me fais marcher !*, 2015.
Ellen WASYLINA, *Ukraine : Prémices de guerre froide en Europe ?*, 2014.
Josse ROUSSEL, *Misère de la Finance*, 2014.

Le nouveau mythe de l'IA :
Prométhée ou Cassandre ?

5-7, rue de l'École-Polytechnique ; 75005 Paris

http://www.editions-harmattan.fr/

ISBN : 978-2-336-47049-8
EAN : 9782336470498

Bernard Merck

Le nouveau mythe de l'IA : Prométhée ou Cassandre ?

L'Harmattan

« Cette denrée (l'information) se préparera sous des formes
de plus en plus maniables
ou comestibles ; elle se distribuera à une clientèle
de plus en plus nombreuse ;
elle deviendra chose de commerce, chose qui s'exporte,
chose enfin qui s'imite et se produit un peu partout ».

La Crise de l'esprit – Paul Valéry (1919)

Sommaire

Préface

Je suis convaincu que l'acceptation de l'intelligence artificielle, en tant que facteur déterminant du progrès dans nos sociétés, est désormais un enjeu prioritaire. Ce fut déjà le cas avec des innovations de rupture, telles que celle de l'électricité en 1879, ou celle d'Internet près d'un siècle plus tard. Il faut donc « accepter » que notre vie soit transformée (et je pense, en grande partie améliorée), par l'IA. Il ne s'agit pas d'un simple changement, mais d'une véritable transformation, qui va concerner tous les secteurs économiques, ainsi que la souveraineté industrielle et numérique des États. Donc, nous devons nous y préparer, individuellement et collectivement, le plus rapidement et le plus complètement possible, car il y aura de nombreux avantages (et quelques risques), pour les pionniers, et certainement des pénalités sous forme de perte de chances, pour les retardataires. Imaginons aujourd'hui la vie au travail et hors travail sans Internet, elle reste possible et dans certains cas elle est peut-être plus paisible, mais que d'opportunités impossibles à saisir…

C'est fort de cette conviction que j'ai lu et apprécié le livre de Bernard Merck, *Le Nouveau Mythe de l'IA : Prométhée ou Cassandre ?*. L'auteur a une grande expérience de la transformation, car il fut DRH et DG de grandes sociétés, lorsqu'Internet a fait son apparition, et il a derrière lui une culture de l'appropriation technologique, qui est le stade qui suit l'acceptation. D'abord j'accepte, puis je m'approprie, c'est-à-dire que j'utilise et je progresse, grâce à l'utilisation d'un nouvel outil. Il sait que, pour que cette appropriation ait lieu, il faut comprendre et susciter l'envie, et son livre nous fait comprendre et nous donne envie.

Dans un premier temps, il situe l'IA dans une histoire récente des technologies de l'information, et il nous aide à saisir les différences entre ces formes d'IA que nous croisons souvent, sans être capables de les distinguer, le « machine learning », le « deep learning », le « search » et bien sûr ce que nous commençons à utiliser, plus ou moins bien, l'intelligence artificielle générative (ChatGPT, et ses semblables). Il nous initie à l'art du « prompt » et il ouvre même la boîte noire pour nous expliquer « comment ça marche ». Il nous aide ainsi à comprendre les liens qui unissent étroitement hard et soft, c'est-à-dire le matériel, le logiciel et les données. Il attire surtout notre attention sur « la fiabilité des livrables de l'IA », et plaide pour une vigilance constante.

Jacques Ellul, le grand philosophe de la technique, avait averti que son développement la poussait inexorablement à s'autonomiser des normes sociales traditionnelles, et notamment de celles de l'éthique. Bernard Merck nous met en garde, lui aussi, non seulement contre certains dangers qui proviennent des insuffisances de l'IA (les « hallucinations » par exemple), mais surtout il décrit les risques que les « mauvais usages » de l'IA font peser sur la société : la désinformation par les « fake news », l'apparition de l'ère de la « post-vérité », les ingérences informationnelles, etc.

Mais, contrairement à la loi de Gresham, qui prévoit que la mauvaise monnaie chasse la bonne, les mauvais usages de l'IA ne chasseront pas les bons, car ces derniers sont autrement plus nombreux et de plus en plus soutenus par les institutions ; notre pays figurant d'ailleurs au rang des plus investis.

L'auteur décrit comment l'IA va « impacter » les métiers, ceux du droit, de la santé, du marketing, du commerce, de l'enseignement, de la recherche, des transports, bref de la quasi-totalité des services. Il met particulièrement en évidence l'impact de l'IA sur la création (littéraire, cinématographique, musicale), sur l'industrie et, bien sûr, sur l'emploi. Sur ce dernier point, il insiste sur le fait qu'avec l'IA, ce ne sont plus seulement les emplois peu qualifiés qui sont menacés, mais que les cadres, et même les « experts » sont dans le viseur, sans qu'il soit, à ce jour, possible de se livrer à une quantification, entre destruction et création d'emplois. Seule certitude, tous les emplois seront touchés et, pour cette raison, la préparation est devenue « une urgente nécessité ».

L'ouvrage de Bernard Merck constitue à mes yeux une véritable encyclopédie de l'IA, de son histoire et de ses usages. Il contient de nombreuses annexes très utiles au lecteur, notamment les principaux outils d'IA accessibles en libre-service, le rapport de la commission nationale sur le sujet, une grille d'analyse des risques, etc.

Je ne sais pas si, au terme de cet ouvrage, le lecteur tranchera pour le mythe du voleur de feu (Prométhée), ou pour celle qui porte la poisse (Cassandre), mais il aura toutes les cartes en main pour devenir un utilisateur averti et un militant vigilant de l'IA. Un livre à mettre entre toutes les mains, car il nous aide à comprendre ce qui nous arrive, et ce qui nous attend…

Jacques IGALENS,
Professeur émérite de l'Université de Toulouse,
Directeur général honoraire de TBS (Toulouse Business School).

Introduction

Personnellement, je m'intéresse à l'intelligence artificielle pour deux raisons :

- En tant qu'ancien DRH, l'impact de l'informatique me passionne depuis 1974 (date d'achat de mon premier micro-ordinateur – à l'époque on parlait d'ordinateur individuel), ceci sous trois aspects, qui sont trop malheureusement considérés comme disjoints : la technologique (programmation et maîtrise par les utilisateurs), l'organisationnel (impact sur les processus et le mode de management) et l'humain (sa plus ou moins grande maîtrise et ses rapports ambigus avec la technique). J'ai écrit en son temps quelques ouvrages sur le « bon recours aux NTIC[1] ».
- Curieux de nature, la montée en performance de l'IA m'interpelle, surtout sous l'aspect fonctionnement de la « boîte noire ». J'essaye depuis une dizaine d'années d'en percevoir les apports (les vraies opportunités), mais aussi les risques (éthiques, fiabilité et les dérives dans son utilisation).

Au départ, rien ne me prédisposait à écrire un nouveau livre. Il y avait donc une réflexion personnelle, des discussions avec quelques informaticiens et praticiens. Il y avait aussi la lecture de nombreux articles – dont l'excellent numéro spécial de *Courrier international*[2] ; un abonnement au forum « developpez.com » qui suit l'actualité informatique, un autre à 01Net, la lecture d'informations glanées sur le net. Bien sûr, je me suis plongé dans la lecture d'ouvrages aux titres éloquents – parfois provocants – sur les avancées informatiques annoncées. Toutes ces réflexions se sont matérialisées, au fil du temps, par des fiches de lectures, des notes personnelles, et beaucoup de schémas PowerPoint. Le but de ces fiches était surtout de pallier une mémoire, que l'âge commence à rendre défaillante.

Et puis il y a eu cette réunion avec des collègues DRH, qui m'ont proposé de faire, à l'occasion d'un dîner, un exposé sur l'IA, son fonctionnement, et son impact prévisible sur l'emploi en France. Lors de cet échange, beaucoup de questions pratiques, techniques, éthiques, existentielles ont été posées, qui

[1] NTIC (nouvelles technologies de l'information et de la communication). Le premier en 1982 s'intitulait *La Gestion de personnel sur ordinateur*. Il contenait une quarantaine de programmes en Basic permettant d'automatiser différentes opérations RH. Ne le cherchez plus : il est obsolète !

[2] *Courrier international*, hors-série de février-mars 2024, 74 pages.

m'ont amené à compléter mes notes et à les structurer. Il m'est alors apparu pertinent de partager mes réflexions, au-delà du cercle initial de quelques collègues, pour en faire un ouvrage.

J'observe depuis plusieurs mois la parution de plus en plus fréquente de nombreux articles sur l'intelligence artificielle (IA). Certains sont laudatifs, d'autres mettent en avant les risques que ferait courir son développement. La multiplication des articles est patente depuis l'apparition de ChatGPT. Mais si effectivement ce nouvel outil apporte de nouvelles facilités d'utilisation, voilà des années que des formes d'IA s'insèrent silencieusement dans bon nombre d'outils ou d'applications que nous utilisons au quotidien, par exemple dans nos « Smartphones », comme la saisie prédictive (appelée saisie intuitive), ou l'élimination des spams dans nos mails. La commande vocale de nos machines connectées fait aussi appel à l'IA (par exemple quand nous disons « Alexa, reprends la musique » ou « Bonjour Google »). Il en est de même dans les moteurs de recherche, avec la saisie semi-automatique censée faciliter la prospection des internautes.

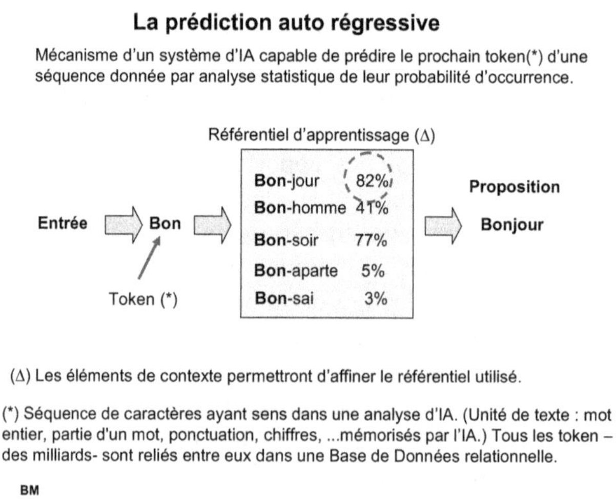

La prédiction autorégressive

L'IA se démarque des approches traditionnelles de l'informatique qui reposaient sur un algorithme logique, où **toutes les éventualités** sont prévues. L'archétype en est le système expert, dans lequel l'algorithme d'analyse contient toutes les règles métier devant être respectées, pour conduire à une conclusion. Ces règles métier intègrent les obligations réglementaires, des éléments de stratégie et **l'expérience acquise par un expert humain**. L'algorithme est transparent et conduit à un résultat unique pour chaque ensemble de données fourni, dont le résultat est parfaitement explicable, et reproductible.

L’IA se démarque de cette **logique déterministe**, en y substituant une **logique probabiliste**, comme nous l’évoquons dans le schéma précédent de saisie semi-automatique prédictive. C’est-à-dire que les règles fixées par des experts humains sont remplacées par d’autres, statistiques et probabilistes issus de différentes techniques d’analyse de grands ensembles de données.

En d’autres termes, l’algorithme du système expert, qui pouvait être représenté par un ordinogramme, est remplacé en IA par un graphe, où chaque donnée serait un nœud, reliée à toutes les autres, par des liens de probabilité. Il s’agit d’une approche bayésienne[3]. La représentation qui suit est illustrative, car dans la pratique, les relations entre données seront gérées par des systèmes de base de données gigantesques, impossibles à représenter graphiquement. À gauche un système expert, à droite un graphe pondéré.

ORDINOGRAMME SYSTEME EXPERT: HOPITAL : GESTION DES URGENCES

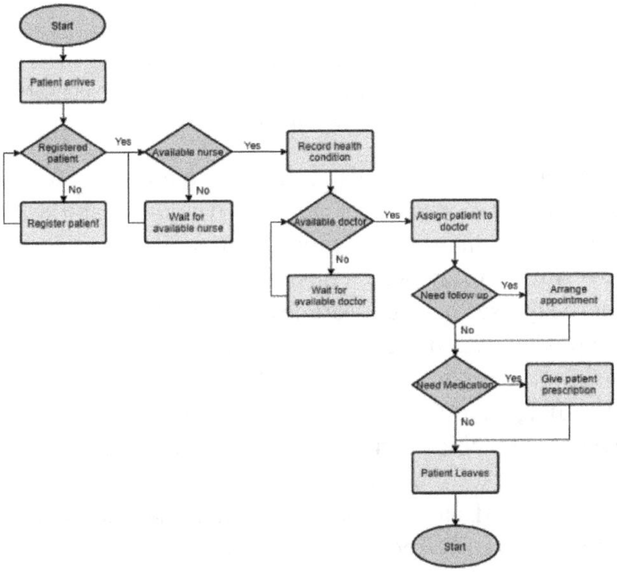

[3] L’approche fréquentiste repose sur les observations et consiste à trouver la distribution la plus probable au vu des données, et éventuellement son intervalle de confiance correspondant. Travaille sur du réel et ne fait pas intervenir de probabilité. L’approche bayésienne attribue une probabilité à chaque hypothèse.

GRAPHE : SOCIOGRAMME AVEC PROBABILITE

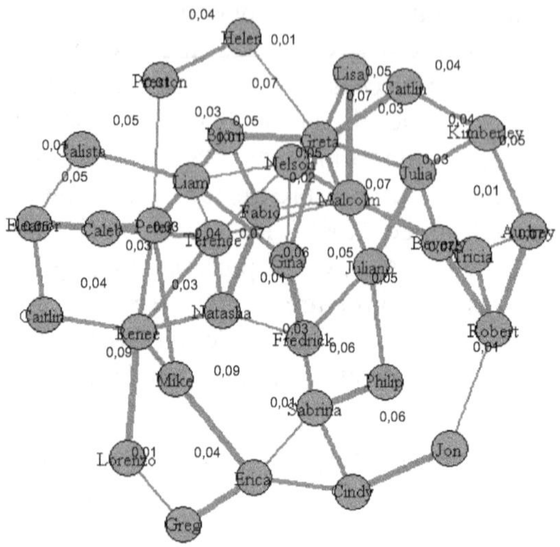

Au dessus un ordinogramme (normé[4]),
dessous un graphe en réseau avec des liens (vecteurs) pondérés.
Ordinogramme vs réseau

L'IA emprunte aux mécanismes de prédiction probabilistes. Cela a comme conséquence que l'IA pèche en termes d'interprétabilité, de clarté et d'explicabilité. Là où un système expert répondait « dossier validé, pouvant être accepté », l'IA va répondre « dossier acceptable à 77 % ». La question sera de savoir ce qui se cache derrière les 23 % restants.

Une autre des innovations de l'IA est sa capacité à apprendre toute seule, donc à s'améliorer, au fil du temps, en multipliant ses expériences formatives.

Avec ChatGPT, ce qui a marqué les esprits est le fait que l'on puisse dialoguer avec une machine, dans un langage quasi naturel. On peut lui poser des questions comme « Combien d'habitants y a-t-il sur Mars » ou « écris un programme VBA[5] faisant… » ou « reconnais la plante sur la photo ». ChatGPT a eu un énorme effet médiatique, mais la technologie avait déjà plus de 10 ans, et seuls les initiés la connaissaient.

L'intelligence artificielle (IA) dont nous peinons à suivre le développement, tellement il s'accélère, reste aujourd'hui une boîte noire, tout en étant devenue un mot-valise (englobant algorithme et système), dont la science et la politique se sont emparées pour nous dessiner, sans nous y associer, notre société de demain et nous vendre des lendemains qui chantent, raison suffisante pour rester vigilants face aux enthousiastes béats.

---

[4] La forme des symboles est significative : ainsi un losange sur pointe représente un test logique Afnor NF Z67-010 (août 1975).

[5] VBA est un langage informatique qui permet de personnaliser des applications sur le système d'exploitation Windows. Très utilisé en complément d'Excel.

Le développement des **capacités de traitement** de ces machines (les promoteurs de l'IA parlent volontiers de réseaux de neurones artificiels, histoire de nous faire croire qu'il y a réellement une intelligence quelque part), et l'accès à **d'énormes bases de données** ont permis d'en étendre les possibilités quasiment à l'infini. Quant à l'intelligence de tels outils, elle réside plutôt dans la tête de ses développeurs et de ses promoteurs. Car l'outil n'est ni sensé, ni sensible. Les réponses fournies, même si parfois elles sont bluffantes, sont élaborées par des méthodes statistiques portant sur les données sur lesquelles se fonde l'analyse, ce qui détermine la réponse apparemment la plus pertinente. À une question posée (**prompt**), l'IA apportera la réponse la plus probable, pas la plus intelligente. Par contre l'interaction de l'outil avec un **utilisateur doté d'intelligence** peut permettre d'accéder à une réponse de qualité, par une suite de questions de plus en plus pointues.

Les finalités de l'IA, ainsi que son développement, suscitent depuis l'apparition du concept de nombreuses interprétations, fantasmes ou inquiétudes, qui alimentent depuis bon nombre d'années, romans et films de science-fiction.

Certains veulent accélérer son essor à tout prix. D'autres au contraire essayent de le ralentir ou de mettre en place des barrières éthiques. Mais ralentir est sans doute une utopie. Car l'IA est déjà dans nos applications et nos logiciels, et chaque nouvelle mise à jour logicielle ajoute sa pierre à l'édifice, pierre censée simplifier notre vie en nous apportant de nouvelles fonctionnalités, au prétexte de nous faire gagner un temps précieux.

Ces luttes sur les conditions d'utilisation de l'IA sont bien illustrées par le licenciement éphémère du DG d'OpenAI[6], Sam Altman, à qui son conseil d'administration reprochait d'être allé trop vite dans la mise à disposition auprès du grand public de ChatGPT, sans garde-fous[7].

---

[6] OpenAI : société développant ChatGPT.

[7] Sam Alman a voulu faire « un coup médiatique » en étant le premier à mettre une IA à disposition du public, même si elle n'était pas aboutie. Vraisemblablement, il estimait qu'en multipliant le nombre d'utilisateurs cela permettrait à ChatGPT de s'améliorer par deep learning et donc d'avoir un avantage concurrentiel.

Caractéristiques de l'humain Forces / Faiblesses	Forces de l'IA (IA générale)	Dangers évoqué de l'IA Forces / Faiblesses
Apprentissage long, vitesse de calcul limitée Logique cartésienne	Plus rapide que l'humain (calcul, communication, apprentissage)	Résultats souvent difficiles à expliquer. Approche "cahotique" des problèmes.
Mémoire défaillant avec le temps	Mémoire quasiment éternelle	Risque de détournement de données personnelles
Mémoire du vécu		
Transfert de connaissance entre humains long	Dupplicabilité rapide	Propagation incontrôlable
Nécessité de faire des pauses (sommeil)	Fonctionnement 24/24 h	
.... Selon les personnalités et le contexte	Partage paramètres et données	Risque de diffusion de données personnelles
Capacités du cerveau limitées	Capacité extensive (matérielle, mémoire)	Capacité à prioiri infinie
Impact sur l'emploi des postes peu qualifiés Création de nouveaux postes liés au management de l'IA	Capacité à remplacer les fonctions régies sur des règles et des normes	Impact sur l'emploi de certains cadres supérieurs.
Ethique et valeurs		Biais des concepteurs / formateurs d'IA
		Pas de valeurs autres qu'algorithmiques
Empathie et subjectivité		Pas de sentiment
	Gains financiers considérables attendus	Favorise la disparité entre pays, entre populations au sein d'un pays
Protection de la créativité humaine ?	Créativité générative	Peut tuer les métiers de la création
		Impact écologique important
Humanié pas prête		Vulnérabilité énergétique et réseaux
		Alignement des intelligences: utopique ?
Déstabilisation de la Société / Perte des valeurs / perte des repères		Utilisations malveillantes possibles pilotées par des humains ou par une IA, avec grand impact humain.
Entrée dans l'ère de la post vérité		Entrée dans l'ère de la post vérité
		Risque de course à l'IA avec baisse des mécanismes d'encadrement
		Utilisations militaires
L'humain est capable de discrminer plusieurs milliers de classes	Pour l'instant, l'IA est capable de discriminer un millier de classes	
Capable de comprendre le contexte d'un texte ou d'une image		Difficulté à appréhender le contexte d'un texte ou d'une image

Comparaison humain/forces IA et dangers IA

Quatre jours plus tard Sam Altman était réintégré, et plusieurs membres du board partaient. Les tx économiques sous-jacents et la prime au primo-entrant[8] l'avaient emporté sur les précautions éthiques.

Visiblement éthique et business s'étaient affrontés et le second l'avait emporté.

[8] Prime au premier entrant : avantage compétitif acquis sur un marché, permettant de prendre une position dominante sur ses suiveurs (pénétration et fidélisation), d'une image positive d'innovateur (effet d'expérience) et aussi d'en dessiner les règles d'utilisation, créant ainsi des barrières aux followers et augmentant ainsi leurs coûts d'entrée sur le marché. Le premier entrant a surtout la possibilité d'analyser le marché et de se positionner sur les segments les plus profitables.

Il reste que les programmes de deep learning[9] – et particulièrement les modèles convolutionnels[10] – ne peuvent rester plus longtemps une boîte noire. Les couches cachées des réseaux de neurones artificiels n'ont d'intérêt que lorsqu'elles nourrissent les parcours interprétatifs, et caractérisent des étapes. C'est donc aux algorithmes de sélection et d'élaboration des réponses auxquels il faut s'intéresser. Ce sont eux qui peuvent contenir des biais[11] car ils ont été pensés par des humains, et aussi parce que l'outil est utilisé par d'autres humains qui peuvent poser des questions mal formulées ou biaisées, pour prendre l'algorithme en défaut.

C'est ce sur quoi nous allons nous pencher au fil des différents chapitres.

Chapitre 1 : Nous nous interrogerons sur les spécificités de l'IA, en quoi elle serait novatrice. Nous évoquerons également quelques risques spécifiques que l'IA pourrait présenter.

Chapitre 2 : Nous essayerons de comprendre comment s'élaborent les réponses de l'IA.

Chapitre 3 : Nous nous pencherons sur la fiabilité des livrables et aborderons brièvement le phénomène d'« hallucination ».

Chapitre 4 : Nous aborderons l'attitude présente des leaders du marché, leurs finalités et les conséquences en matière de connexion, insistant sur l'aspect technique. Nous regarderons également les attentes des entreprises et des organisations.

Chapitre 5 : Nous ferons un rapide tour d'horizon des IA que nous utilisons déjà, sans nous en douter, et de celles qui risquent de déboucher rapidement.

Chapitres 6 : Nous ferons un zoom sur l'impact spécifique de l'IA sur le monde de la création.

Chapitre 7 : Nous traiterons des conséquences probables de l'IA en termes d'emploi (secteurs, fonctions touchées, mais aussi postes nouveaux créés). Nous terminerons par des recommandations, pour une complémentarité harmonieuse entre IA et humain.

Chapitre 8 : Essai d'anticipation, notamment avec l'irruption de nouveaux intervenants dans le domaine de l'IA, dont les États qui y voient un enjeu d'influence, voire identitaire.

Chapitre 9 : Panorama des possibilités de l'IA générative à des fins de désinformation ou de manipulation.

---

9 Ce concept sera étudié un peu plus loin.

10 Modèle convolutionnel : modèle informatique qui combine deux (ou plus) fonctions de natures différentes, comme texte et image ou texte et son.

11 Un biais cognitif est un schéma de pensée faussement étayé, dans lequel seule une partie des données est prise en compte. C'est souvent le cas pour les individus, quand la masse des données est importante, ou que leur référentiel est insuffisamment étendu (par exemple s'il est occidento-centré). Une liste des biais figure en annexe 8.

Chapitre 10 : Élargissement de la réflexion précédente, pour aborder l'effet des cyberactivités facilitées par l'IA qui pourraient avoir un impact sur les processus démocratiques.

Chapitre 1
En quoi l'IA constitue-t-elle une révolution ?

Qu'est-ce qui fait la réussite d'une innovation ? N'en déplaise aux ingénieurs, ce n'est pas son côté technique, mais l'utilisation qui en est faite. Il faut qu'elle soit naturellement adoptée, que les nouveaux utilisateurs y voient un intérêt de praticité ou d'image. Si l'on en croit les données publiées, le chatbot ChatGPT comptait, en décembre 2023, plus de 180 millions d'utilisateurs actifs. Ce qui est fou, c'est qu'il n'a fallu que deux mois à ChatGPT pour atteindre les 100 millions d'utilisateurs, ce qui montre bien qu'il s'agit d'une réussite, au sens où nous l'indiquions plus haut. Il est certain que les médias y ont fortement contribué, mais le nombre de personnes ayant ouvert un compte est impressionnant. Ce qui serait intéressant serait de connaître le nombre de comptes payants récurrents, mais pour l'instant OpenAI est muet sur le sujet.

L'intelligence artificielle est un ensemble de techniques informatiques qui a fait de grands progrès à partir de 2000, permettant le traitement de vastes bases de données par des algorithmes statistiques. Elle comprend des moteurs de recherche, des systèmes de recommandations, des méthodes de résolution de problèmes à forte complexité, des systèmes de compréhension du langage naturel et des options génératives.

Mais qu'est-ce qui a porté cette soudaine vague d'intérêt en 2023 ? C'est **l'innovation du « search[12] »**, fort bien pensée et remarquablement « markétée[13] ». Effectivement ChatGPT (et toute une foule d'autres produits similaires qui se sont révélés en suivant) offre une nouvelle façon de rechercher sur le Net, avec une facilité d'expression de la requête : l'apparition du **« prompt »**, exprimé dans sa langue maternelle. Cette facilité de recherche

---

[12] Le « search » est à la fois la requête que fait l'utilisateur sur son navigateur, ainsi que l'ensemble des moyens et techniques mis en œuvre permettant d'y apporter une réponse pertinente. Le search intègre désormais toutes les techniques du marketing pour promouvoir la visibilité des pages d'un site Internet sponsorisé. Le search est l'occasion d'enregistrer les centres d'intérêt d'un utilisateur pour ensuite revendre ces données.

[13] Navré pour cet anglicisme…

(certains journalistes disent qu'elle est intuitive) est dans l'air du temps : on veut des réponses immédiates, sans se « casser la tête ».

S'y ajoutent quatre autres aspects, tout aussi importants les uns que les autres :

- L'abolition des frontières entre les données qualitatives, celles des textes, celles des images fixes ou animées, et celles des sons[14]. Désormais la recherche n'est plus limitée. Tout devient donnée exploitable, interrogeable.
- La capacité d'aller au-delà de la recherche, pour proposer des synthèses, des propositions.
- L'aptitude qu'a l'outil de s'améliorer, d'apprendre presque seul, sans avoir à mobiliser analystes et programmeurs.
- Enfin, la qualité de la réponse. Le livrable surprend généralement l'utilisateur, et il voudra le partager sur ses réseaux, créant ainsi un effet viral (ne serait-ce que pour montrer à son réseau qu'il est au top de la technique !).

Ces progrès ont été rendus possibles par :

- L'augmentation de la taille des bases de données, hébergées sur de grands data centers interconnectés (voir glossaire).
- L'augmentation des puissances de calcul des ordinateurs, permettant des réponses quasi instantanées, là où, il y a peu, il fallait attendre des heures.
- L'amélioration des logiciels de gestion des bases de données relationnelles.
- L'amélioration des réseaux « hauts débits ».
- L'irruption du cloud[15], permettant de mobiliser et d'agréger des puissances de calcul distantes, réparties sur différentes machines.
- Le recours à des formes d'IA pour l'optimisation des différents éléments cités ci-dessus (bases de données, réseaux, connexions sont gérés par des systèmes utilisant de l'IA).
- Enfin l'effet de masse (exponentiel) a permis de réduire les coûts élémentaires.

Le prompt

Un prompt est un court texte (écrit ou oral), qui permet de demander à une IA qu'elle fasse une recherche ou qu'elle crée une image ou qu'elle propose un texte, en respectant un certain nombre de contraintes exprimées.

Le prompt est donc la consigne qui indique à une intelligence artificielle ce qu'on attend d'elle. Par exemple, pour la création d'une image, on peut imaginer des prompts très variés en thématiques, mais aussi en formes.

[14] Quand on y réfléchit, les sons représentent des volumes ahurissants, car le son est permanent.

[15] Cloud : ensemble distribué de serveurs distants qui hébergent des logiciels et des données, et auquel on accède par l'Internet.

« Dessine une vache blanche et noire regardant passer un TGV, au coucher du soleil, avec au loin un clocher d'église ». On peut rajouter d'autres contraintes : arrière-plan, détails…

Ce peut être des instructions assez vagues ou, au contraire, très précises, quel que soit le prompt, chaque intelligence artificielle proposera des réponses différentes… et qui varieront à chaque soumission du même prompt. Il y aura donc toujours cette part de mystère (certains parlent de magie), dans la façon dont l'IA va répondre.

« Un bon prompt est clair et concis et fournit suffisamment d'informations pour que l'IA comprenne ce qu'on lui demande de faire. Il doit également être spécifique et pertinent sur le sujet traité. »

Le prompt doit aller droit au but, pour gagner en efficacité. Il doit commencer par un verbe qui indique clairement le but visé, comme « décris », « explique », « compare », « résume », « justifie », « dessine » ou alors un terme simple, « une photographie », « un dessin », « un mème », « un texte ». Le verbe peut être à l'infinitif ou à l'impératif (généralement à la deuxième personne du singulier[16]).

Pour tout ce qui ne sera pas indiqué dans le prompt, c'est l'IA qui décidera ce qu'elle mettra, que ce soit pour une image ou un texte. Il faut donc donner un maximum de précisions, sur ce que l'on désire. Contexte et détails auront leur importance. On peut décrire l'ambiance recherchée « joyeuse », « triste », « romantique », « inquiétante ». On peut indiquer les sentiments des personnages évoqués ou créés : « souriant », « motivé », « désabusé », « inquiet », « doutant », « perplexe ». Nous savons que l'IA n'est pas sensible aux émotions, mais la qualification préalable à son apprentissage aura indiqué de telles notions dans les éléments ayant servi à sa formation.

Si le terme utilisé n'est pas connu, des précisions vous seront demandées. Pour une image, on peut donner un maximum de détails. *« Une fleur blanche juste éclose en premier plan sur un champ vert en bordure de forêt avec un ciel bleu et soleil se levant à l'horizon à droite. »* Préciser l'effet souhaité, « dessin », « effet peinture », « photo », « 3D ».

Pour un texte, le principe est le même. *« Texte décrivant un lever de soleil rouge sur la mer et expliquer votre sentiment de bonheur, de calme, de plénitude, dans le style de Jean Giono. »*

Privilégier les formulations positives. Éviter les « sauf », « sans », « mais », « excepté ». Dans la rédaction, faire comme si toutes les demandes étaient liées par des prépositions « et ».

C'est en multipliant les prompts que l'on arrive à la génération par IA qui convient (et donc au bon prompt). Généralement les « prompteurs » travaillent par ajout successif de précisions.

---

[16] L'anglais semble plus respectueux de l'IA que le français puisqu'il ne fait pas la distinction entre les secondes personnes du singulier et du pluriel. Je ne pense pas que cela explique notre retard hexagonal.

En outre, chaque IA fonctionne à sa manière. Un bon prompt pour l'une ne fonctionnera pas bien sur une autre. Et puis n'oublions pas qu'un même prompt, sur une même IA, donnera des résultats différents d'un coup sur l'autre.

Autre élément à prendre en compte, un excès de contraintes (mais pas seulement...) peut amener le système à « halluciner », c'est-à-dire fournir une réponse totalement inadaptée[17].

L'abolition des frontières entre contenus

Jusqu'à ces dernières années, l'informatique traitait des données textes ou numériques, grâce à des programmes préétablis.

L'IA peut désormais traiter des images fixes ou animées, des sons, selon des approches souples résultant d'un long apprentissage supervisé, puis autonome (deep learning). Cela multiplie les domaines d'intervention de l'informatique.

Une des applications les plus courantes de l'IA est le chatbot. C'est un programme informatique qui simule et traite une conversation humaine (écrite ou parlée), permettant à une personne d'interagir avec un système informatique, comme si elle communiquait avec une personne réelle. Les chatbots peuvent être aussi simples que des programmes rudimentaires, répondant à une requête simple, avec une réponse sur une seule ligne, ou plus sophistiqués, comme celle des assistants digitaux, qui apprennent et évoluent, pour fournir des niveaux de personnalisation croissants à mesure qu'ils collectent et traitent des informations. On les rencontre souvent sur les sites administratifs[18] ou commerciaux.

Au musée de St Petersburg, en Floride (USA), consacré à Salvador Dalí, les visiteurs peuvent poser toutes sortes de questions à l'artiste, en décrochant simplement son légendaire « téléphone homard » de 1938. Les réponses d'« Ask Dali », servies par sa voix si emblématique, doivent beaucoup à un ChatGPT 4 nourri par ses écrits et des nuées d'enregistrements sonores. Ainsi il est possible de tout savoir sur ses montres molles, ses éléphants et le sens caché de ses moustaches.

Une seconde application est la création d'avatars[19] animés, c'est-à-dire la présentation d'un personnage fictif, ayant toutes les apparences d'un humain.

---

[17] C'est cette capacité de l'IA qui fait son charme, pour peu qu'il n'y ait pas d'enjeux matériels ou humains derrière une recommandation/action.

[18] Il est ici fait référence aux « bons sites » administratifs, c'est-à-dire ceux qui cherchent à faciliter la vie des internautes, pas forcément ceux développés par des techniciens.

[19] Avatar : représentation informatique animée d'une personne sous forme 2D ou 3D. Peut être la représentation de l'internaute lui-même lors d'échanges en ligne.

Les outils d'IA permettent de faire dire un texte à un avatar (ses lèvres bougeront, son visage s'animera, il battra des yeux, il pourra avoir des mimiques, pour ponctuer son discours…). Progrès tout récent, on peut lui demander de bouger, de se déplacer. Il existe sur le marché des outils gratuits en libre-service, très performants pour animer des avatars. Certains sont vraiment très puissants, mais accessibles sur abonnement, donc non accessibles au grand public.

Les étapes pour créer un avatar animé ? Cela nécessite d'utiliser successivement plusieurs outils d'IA.

-1 Il faut disposer d'un texte enregistré (Word) que l'on fera lire à l'avatar. On peut imaginer que l'on confie à ChatGPT la rédaction de ce texte.

-2 Des outils comme Midjourney (une IA générative) permettent de créer l'apparence de l'avatar, en lui soumettant un prompt détaillé (homme, femme, âge, couleur yeux, cheveux, habillement, fond de décors). Midjourney fera 4 propositions de photos en piochant des éléments dans la base d'images de sa formation (sans doute ImageNet[20]). On peut reprendre le processus qui prend environ 30 secondes, jusqu'au moment où l'une des propositions est jugée satisfaisante. On charge alors la photo retenue par copier-coller sur son matériel.

-3 Appel à un troisième outil d'IA, par exemple « Studio D-ID ». On lui soumet la photo retenue (noter qu'il peut s'agir de sa propre photo, ou de celle de quelqu'un d'autre, comme une célébrité, nous y reviendrons dans les chapitres 9 et 10), le texte à lire ainsi que des données sur le locuteur (sexe, âge, langue, accents étrangers, le rythme, le ton…). En quelques secondes il est possible de visionner le résultat.

Studio D-ID présente un personnage plutôt statique. Comme indiqué, certains outils peuvent générer des mouvements très convaincants, surtout s'ils ont pu analyser des vidéos, lors de leur apprentissage. Le résultat est très convaincant, quand on veut créer une fake news autour d'un personnage médiatique.

IA et la langue des signes (LS)

Lenovo[21], le constructeur chinois, investit massivement dans les services aux entreprises et notamment dans les solutions utilisant l'intelligence artificielle. En octobre 2023, Lenovo a profité de son événement annuel, Tech World, pour présenter un dispositif de traduction en direct, bidirectionnel, de conversations en langue des signes pour les sourds-muets faisant apparaître

[20] ImageNet est la plus grande base de données de reconnaissance d'images du monde.

[21] Après avoir racheté successivement la division micro-informatique d'IBM en 2005, l'éditeur Stoneware en 2012 puis la division X-Server d'IBM en 2014, le groupe Lenovo est le premier constructeur mondial d'ordinateurs.

un avatar[22] animé traduisant un texte en langage des sourds-muets. L'opération inverse transforme une vidéo de LS en texte. Bluffant !

La fonctionnalité de la plateforme d'IA générative (genAI), dévoilée récemment par OpenAI et appelée « Sora », sait utiliser un texte (écrit ou oral) pour générer une vidéo, faisant apparaître des acteurs avatars et d'autres éléments mobiles réalistes. Ce modèle de genAI dispose d'une fonction texte/vidéo, capable de créer des scènes complexes et réalistes, avec plusieurs personnages, des types de mouvements spécifiques et des détails précis sur le sujet et l'arrière-plan « tout en maintenant la qualité visuelle et le respect de l'invite[23] » de l'utilisateur. Sora comprend, non seulement, ce que l'utilisateur demande dans l'invite, mais aussi comment ces choses existent dans le monde physique. « La technologie traduit les descriptions écrites, en contenu vidéo, en s'appuyant sur des modèles d'IA qui comprennent les entrées textuelles, et génèrent les éléments visuels et auditifs correspondants ».

Selon les auteurs de Sora, « les capacités de conversion de texte en vidéo apportent un immense potentiel dans un tas de domaines, comme l'éducation, pour créer par exemple des supports d'apprentissage immersifs, le marketing, pour générer des contenus "attrayants", et le divertissement, pour le prototypage rapide et le storytelling ».

L'arrivée de Sora, et d'autres plateformes de genAI semblables, n'est sûrement pas étrangère avec la longue grève des scénaristes d'Hollywood (voir chapitre 6).

La révolution du search

La révolution du search ne concerne pas seulement les utilisateurs d'outils informatiques. Elle va révolutionner la relation client, or nous sommes tous des consommateurs, donc forcément clients d'un quelconque fournisseur.

Google cherche à mettre l'IA au service de l'utilisateur, d'une façon transparente et ouverte. La firme de Mountain View a développé des applications qui vont dans ce sens sur Android et iOS, et bientôt dans Chrome, sur les ordinateurs de bureau. Avant de réaliser un acte d'achat, de nombreux clients ont recours à un moteur de recherche. Je lis sur le site Google grand public : « Notre objectif est de tester la manière dont l'IA générative peut vous aider à naviguer dans les informations en ligne, et à aller au cœur de ce que vous recherchez, encore plus rapidement ». Avec cette fonction, il sera possible de cliquer sur certaines pages web visitées pour voir apparaître une liste générée par l'IA des points clés couverts par le site, avec des liens menant

---

[22] Avatar : représentation informatique animée d'une personne sous forme 2D ou 3D. Peut être la représentation de l'internaute lui-même lors d'échanges en ligne.

[23] L'invite est la demande verbale faite par l'utilisateur. Correspond au prompt.

directement à ce que l'utilisateur cherche sur la page. En arrière-plan, Google établit des profils[24] qu'il se réserve de commercialiser à des entreprises, qui les utiliseront peut-être, à leur tour, pour personnaliser des messages commerciaux individualisés. Nous reviendrons sur cet aspect au chapitre 8.

Par ailleurs Google propose outils et formations aux entreprises, afin que leurs produits apparaissent en haut de liste et ainsi gagnent en visibilité. Le référencement SEO[25]/SEA[26] doit également être pensé pour prendre en compte les recherches vocales et visuelles, si l'on en croit les messages de Google.

Microsoft a choisi une autre voie qui est celle de la publicité. Son Managing Director Microsoft Advertising France a communiqué sur ses ambitions avec « Bing Chat ».

« Chaque entreprise, chaque industrie, chaque personne sera impactée par cette technologie. L'IA va réinventer la façon dont sont gérées les relations consommateurs/fournisseurs. Cela va aussi obliger à réinventer nos façons de travailler ».

Depuis son lancement en février 2023, Bing Chat[27], le moteur de réponse alimenté par l'intelligence artificielle de Microsoft, a dépassé les 100 millions d'utilisateurs uniques par jour, le milliard de chats et les 750 millions d'images créées.

Ce fulgurant développement illustre bien le fait que cette technologie peut faire une réelle différence en matière de moteurs de recherche. En effet, au cours des vingt dernières années, le search n'avait pas vraiment évolué, si ce n'est pas la taille des BD, et leurs systèmes de référencement.

Bing Chat a intégré divers formats publicitaires, notamment les annonces textuelles, multimédias et les annonces shopping[28]. Les publicités conversationnelles, conçues spécifiquement pour le Chat, comme les « Compare & Decide Ads[29] », offrent de nouvelles opportunités pour les annonceurs et les clients. Prenons un exemple : un utilisateur cherche à acheter une nouvelle voiture. Il a ses contraintes (par exemple la taille), ses souhaits

---

[24] En fait le vôtre !

[25] SEO : ce terme définit l'ensemble des techniques mises en œuvre pour améliorer la position d'un site web sur les pages de résultats des moteurs de recherche.

[26] SEA : technique payante, consistant pour une entreprise à acheter de l'espace et des mots-clés auprès des moteurs de recherche pour apparaître en tête de liste sur un site web.

[27] Microsoft Bing est un moteur de recherche élaboré par la société Microsoft, rendu public en juin 2009. Il a été doté d'un nouveau moteur d'IA en février 2023, à savoir ChatGPT.

[28] Les Annonces Shopping sont des annonces créées à partir de vos données produits (contrairement à une annonce textuelle traditionnelle). Images accrocheuses, informations détaillées sur les produits spécifiques vendus, promotion de l'inventaire en ligne (impact sur la rotation), augmentation du trafic web, prospects mieux qualifiés (ceci est un texte commercial Microsoft).

[29] Application qui, en liaison avec un moteur de recherche, peut établir des tableaux comparatifs sur les critères signifiants par l'utilisateur, pour l'assister dans sa décision de choix, voire d'achat. Couvre tous les domaines du search, produits proposés, voyages, automobile…

(couleur, puissance, look…). Il envisage plusieurs marques, différents modèles. Il va formuler un prompt à Bing Chat qui va à son tour alimenter « Compare & Decide Ads » qui va rassembler toutes les données pertinentes des différents modèles de voitures, dans un tableau récapitulatif, afin que l'utilisateur puisse facilement évaluer différentes options, en fonction des critères qu'il juge les plus importants. Dans le même temps, des données intéressantes seront collectées sur l'utilisateur et sa quête commerciale, données qui seront bien sûr commercialisées par Microsoft.

L'IA générative bouleverse les métiers du marketing, et elle fera de plus en plus partie des plateformes publicitaires. Elle permet d'accroître l'efficacité des entreprises, d'engager les clients différemment. Par exemple, elle va révolutionner le travail des experts marketing, qui deviendront des analystes statisticiens (moins de temps sur les tâches opérationnelles, et plus de temps sur les activités prospectives).

Les risques liés à l'IA

« À rebours des scénarii d'épouvante avancés par certains, les actuels systèmes d'IA ne conduiront pas à la fin de l'Humanité. Ils sont cependant loin d'être infaillibles et s'accompagnent d'effets indésirables : reproduction de stéréotypes, divulgation d'informations confidentielles, violation des droits de propriété intellectuelle, etc. Ils ouvrent de nouvelles possibilités d'actes malveillants, en particulier en matière de cyberattaques ou de désinformation. Ils sont source de risques systémiques, notamment liés au potentiel de concentration technologique entre les mains d'un petit nombre de pays, d'entreprises ou de personnes[30]. »

En analysant le rapport de la commission sur l'IA et les publications de la CNIL[31], les risques seraient de cinq ordres :

- Le non-respect de la législation protégeant les données personnelles des individus.
- Un problème d'éthique, de biais et de responsabilité.
- Une méconnaissance et/ou un excès de confiance dans l'outil qui peut spontanément proposer des livrables biaisés, imaginés ou tout simplement erronés.
- Un risque de dépendance des utilisateurs.

---

[30] Rapport de la commission sur l'IA du 13 mars 2024 : https://www.economie.gouv.fr/cge/commission-ia

[31] La CNIL (Commission nationale de l'informatique et des libertés) est le régulateur des données personnelles. Elle accompagne les professionnels dans leur mise en conformité et aide les particuliers à maîtriser leurs données personnelles et exercer leurs droits. https://cnil.fr/fr

- Une utilisation de l'outil à des fins de manipulation (mettant à profit les capacités offertes d'hypertrucage), ou d'extorsion d'information ou d'argent (phishing, fraude[32]).

Ces enjeux concernant le monde entier, plusieurs modèles d'organisation internationale ont été envisagés ces dernières années. La France a fait partie des pays pionniers avec la co-fondation, en 2020, du programme mondial pour l'intelligence artificielle (PMIA). Les forums de discussion internationale sur l'IA sont foisonnants, il y en a une cinquantaine au moins à ce jour. Pour ancrer les initiatives dans l'action opérationnelle, des parallèles ont été faits avec les enjeux mondiaux du climat ou de l'énergie. Mais on en constate le peu d'effet.

- **Problèmes de respect des règles juridiques de protection des données personnelles**

Les garde-fous du RGPD semblent solides. La CNIL a détaillé les conditions et étapes pour qu'une IA puisse consulter des données personnelles, tout en respectant la législation, lors de son apprentissage initial et lors de la phase de production, pourvu que l'utilisateur donne son autorisation[33]. Cependant, dans l'étape d'apprentissage, l'IA utilise des données existantes, sans demander d'autorisations d'accès, ce qui peut poser problème. À noter une « class action[34] » en cours contre Google, qui aurait utilisé, sans autorisation, pour la formation de son IA, des photos, vidéos figurant sur les réseaux sociaux, ou des sites de rencontre[35]. Lorsqu'il sollicite une autorisation, le fournisseur doit indiquer l'usage qu'il compte faire des informations collectées, et rappeler les droits individuels prévus par la loi. Cependant, l'accord est global, il n'y a pas de contrôle sur le type d'information pouvant être considérée comme sensible par l'usager. Ensuite la mise en œuvre du droit à l'effacement est difficile, surtout si l'information devient constitutive d'algorithmes, ou est partagée avec d'autres IA, ce qui est un cas assez général. Dans ce dernier cas, ce qui est effacé ici perdure ailleurs **sans qu'on le sache.**

- **Problèmes d'éthique, de biais et de responsabilité**

L'IA serait aussi fiable que les données sur lesquelles elle a été formée. Si ces données sont biaisées, l'IA peut perpétuer et même amplifier ces biais. Cela peut conduire à des livrables injustes ou discriminatoires. Par exemple si on demande « image d'une femme dans telle ville » sans préciser sa couleur

---

[32] Fishing ou phishing : technique frauduleuse destinée à leurrer l'internaute pour l'inciter à communiquer des données personnelles.

[33] C'est la raison pour laquelle beaucoup de formulaires contiennent une case à cocher stipulant qu'un accord a été donné.

[34] Class action : procédure judiciaire groupée, à laquelle peut adhérer tout citoyen américain s'estimant concerné par les griefs.

[35] Google, suite à cette class action, a modifié sa clause de confidentialité, précisant qu'il est autorisé à utiliser toutes les données publiques en ligne pour l'entraînement de ses IA.

de peau, la majorité des propositions feront apparaître une femme blanche. Ce biais a été signalé et documenté, mais il y en a beaucoup d'autres.

La capacité des modèles d'IA à traduire des descriptions textuelles en véritables vidéos souligne la nécessité de considérations éthiques rigoureuses, ainsi que de mesures de protection contre les utilisations abusives.

L'émergence de la technologie de conversion de texte en vidéo soulève des questions complexes concernant la violation des droits d'auteur, d'autant plus qu'elle est capable de générer un contenu (dans l'esprit de...), qui pourrait se rapprocher étroitement d'œuvres protégées par ce droit d'auteur. Le paysage juridique, dans ce domaine, fait actuellement l'objet de plusieurs procès en cours, ce qui rend prématurée toute déclaration définitive sur la manière dont les problèmes de droits d'auteur seront résolus. Effectivement la phase de production reste problématique. Voir le chapitre 6.

De plus, il existe des questions juridiques autour de l'utilisation de l'IA, comme la question de savoir qui serait responsable en cas d'accident (par exemple avec une voiture autonome). Voir plus bas.

Selon *The Atlantic*, une équipe de chercheurs s'est penchée sur cinq systèmes d'IA militaires (les noms et caractéristiques n'étaient pas indiqués), afin d'évaluer les risques liés aux recommandations ou décisions, en fonction de différents scénarii.

« Nous avons constaté que les cinq LLM auditées induisent une escalade des conflits vers la dissuasion, privilégiant des positions de fort à faible, et évacuant toute recherche de compromis (*médiation ?*) ». L'étude, qui n'était pas encore passée en comité de lecture, n'était plus accessible deux jours plus tard.

L'article précédent montrerait que les IA militaires souffriraient d'un biais d'escalade, assez normal eu égard à leur objectif, qui est de vaincre l'adversaire. Voir l'annexe 7. Cela pose problème quant à l'utilisation d'outils semblables dans les SALA[36]. En règle générale, c'est un humain qui contrôle leur action, et prend la décision. Mais en opération, il est difficile de maintenir une connexion permanente entre opérateur et SALA, une des défenses étant justement de brouiller et suspendre ces liaisons. Et à chaque fois, il y a fort à parier que c'est l'IA qui prendra le relais. Bien évidemment ces sujets sont fort peu documentés : il est très difficile de vérifier, d'une façon objective, si ces systèmes répondent aux normes juridiques, éthiques, morales, sans pour autant en révéler le fonctionnement qui doit rester secret.

[36] SALA : Système d'armes létales autonomes.

Les essaims de drones armés autonomes

Ils font figure d'armes d'avenir, quasiment invincibles. Les essaims, constitués de plusieurs centaines d'engins porteurs de charges explosives, sont trop petits et trop nombreux pour être tous interceptés. Une fois programmés, en vol, ils communiquent entre eux et échangent les données de leurs capteurs. Ils peuvent devenir autonomes (en zone de brouillage par exemple) et accomplissent leur mission suivant une chorégraphie de groupe, inspirée de celle des bancs de poissons. Ceci signifie que la décision finale d'attaque est prise par l'intelligence (artificielle) de l'essaim et déclinée par chaque drone.

Beaucoup de pays s'intéressent au sujet, soit comme utilisateur, soit en tant que fournisseur de solution.

- **Méconnaissance ou excès de confiance**

Les gens connaissent encore mal la technologie générative (genAI). Ce n'est pas comme si elle était apparue progressivement. Cela a été fulgurant : tout à coup, elle était là, ce qui empêche d'avoir le recul nécessaire. Les contenus de synthèse de l'IA générative ont souvent pour but premier de divertir et d'amuser, comme l'image devenue virale du pape François portant une doudoune de créateur.

Fake news : le pape en doudoune

Mais certains contenus obéissent à une stratégie partisane, parfois malveillante – par exemple lors de la diffusion de contenus pornographiques, dans lesquels le visage d'une personne est associé, sans son consentement, au corps d'une autre, ou des vidéos montrant une situation dont le personnage principal est remplacé par un autre, qui évolue tout à fait normalement. Nous en reparlerons dans le chapitre 9.

En entreprise il peut être tentant de vouloir mettre de l'IA partout ! Une enquête réalisée en août 2023 par Juniper[37] sur 1 000 DSI internationaux révèle que 87 % des participants interrogés subissaient une pression de leur direction pour mettre en œuvre la technologie d'IA dans leur entreprise.

[37] Enquête Juniper : réalisée en collaboration avec Wakefield Research auprès de 1 000 cadres internationaux, et publiée le 15/8/2023 par Juniper Networks : https://www.lemondeinformatique.fr/actualites/lire-les-dsi-sous-pression-pour-la-mise-en-oeuvre-de-l-ia-93055.html

Cependant 74 % estiment que les politiques de leur entreprise n'étaient pas en mesure de suivre le rythme des risques, et des avantages potentiels de l'IA.

« L'IA ne se limite pas à la mise en œuvre d'un nouvel outil ou d'une nouvelle application à des fins d'efficacité ; il s'agit également d'analyser l'impact qu'elle peut avoir sur l'ensemble de l'entreprise ». « La peur de l'inconnu et l'incertitude des conséquences font de l'adoption de l'IA un défi beaucoup plus complexe et stimulant pour les DSI, que la plupart des percées technologiques précédentes[38] ».

L'enquête Juniper a mis en lumière que seulement 1 % des personnes interrogées déclaraient ne pas s'inquiéter des vulnérabilités introduites par l'IA, notamment des atteintes à la vie privée, de l'empoisonnement des données, des fuites de données ou d'autres cyberattaques. Plus inquiétant, 78 % des personnes interrogées déclarent être confrontées à des erreurs, et 66 % des directeurs estiment qu'il est plus probable que ces erreurs résultent d'inexactitudes dans les informations que les systèmes d'IA utilisent, plutôt que de problèmes liés à l'algorithme d'IA lui-même, bien que personne ne puisse savoir comment il fonctionne !

87 % des DSI déclarent qu'il n'est peut-être pas possible de savoir si les résultats fournis par l'IA sur leur entreprise sont exacts ; 89 % affirment que les employés font plus confiance à l'IA qu'ils ne le devraient ; 90 % des dirigeants affirment que la totalité ou la plupart de leurs résultats d'IA sont influencés par des préjugés, contre seulement 1 % qui affirment qu'il n'y a pas d'impact de préjugés.

L'enquête citée est un peu ancienne, certes, mais elle met bien en lumière la nécessité d'un contrôle des livrables de l'IA. Voir le chapitre 3 (fiabilité de l'IA) et le chapitre 7 (création de postes de supervision autour de l'outil).

- **Risque de dépendance technologique**

Si les systèmes d'IA tombent en panne ou sont piratés, les conséquences peuvent être dévastatrices. Cela soulève également des questions sur notre capacité à fonctionner sans l'aide de la technologie.

Avec l'adoption croissante de l'IA, nous risquons de devenir dépendants de la technologie. C'est ce que nous observons par exemple avec le recours généralisé des systèmes de navigation en voiture (une autre utilisation de l'IA). La plupart des conducteurs ne savent plus lire une carte routière. D'ailleurs rares sont les automobilistes qui en ont encore dans leur voiture. (NB : les fameuses cartes Michelin sont maintenant mises à jour par IA, mais sous la surveillance d'humains, qui veillent à leur exactitude et surtout à leur lisibilité ! Le système de cartographie de Michelin est majoritairement utilisé sur l'application « Via Michelin » qui intègre en temps réel le trafic.) Une enquête récente semblerait montrer que les jeunes perdent le sens de l'orientation, à force de se fier à leur Smartphone[39].

---

[38] Enquête Juniper. Présentation des résultats.
[39] *Science et fiction* du 15/03/2024, page 9.

Les jeunes ne savent plus lire les cartes routières

La démocratisation du GPS signe-t-elle la mort de la carte papier « à l'ancienne » ? En Angleterre, une étude auprès de quelque 2 000 automobilistes de moins de 25 ans a montré que 67 % des personnes interrogées ne savent pas lire une carte routière. Ils sont déroutés par son orientation où le nord est en haut.

Autre exemple : l'effet Google. Une expérience menée sur les étudiants d'Harvard (USA) montre que le cerveau oublie plus facilement une information, si elle est stockée quelque part, ce que Raphaël Gaillard[40] appelle un phénomène d'amnésie numérique.

Autre exemple de dépendance : le recul de l'orthographe dans de nombreux pays.

L'orthographe mise à mal

Les IA intégrées dans nos correcteurs orthographiques et la saisie prédictive sur nos Smartphones auraient-elles une responsabilité dans la baisse du niveau de l'orthographe ? Selon un sondage Opinion Way pour l'Ufipa[41], 44 % des Français considèrent que les correcteurs (à base d'IA) qui accompagnent nos mails et courriers et SMS sont les principaux fautifs. « Si on se repose intégralement dessus, on perd des réflexes orthographiques qui naissent avec la répétition. Pour être bon en orthographe, il faut une posture de doute orthographique. Avec la correction automatique, on se pose moins de questions ». En revanche, notre orthographe, quasiment inchangée depuis le XIXe siècle, présente des incohérences et des règles qui ne reflètent plus la façon dont on parle. Les correcteurs orthographiques sont très influencés par notre langue parlée actuelle.

Durant l'été 2023, le ministre de l'Éducation nationale s'était ému de la quantité de fautes d'orthographe dans les copies du baccalauréat. Le nombre moyen d'erreurs commises par les élèves de CM2, sur une même dictée, a presque doublé entre 1987 et 2021, selon la Depp[42]. Pire, 27,5 % des élèves de 2021 dépassent les 25 fautes sur ce texte de… seulement 67 mots !

Le QI : une tendance à la baisse après des siècles de hausse

Le quotient intellectuel baisserait chez les générations nées après 1975, selon des chercheurs norvégiens, dont les travaux ont été publiés en 2023. Les auteurs ont estimé que l'explication la plus plausible était un environnement culturel moins favorable pour les jeunes générations.

---

40 Raphaël Gaillard, *L'homme augmenté, Futurs de nos cerveaux*.

41 Ufipa : Union de la filière papetière : https://www.ufipa.fr/journee-mondiale-de-lecriture-manuscrite/

42 Direction de l'évaluation, de la prospective et de la performance.

Une autre hypothèse concomitante est la baisse de l'attention. « Le monde contemporain est défavorable à l'attention[43] ». Selon Bruno Patino[44], le temps d'attention d'un jeune serait de l'ordre de sept minutes. Nous sommes entrés dans la civilisation du divertissement[45], alors pourquoi faire des efforts ? On remarquera que l'IA intervient sur tous ces aspects, pourquoi mémoriser, quand on a tout accessible par chat, en temps réel sur son Smartphone ?

À la baisse contestée du niveau moyen d'intelligence, s'ajoute l'appauvrissement du langage. Les études sont nombreuses qui démontrent le rétrécissement du champ lexical et un appauvrissement de la langue. Il ne s'agit pas seulement de la diminution du vocabulaire utilisé, mais aussi des subtilités de la langue qui permettent d'élaborer et de formuler une pensée complexe[46].

La disparition progressive des temps (subjonctif, passé simple, imparfait, formes composées du futur, participe passé) donne lieu à une pensée au présent, limitée à l'instant, incapable de projections dans le temps. La généralisation du tutoiement, la disparition des majuscules et de la ponctuation, sont autant de coups mortels portés à la subtilité de l'expression.

Des études ont montré qu'une partie de la violence dans la sphère publique et privée proviendrait directement de l'incapacité à mettre des mots sur les émotions.

L'histoire est riche d'exemples et les écrits sont nombreux, de Georges Orwell dans *1984*, à Ray Bradbury, dans *Fahrenheit 451* qui ont relaté comment les dictatures de toutes obédiences entravaient la pensée, en réduisant et tordant le nombre et le sens des mots. Nous en reparlerons dans le chapitre 10.

- **Utilisation de l'IA à des fins de manipulation**

Un seul contenu de synthèse peut être lourd de conséquences : une fausse image générée par l'IA d'une explosion au Pentagone s'est ainsi propagée comme une traînée de poudre, en mai 2023, créant un trou d'air sur le marché boursier.

L'étude Kantar[47] révèle que si 64 % des Français se disent « prudents » sur le web, un tiers reconnaît y partager, sans états d'âme, du contenu personnel (photos, vidéos, commentaires enregistrés…), notamment sur les réseaux sociaux. Il faut savoir que cette matière peut servir à l'IA générative pour créer

---

[43] Cf. *Pour une écologie de l'attention* (Yves Citton), *La Fabrique du crétin digital* (Michel Desmurguet).

[44] *La Civilisation du poisson rouge* de Bruno Patino.

[45] *La Tyrannie du divertissement* d'Olivier Babeau.

[46] http://bavardagesdeletizia.unblog.fr/2023/07/17/baisse-du-qi-appauvrissement-du-langage-et-ruine-de-la-pensee-par-christophe-clave/

[47] Étude Kantar pour Kaspersky et l'ADN menée sur 1 000 Français en août-septembre 2023. https://www.kaspersky.fr/about/press-releases/2022_gouvernance-formation-et-transparence-une-etude-kaspersky-se-penche-sur-les-enjeux-du-monde-du-travail-de-demain

des deep fakes[48]. L'étude montre aussi que la même proportion y divulgue volontairement des données privées (adresse, âge, mail, localisation, codes, etc.), souvent à l'occasion d'une participation à des jeux-concours. La diffusion imprudente facilite les escroqueries en ligne, mais la multiplicité des informations personnelles circulant sur le net augmente le risque de création d'un contenu diffamatoire utilisant des outils génératifs.

Les récents deep fakes dont a été victime Taylor Swift[49] ont montré l'étendue des capacités des IA génératives. Et notamment à quel point il devient difficile de distinguer un deep fake audio, d'un enregistrement original.

L'Université de Californie a peut-être trouvé un moyen d'y remédier en analysant l'enregistrement à l'aide d'une intelligence artificielle, capable de percevoir de subtiles variations dans les intonations et le volume qui les démarquent des imitations. Petits bémols :

- l'outil est encore beaucoup trop complexe pour être utilisé par le grand public ;
- compte tenu de l'évolution de l'IA générative, la faille découverte sera sans doute vite comblée.

Déjà, certaines figures politiques, comme Donald Trump, brandissaient à tout-va le terme de « Fake News » pour dénoncer les opinions adverses. Désormais, n'importe qui peut brandir le terme de « deep fake » pour discréditer des vérités, et nier la réalité, surtout pour se dédouaner de faits troublants. C'est le **« dividende du menteur »**, ce concept décrit pour la première fois dans un article universitaire en 2018, montre comment « les deep fakes permettent aux menteurs d'éviter plus facilement de rendre des comptes, pour des faits avérés ». L'existence des contenus de synthèse (genIA) permet ainsi à des individus de rejeter les preuves bien réelles d'un délit, en les qualifiant de fausses et totalement fabriquées. Ce qui ouvre un abîme de réflexion sur la véracité des faits et des choses.

Les nouvelles voies (voix) des escrocs

Au téléphone, qui se méfierait de sa mère ou de son enfant ? Dans la panique, pas grand monde, même si celui-ci appelle avec un numéro qui n'est pas le sien et demande de l'argent en urgence. Et c'est bien ce sur quoi les escrocs jouent aujourd'hui avec cette nouvelle déclinaison de l'« arnaque au

[48] Vidéo ou enregistrement audio, manipulés par des techniques d'intelligence artificielle, qui font apparaître des personnes en train de dire ou de faire des choses qu'elles n'ont jamais dites ou faites.

[49] Fin janvier 2024, des images deep fake sexuellement explicites générées par l'IA de la musicienne américaine Taylor Swift ont proliféré sur les plateformes de médias sociaux 4chan et X.

président ». Ils ne se font plus forcément passer pour une personne d'autorité, mais pour l'un de vos proches. Grâce à l'intelligence artificielle générative, quelques secondes d'enregistrement audio leur suffisent pour cloner la voix de ce proche, par exemple à partir d'une vidéo publiée sur les réseaux sociaux. De sorte que, lorsque vous répondez, vous reconnaissez, sans aucun doute, la voix de votre mère ou de votre enfant à l'autre bout du fil.

Le risque :
Ne plus savoir reconnaître la vérité. Douter de tout.

C'est-à-dire perdre ses repères.

Chapitre 2
Comment ça marche ?

Entrebâiller la boîte noire et démystifier autant que possible le mot-valise « IA », pour en expliquer la plus-value, et en percevoir les enjeux, telle est la prétention de ce chapitre.

Comment maîtriser ces outils avec lesquels il nous faut vivre et travailler ? Et, si possible, ne pas se laisser distancer. C'est tout le pari.

Rester lucide et surtout vigilant

L'intelligence artificielle (IA) est un domaine de l'informatique développant des logiciels capables d'accomplir des tâches complexes, autrefois réalisées par des humains, comme par exemple la reconnaissance de formes, d'images… ou des travaux de création. L'IA est donc un ensemble de théories et de logiciels, visant à simuler certains aspects de l'intelligence humaine, imitant ou remplaçant l'homme dans certaines mises en œuvre de ses fonctions cognitives, avec deux caractéristiques : la rapidité (rendant possible l'automatisation), et un faible coût.

C'est John McCarthy (1927-2011) qui a créé le terme « intelligence artificielle ». Selon lui, l'IA « est la science et l'ingénierie de la fabrication de machines intelligentes, en particulier de programmes informatiques intelligents. Elle est liée à la tâche similaire qui consiste à utiliser des ordinateurs, pour comprendre l'intelligence humaine, mais l'IA ne doit pas se limiter aux méthodes qui sont biologiquement observables ».

Un des créateurs de l'IA, Marvin Lee Minsky (1927-2016), définit l'IA comme « la construction de programmes informatiques qui s'adonnent à des tâches qui sont, pour l'instant, accomplies de façon plus satisfaisante par des êtres humains, car elles demandent des processus mentaux de haut niveau, tels que : **l'apprentissage perceptuel, l'organisation de la mémoire** et le **raisonnement critique** ». On trouve donc dans l'IA un aspect technique avec l'usage des ordinateurs ou de processus électroniques élaborés, et un côté « intelligence » ayant pour but d'imiter un comportement humain. Cette imitation peut se faire dans le **raisonnement**, par exemple dans les jeux ou la pratique des mathématiques, dans la **compréhension des langues naturelles**, dans la **perception visuelle**, par exemple dans l'interprétation des images, dans la **perception auditive** comme la compréhension du langage parlé ou par la **perception tactile**, par exemple dans la commande d'un robot.

L'intelligence « dite » artificielle est un système formé (par apprentissage) sur d'énormes quantités de textes et documents (livres, articles Wikipédia, forums, du code informatique et bien d'autres sources). En absorbant tout cela, le système explore et découvre des structures linguistiques, des relations entre concepts, des « réalités sous-jacentes du monde qui nous entoure[50] ». Cette accumulation d'informations est mémorisée dans le modèle, lui permettant d'avoir une vision étendue sur de nombreux sujets. Cette « connaissance » est basée sur des motifs récurrents, des « patterns[51] » dans les données d'entraînement, et non sur une véritable compréhension. L'IA a une approche probabiliste et implicite pour réaliser une tâche, à l'opposé des algorithmes. Cet entraînement, cette éducation de l'IA, se fait selon cinq étapes successives.

Étape 1 : La qualification des données (data labelling)

L'IA fait appel à des données, sur lesquelles elle va faire des analyses, pour, quelle que soit la question, y apporter la réponse, qui statistiquement semble la meilleure. Plus il y a de données, meilleur sera le résultat. Pour cette raison, les systèmes d'IA « siphonnent » un maximum de données, en particulier toutes celles qui sont accessibles sur Internet (ce qui pose quelques problèmes d'éthique, de confidentialité et de véracité, nous y reviendrons plus loin). Cependant, ces données ne sont pas utilisables en l'état. Elles doivent être **qualifiées**, annotées, pour être exploitables. Cette qualification peut être comparée à un référencement dans un gigantesque référentiel, qui couvrirait tous les domaines. Ce sont ces annotations qui vont permettre à l'IA de discerner les éléments utiles à la résolution du problème qui lui est soumis.

Le travail de qualification dans un tel gigantesque référentiel est confié à des milliers de travailleurs de par le monde, appelés « étiqueteurs » ou « formateurs d'IA », qui analysent des images, des textes, des musiques, des bruits… Une image, par exemple, peut montrer une route, des maisons, des arbres, des personnages, qu'il faudra tous qualifier. Énorme travail, dont la pertinence peut laisser à désirer, d'autant plus que ce travail, souvent effectué dans des pays à bas salaire, ne nécessite aucune qualification, juste une capacité d'attention, et est rémunéré « à l'étiquetage », donc au rendement (au Kenya par exemple la norme est de 3 000 référencements à l'heure). Comme du temps des « perfos/vérifs », la qualité de l'étiquetage donne lieu à un contrôle de vérification : certaines images sont qualifiées par deux personnes différentes, et les scores comparés.

---

50 Le lecteur appréciera la formulation.

51 Pattern : (schémas) similitude de relations entre objets (caractéristiques semblables) permettant à l'IA de formuler des prédictions statistiques.

Parmi les pays en pointe dans le domaine de l'étiquetage, on trouve le Kenya, la Chine, mais aussi l'Arabie saoudite, l'Inde. Notons au passage que ces derniers pays ont des ambitions en matière d'IA, et que le travail que nous leur confions pour des salaires misérables est souvent réutilisé localement pour développer une IA nationale.

Ce travail d'étiquetage permet d'organiser des bases documentaires. Rien que pour les images, **ImageNet** propose la plus grande base de données de reconnaissance d'images du monde. Elle alimente tous les systèmes d'IA actuels. ImageNet fait travailler 50 000 étiqueteurs dans 167 pays différents. Sa base de données (BD) contient 14 millions d'images (chiffre en évolution exponentielle) et identifie 30 000 types d'objets. Des BD semblables existent dans des dizaines d'autres domaines : musique, littérature, politique, géographie… La liste semble infinie. Si la tâche d'étiquetage d'images semble rébarbative, elle est enfantine comparé à l'étiquetage de textes littéraires, qui multiplient les étiquettes pour indiquer notamment leur contexte, leur style, leur sémantique. Ce travail peut nécessiter des compétences littéraires, historiques, sociologiques. Très souvent l'étiquetage se fait par analyse de travaux universitaires en accès libre.

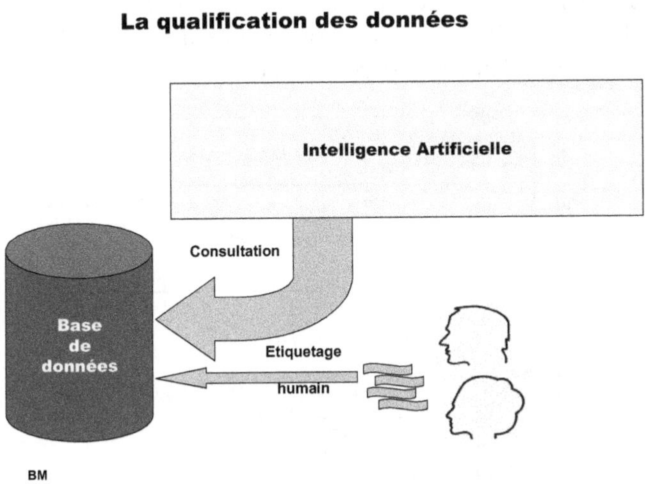

Qualification des données : étape 1

Étape 2 : L'apprentissage automatique (machine learning)

Dans l'informatique traditionnelle, le concepteur spécifie dans un programme toutes les tâches que la machine doit exécuter. En toute logique, tous les cas de figure doivent être prévus, pour éviter tout « plantage » ou toute boucle infinie. Le concepteur ou le programmeur, lors du « recettage », établit des jeux d'essai pour déceler les failles, tant de conception, que de programmation. Il modifie le programme en conséquence. On ne peut pas parler d'apprentissage ou d'intelligence… à la rigueur de celle du concepteur. C'est plutôt de la rigueur, pour s'assurer que toutes les éventualités sont prévues et traitées.

L'apprentissage automatique consiste à forcer le modèle d'IA à apprendre comment effectuer correctement une tâche ou une suite de tâches. Le modèle contient des paramètres, dont il va ajuster les valeurs tout au long de son apprentissage. L'apprentissage permet au système de mesurer, pour chaque paramètre, dans quelle mesure il a contribué à une bonne réponse, ou à une erreur et l'ajuste progressivement en conséquence. Ceci est répété, dans une suite d'essais/erreurs, jusqu'au moment où le résultat est jugé satisfaisant (NB : le seuil est déterminé par le concepteur du modèle). L'apprentissage automatique donne aux ordinateurs la capacité d'apprendre, sans être explicitement programmés à apprendre. Il nécessite l'existence d'un système intégré évaluant la qualité des réponses fournies par le modèle, donc une mesure de fiabilité du résultat fourni. Les résultats de l'apprentissage (bons ou mauvais) enrichissent la base de données.

Le data labelling ou étiquetage des données par des humains est une étape indispensable du machine learning, mais celui-ci peut ensuite prendre le relais de l'étiquetage, sans avoir à recourir à l'humain, et donc d'en augmenter le rendement. Le travail d'« intelligence » du modèle algorithmique est directement proportionnel au travail humain fourni en amont.

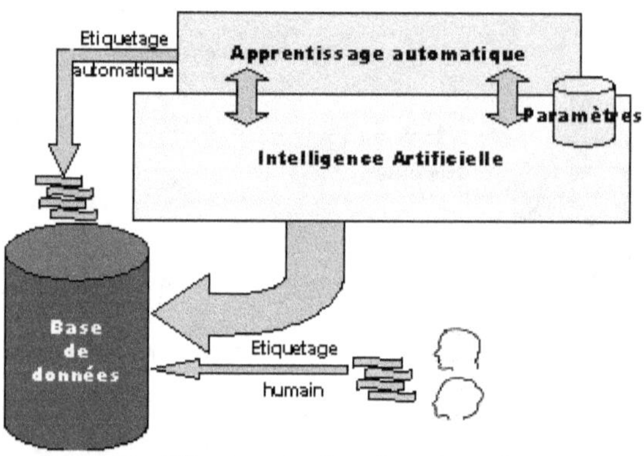

Qualification des données : étape 2

Étape 3 : L'apprentissage profond (deep learning)

Cet apprentissage autonome a été considéré comme une forme d'intelligence. Difficile de ne pas tomber dans l'anthropomorphisme ! Ne dit-on pas que l'IA « hallucine » ou qu'il « apprend » ?

L'apprentissage profond est un procédé d'apprentissage automatique fonctionnant un peu comme le cerveau humain[52], capable de traiter des entrées multiples et diverses pour générer une réponse unique, fondée sur un apprentissage statistique. Dans le deep learning, ce travail d'apprentissage est confié simultanément à plusieurs traitements informatiques, travaillant en concurrence et en complémentarité. On parle alors de **réseaux de neurones artificiels**. Chaque réseau possède de très nombreux paramètres. Les réseaux de neurones demandent un nombre très important de données, afin d'être entraînés. Le deep learning est du machine learning, mais travaillant sur des grands volumes de données, et donc nécessitant une large puissance de traitement. Le deep learning apprend de son propre environnement et de ses erreurs alors que le machine learning a besoin davantage d'interventions humaines pour apprendre et corriger ses erreurs. Les approches sont radicalement différentes. Les algorithmes du machine learning tendent à approcher les données en les décomposant en différentes parties, qui sont ensuite combinées pour proposer un résultat ou une solution (ainsi pour un animal : corps, queue, tête, oreilles, yeux, patte, etc.). De leur côté, les systèmes deep learning considèrent un problème dans son entièreté. Un bon exemple de deep learning est la reconnaissance faciale.

Techniquement, la différence est énorme : le machine learning peut fonctionner sur un CPU[53] (ordinateur) alors que le deep learning requiert une unité de traitement graphique (GPU[54]) d'une puissance bien supérieure.

Nous avons dit que le learning (machine ou deep) nécessite d'avoir accès à d'énormes volumes de données. Celles-ci sont hébergées dans des data centers, dont la presse parle périodiquement, en pointant leur impact sur le réchauffement climatique. Mais d'où viennent ces données vitales ? D'abord de tout ce qui transite sur le web, donc avec un biais culturel occidental et anglo-saxon. L'IA peut s'alimenter des bases de données spécialisées accessibles localement, si l'autorisation leur en est donnée. Beaucoup d'États vont vouloir se positionner dans la course à l'IA, donc vont souhaiter pouvoir disposer d'une IA adaptée à sa culture, à son écosystème. Cela peut être un enjeu de soft power souverain. Certains États développent le partage de

[52] Un neurone somme ses entrées, compare la somme résultante à une valeur seuil, et répond en émettant un signal si cette somme est supérieure ou égale à ce seuil (modèle ultra simplifié du fonctionnement d'un neurone biologique). Ces neurones sont par ailleurs associés en réseaux dont la topologie des connexions est variable : *réseaux proactifs, récurrents*, etc. Enfin, l'efficacité de la transmission des signaux d'un neurone à l'autre peut varier : on parle de *poids synaptique*, et ces poids peuvent être modulés par des règles d'apprentissage.

[53] CPU : processeur : unité centrale de traitement d'un ordinateur capable d'effectuer des opérations mathématiques.

[54] GPU : Graphics Processing Unit est un circuit électronique capable d'effectuer des calculs mathématiques à grande vitesse nécessaire pour le traitement graphique, le montage vidéo. La conception d'une GPU lui permet d'effectuer la même opération sur plusieurs valeurs de données en parallèle. Cela augmente son efficacité de traitement pour de nombreuses tâches de calcul intensives.

données entre leurs entreprises nationales, tout en veillant à ce que des tiers ne puissent ni y accéder, ni les dégrader. C'est le cas de **la Chine** (il existe en Chine une cinquantaine de bourses d'échanges de données, strictement surveillées), **de l'Inde** (la plateforme de services publics India Stack est librement accessible), **du Koweït** et **des Émirats arabes unis,** où la société AI 71 commercialise déjà Falcon[55] (son directeur a déclaré : « Ces cinquante dernières années le pétrole a été le moteur du pays. Aujourd'hui les données sont notre nouveau pétrole. »). Le gouvernement britannique envisage d'autoriser les entreprises à exploiter les données du service de santé publique (NHS[56]), sans que l'on connaisse encore les critères, ni les finalités. Nous y reviendrons dans le chapitre 9.

Quel est l'apport du deep learning ? « De plus en plus d'entreprises, d'organisations, d'États ont des masses de données gigantesques à exploiter, trier, indexer, et cela demande des ressources considérables. L'intelligence artificielle et le deep learning peuvent aider à le faire, de façon automatisée et plus efficace », confirme Yann Le Cun[57].

Étape 4 : L'IA prédictive

L'intelligence artificielle (IA) prédictive se rapporte à l'utilisation de l'apprentissage automatique pour identifier des logiques dans les événements passés, pour en faire des prédictions sur des **événements futurs** possibles, en s'appuyant sur l'analyse statistique. Les statistiques sont utilisées depuis longtemps pour prédire l'avenir ; l'IA prédictive rend tout simplement l'analyse statistique plus rapide, et (théoriquement) plus précise, grâce à l'apprentissage automatique s'appuyant sur une grande quantité de données accessibles.

Par exemple, avec suffisamment d'exemples de comportements d'utilisateurs sur un site web, une IA prédictive peut distinguer, sur un site web, le trafic automatisé des bots[58] de celui d'humains. Autres exemples : la saisie prédictive de texte (installée sur nos Smartphones comme nous l'avons dit précédemment), la détection de chèques falsifiés, la mesure de risques d'accidents, mais aussi la prédiction de nos sujets d'intérêt.

Les applications de l'IA prédictive sont nombreuses : trafic routier, gestion des stocks, gestion de la chaîne d'approvisionnement, personnalisation de l'expérience utilisateur, campagnes de marketing (commerciales ou politiques) et santé (avec suffisamment de données, l'IA prédictive pourrait

---

[55] Falcom : outil d'AI commercialisé par AI 71 entreprise publique d'Abou Dabi lancée le 28/11/2023.

[56] NHS : National Haelth System.

[57] Yann Le Cun, spécialiste de l'apprentissage automatique des machines (*machine learning*), est l'un des pères du *deep learning* (apprentissage profond).

[58] Bot : application logicielle automatisée qui exécute des tâches répétitives sur un réseau simulant l'activité d'un utilisateur humain.

prévoir les problèmes de santé potentiels, sur la base des antécédents médicaux d'une personne comparés à ceux d'une large population. Les données relatives à la santé sont évidemment soumises à des cadres réglementaires stricts, tels que l'article 9 du RGPD).

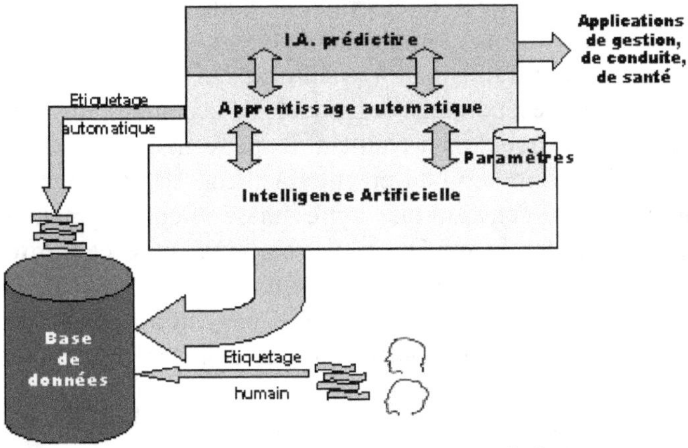

Qualification des données : étape 4 (prédictive)

Étape 5 : L'IA générative

L'IA générative (ou IA gen ou gen IA) se réfère à l'utilisation de l'IA pour créer de nouveaux contenus, comme du texte, des images, de la musique, de l'audio et des vidéos.

On a vu que le deep learning permet de générer des modèles fondés sur un très grand nombre de paramètres internes. Pour un modèle de langage, on atteint des milliards de paramètres, avec un très grand nombre de combinaisons, dont les paramètres seront affinés pendant l'entraînement. Je cite : « Leur organisation selon l'**architecture transformer**[59] favorise la parallélisation pendant l'entraînement, et permet une compréhension et une génération du langage ». L'application la plus saillante est la traduction d'une langue à une autre, qui apporte une meilleure compréhension du texte à traduire, et lui fait correspondre la formulation la plus juste. Tout le monde a en tête les bévues initiales de traduction[60] de Google. Effectivement l'interprétation correcte doit être tirée de l'analyse contextuelle, ce que l'IA peut savoir faire.

[59] Architecture « transformer » modalité d'apprentissage profond (introduite en 2017) principalement utilisée dans le domaine du traitement automatique des langues, mais pouvant aussi servir à traiter d'autres modalités images, vidéos ou son, parfois simultanément.
[60] Garçon, apportez-moi une bière >> Boy, get me a coffin.

GPT[61] repose sur une telle architecture, qui peut être affinée pour réaliser des tâches linguistiques spécifiques. La grande majorité des transformers performants sont préentraînés sur de grands ensembles de données, pour ne pas être limités par le besoin de données labellisées (qualifiées), avant d'être affinés sur un problème cible (fine-tuning). Leur « pré-entraînement » consiste à prédire, à partir d'une partie d'un texte déjà traité, la séquence de caractères suivants (tokens), typiquement un mot, une partie d'un mot, ou de la ponctuation. Cet entraînement à prédire ce qui va suivre, répété pour un grand nombre de textes, permet à ces modèles d'accumuler des connaissances sur le domaine dans lequel ils travaillent. Ils peuvent ensuite générer du texte semblable à celui ayant servi au préentraînement, en prédisant, un à un, les tokens suivants. En général, une autre phase d'entraînement est ensuite effectuée, pour rendre le modèle plus véridique, utile et inoffensif. Cette ultime phase permet notamment de réduire un phénomène appelé « **hallucination**[62] », où le modèle génère des informations d'apparences plausibles, mais fausses, car fondées sur des données hors contexte ou non étayées.

Ces modèles sont souvent intégrés dans des agents conversationnels, où le texte généré est formaté pour répondre à l'utilisateur. Par exemple, l'agent conversationnel ChatGPT exploite les modèles GPT-3.5 et GPT-4.24. Depuis 2023, des modèles grand public pouvant traiter simultanément différents types de données comme le texte, le son, les images et les vidéos (par exemple Google Gemini) sont disponibles[63].

[61] GPT = Generative Pre-Trained Transformer. GPT a été formé (trained) avec d'énormes ensembles de données de texte général, tels que Wikipedia Corpus.
[62] Voir le chapitre 3.
[63] Voir annexe 1.

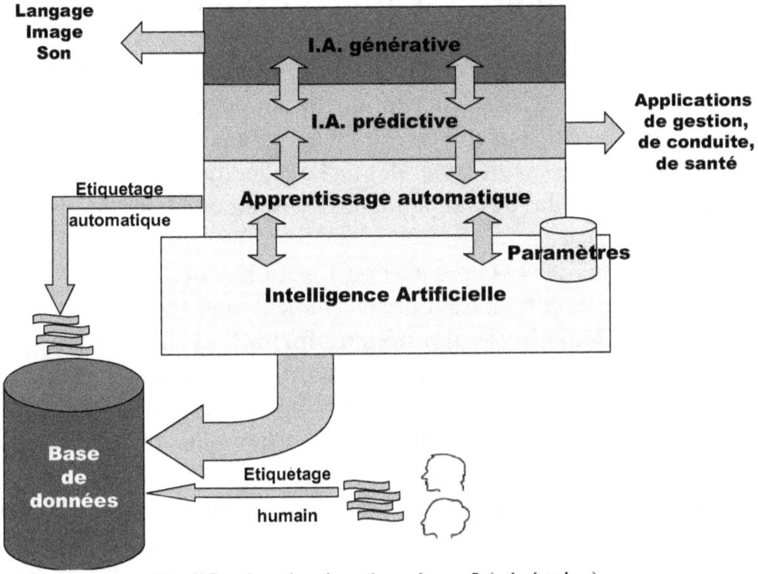

Qualification des données : étape 5 (générative)

Conclusion de ce chapitre

« De grands progrès ont été faits notamment en matière de reconnaissance visuelle et vocale, dans la reconnaissance automatique d'images. Des réseaux neuronaux artificiels ont produit des algorithmes meilleurs que ceux conçus par des ingénieurs humains – mais nous sommes très loin de ce qu'un cerveau peut faire, et nous n'en avons pas la prétention. Les animaux et les humains peuvent apprendre à voir, percevoir, agir et communiquer avec une efficacité qu'aucune machine ne peut approcher. D'autre part, il s'agit pour l'instant d'un **apprentissage purement supervisé** : on entraîne la machine à reconnaître l'image d'une voiture par exemple en lui montrant des milliers d'images, et en la corrigeant quand elle fait erreur ». Les humains découvrent le monde de façon non supervisée. « L'apprentissage non supervisé est le défi scientifique auquel nous nous attelons. Tant que nous n'y serons pas parvenus, nous serons incapables de construire des systèmes intelligents[64] ». Cette citation d'Yann Le Cun apparaît comme un peu datée aujourd'hui, l'apprentissage supervisé ayant été dépassé, mais sa réflexion demeure d'actualité.

[64] Déclaration de Yann Le Cun, spécialiste de l'IA et père du deep learning (collège de France, février 2016) : https://college-de-france.fr/fr/chaire/yann-lecun-informatique-et-sciences-numeriques-chaire

Petit rappel des sources d'apprentissage d'une IA

Les sources de données et les méthodes spécifiques utilisées par un système d'IA dépendent de sa conception, de son objectif et de la technologie utilisée. Les données peuvent être traitées et analysées pour fournir des réponses significatives ou effectuer des tâches spécifiques, telles que répondre à des questions, formuler des recommandations, automatiser des processus ou fournir une assistance.

Les informations nécessaires au bon fonctionnement d'un système d'IA proviennent d'une multitude de sources. On peut citer :

- **Machine learning et données de formation :** les modèles d'IA, en particulier les modèles d'apprentissage automatique, nécessitent de grandes quantités de données étiquetées pour apprendre. Ces données sont généralement générées ou collectées par des humains et annotées avec les réponses correctes ou les résultats souhaités.
- **Bases de données et bases de connaissances :** les systèmes d'IA peuvent être intégrés à des bases de données et des bases de connaissances contenant de grandes quantités d'informations. Ces bases de données sont entretenues et mises à jour avec des données pertinentes.
- **Web scraping :** certains systèmes d'IA sont conçus pour récupérer les données des sites web et des sources en ligne. Ils peuvent extraire des informations de pages web, d'articles de presse et d'autres contenus en ligne.
- **Saisie utilisateur :** les chatbots IA et les assistants virtuels peuvent collecter des informations directement à partir de la saisie de l'utilisateur. Les utilisateurs fournissent des requêtes ou remplissent des déclarations. L'IA répond et traite les informations fournies (le fishing est une façon agressive d'aspirer des données utilisateur).
- **Données historiques :** pour l'analyse prédictive et les prévisions, l'IA peut utiliser des données historiques pour identifier les tendances et faire des prédictions. Ce peut être des données Wikipédia, ou des livres ou des articles universitaires.
- **Agrégation de contenu :** les systèmes d'IA conçus pour la recommandation de contenu, les actualités ou le divertissement peuvent regrouper des informations provenant de diverses sources pour offrir une expérience organisée. Généralement l'utilisateur est invité à formuler intérêts, goûts et souhaits, qui seront enrichis avec d'autres informations le concernant, quel que soit le support.
- **Informations accessibles au public :** les systèmes d'IA peuvent accéder à des informations accessibles au public, provenant de sources telles que les médias sociaux, les organes d'information et les sites web gouvernementaux.
- **Profils et préférences utilisateur :** l'IA peut recueillir des informations sur les utilisateurs à partir de leurs profils, préférences et

interactions passées pour personnaliser les recommandations et les réponses. Cf. agrégateurs de contenus.

- **Bases de données prédéfinies :** les systèmes d'IA peuvent être programmés avec des bases de données prédéfinies contenant des données structurées. Par exemple, un chatbot météo peut accéder à une base de données météo pour fournir des informations météorologiques actuelles.
- **API (Application Programming Interfaces) :** de nombreux systèmes d'IA interagissent avec des services et des bases de données externes via des API. Par exemple, une IA de requête peut utiliser une API de traduction pour accéder aux services de traduction linguistique et donc puiser dans des sources étrangères.
- **Flux de données en temps réel :** certaines applications d'IA, telles que les analyses boursières, reçoivent des flux de données en temps réel pour prendre des décisions ou des prédictions instantanées. Les applications de surveillance des populations intègrent des données de localisation des téléphones, mais aussi celles de caméras de surveillance.
- **Données de capteur :** les systèmes d'IA dans des applications telles que les voitures autonomes, ou l'automatisation industrielle, peuvent collecter des données provenant de divers capteurs, notamment des caméras, des LiDAR[65], des accéléromètres, etc. Pour les applications militaires, les capteurs sont au sol, dans les airs, dans l'espace et dans le cyberespace. Leurs données sont mises en relation les unes avec les autres, pour apporter une « vision situationnelle » en temps réel. Les volumes sont tels que seuls des traitements à base d'IA permettent de les exploiter.

Ces données sont hébergées sur un ou plusieurs data centers.

Le test de Turing

En 1950, Alan Turing publie **le Turing Test** qui sert encore pour évaluer les IA. De ce test découlent les fondations de l'intelligence artificielle, de sa vision et de ses objectifs : **répliquer ou simuler l'intelligence humaine dans les machines**.

Le test de Turing est une proposition de test d'intelligence artificielle fondée sur la faculté d'une machine à imiter la conversation humaine. Décrit par Alan Turing en 1950 dans sa publication Computing Machinery and Intelligence, ce test consiste à mettre un (ou plusieurs) humain en confrontation verbale à l'aveugle avec un ordinateur et un autre humain. Si la personne qui engage les conversations n'est pas capable de dire lequel de ses interlocuteurs est un ordinateur, on peut considérer que le logiciel de l'ordinateur a passé avec succès le test. Cela sous-entend que l'ordinateur et l'humain essaieront d'avoir une apparence sémantique humaine.

[65] Appareil qui émet un faisceau laser et en reçoit l'écho (comme le radar), permettant de déterminer la distance d'un objet.

Aucun des programmes d'IA présentés à ce jour n'a encore passé le test de Turing avec succès.

Le prix Loebner est une compétition annuelle récompensant le programme considéré comme le plus proche de réussir le test de Turing. ALICE[66] a remporté ce prix à plusieurs reprises.

Le test de Turing est fondé sur l'hypothèse que les êtres humains peuvent juger de « l'intelligence » d'une machine, en comparant son comportement avec le comportement humain. Les éléments de cette hypothèse sont aujourd'hui remis en question par certains chercheurs en intelligence artificielle, qui mettent en doute l'utilité de ce test comportant des appréciations humaines et une comparaison seulement limitée à des comportements.

[66] Alice (Artificial Linguistic Internet Computer Entity) est un chatbot. C'est le successeur d'Eliza.

Chapitre 3
La fiabilité des livrables de l'IA

Dans ce chapitre, il faut distinguer ce qui est propre à l'IA des utilisations tendancieuses qui peuvent en être faites.

Sur le premier point, nous allons voir les phénomènes d'hallucination, et les inflexions possibles des réponses de l'outil.

Sur le second point, nous parlerons de la notion de véracité, du « Fact checking », puis des rôles que jouent les réseaux sociaux et les acteurs de la Big Tech.

L'hallucination

L'hallucination est une réponse fausse ou trompeuse qui est présentée par l'IA comme un fait certain, sans avoir de données à ce sujet, par exemple, l'affichage d'une population sur Mars. Dans certains cas, après une hallucination, si on demande à l'IA de citer ses sources, elle pourra se méprendre sur le prompt et les imaginer, ce qui donne l'impression d'une vérité.

Lors des premiers retours d'expérience, Bing a affiché 2,5 milliards de personnes en réponse à la question de savoir quelle est la population sur la planète Mars.

Bing depuis a beaucoup progressé. Vous trouverez en annexe 5 la même question posée à ChatGPT 4. Comme vous pourrez le constater la réponse est très construite et policée.

Question posée à Bard : **Combien de pattes ont dix éléphants si deux en sont dépourvus : détailler la réponse.**

La réponse détaillée est la suivante :

« Un éléphant adulte a généralement 4 pattes, chacune avec 5 ou 6 doigts. Cependant, si 2 éléphants sont dépourvus de pattes, alors le nombre total de pattes de ces 10 éléphants est de **38 à 40**. » *« Curieux détours, mais voyons la suite... »*

« La réponse exacte dépend du nombre de doigts que possèdent les éléphants sans pattes. Si ces éléphants ont 5 doigts par patte, alors le nombre total de pattes est de 38. Si ces éléphants ont 6 doigts par patte, alors le nombre total de pattes est de 40. »

Le prompt précédent (2022) émanant d'un journaliste est bien sûr piégeux, car les IA génératives ont du mal à gérer les négations et les exclusions. L'information indiquant que deux éléphants sont dépourvus de pattes est peu claire. La réponse de ChatGPT est pour le moins intéressante, quant à sa démarche !

Quelques rappels :

- Premièrement l'IA n'a aucune capacité pour comprendre un problème global. Il va le segmenter en plusieurs tâches pour le traiter. Plus le domaine est large, plus il aura de mal à synthétiser.

- Il peut se tromper et donner l'impression d'avoir raison. Si on ne dispose pas d'un background qui permet de déceler ces erreurs, l'IA devient une source potentielle de problème. Généralement c'est **l'intelligence de l'utilisateur** qui jugera de la cohérence de la réponse avec les éléments de contexte qu'il aura recueillis par des méthodes traditionnelles.

- L'IA a ses limites sur des problèmes complexes qui demandent de la créativité ou des problèmes très ciblés dans des domaines peu documentés. On peut citer ses lacunes pour lier des problématiques techniques avec un environnement précis (métier, région, politique, morale). Il aura tendance à généraliser. Il est difficile pour l'IA d'avoir la perception de l'environnement de développement (code source, datas, spécifications), même si cela est théoriquement possible. Cela peut être résolu par un apprentissage spécifique (dédié à un besoin récurrent). C'est une des raisons pour lesquelles entreprises et États, veulent éduquer des IA au plus près de leur environnement, à leur culture et à leurs spécificités[67].

Les mécanismes sous-jacents des hallucinations dans les algorithmes IA

Plusieurs facteurs engendrent les hallucinations des LLM[68] (IA). Parmi eux, une éventuelle divergence source/référence tient un rôle prépondérant. Cette divergence peut résulter 1) d'une méthode heuristique imparfaite lors de la collecte des données, ou 2) de la nature même de certaines tâches de génération de langage, qui incluent inéluctablement de telles divergences. L'entraînement de modèles sur des données souffrant de cette divergence

[67] Pour certains auteurs, cette tendance au renfermement sur des contextes nationaux ne facilitera pas les échanges internationaux.

[68] Large Language Model : le fondement des IA.

encourage la production de textes, qui ne sont ni ancrés dans la réalité, ni fidèles à leur source. Une autre raison est la limitation inhérente des modèles génératifs à maximiser la vraisemblance (approche statistique) sur les données d'entraînement. Pour prévenir ces hallucinations, GPT-4 a nécessité des interventions actives, comme l'apprentissage par renforcement, avec un feedback humain. Mais des failles subsistent, qui sont comblées petit à petit.

« L'IA telle qu'elle est actuellement avec sa capacité d'hallucination est un phénomène de hype[69] pour les financiers en quête de mandats, de coups… leur permettant de dégager leur responsabilité[70] ».

Stratégies pour prévenir les hallucinations IA

Pour lutter contre les hallucinations des IA, une première mesure essentielle est d'améliorer la qualité et la diversité des données utilisées dans **l'entraînement des modèles**. Il est crucial de s'assurer que ces données sont représentatives du sujet traité, exemptes de tout biais, et qu'elles englobent un vaste spectre de situations et de contextes. En misant sur des données robustes, il est possible de minimiser le risque que l'IA crée des contenus déformés, ou inadéquats par rapport à la réalité.

Une autre approche efficace est, au **niveau développement**, la conception d'algorithmes robustes, capables de naviguer à travers la complexité et les incertitudes présentées par les données. Il est important d'éviter les modèles trop simplistes ou exagérément complexes, qui peuvent mener à une mauvaise interprétation des données. Intégrer des mécanismes de vérification et de correction, comme des seuils de confiance, des filtres, ou des alertes, s'avère essentiel pour identifier et corriger les incohérences ou anomalies dans les contenus générés.

L'utilisateur devra se méfier des modèles trop simplistes, comme des modèles hyper sophistiqués.

Enfin, la réalisation de tests et validations rigoureux se présente comme une stratégie incontournable. Avant et après la création des contenus, il faut évaluer avec rigueur la performance et **la fiabilité** des modèles à l'aide de critères objectifs et subjectifs, tels que la précision, la cohérence, la pertinence, ou encore la lisibilité. L'intervention d'experts humains est fondamentale, pour vérifier les faits, examiner les sources, et garantir que les contenus

[69] Hype : anglicisme : qui est à la pointe de la mode, voire à l'avant-garde.
[70] Lu sur developpez.com : https://www.developpez.net/forums

générés respectent les standards et les attentes du domaine concerné. Cela est valable pour la conception, et surtout pour la mise à disposition[71].

Implications et futur de l'IA sans hallucination. Impact sur la confiance

La notion d'IA sans hallucination est cruciale pour l'accroissement de la confiance, et dans l'adoption de l'intelligence artificielle, tant par les utilisateurs, que par les entreprises. Les hallucinations, en produisant des contenus erronés, biaisés ou nuisibles, peuvent sévèrement impacter la crédibilité et l'utilité perçue de l'IA. Ces aberrations risquent d'entraîner des effets adverses sur la réputation des entreprises, la satisfaction et la fidélité des clients, ainsi que sur la conformité avec les normes et réglementations en vigueur. D'où l'importance de garantir la qualité et la fiabilité des contenus générés par l'IA, en prenant des **mesures d'ordre humaines** visant à éviter ou détecter les hallucinations.

Vers une IA plus éthique et transparente

S'attaquer aux hallucinations de l'IA représente également un défi éthique et social, car cela engage le respect des principes et valeurs humaines. Les hallucinations peuvent porter préjudice aux droits et intérêts des personnes et collectivités, en générant des contenus discriminatoires, trompeurs ou offensants, peuvent porter atteinte à la dignité, l'autonomie et la sécurité des individus, tout en menaçant la diversité, la démocratie et la justice sociale. Promouvoir une IA responsable et utile pour la société nécessite une amélioration de l'éthique, et une transparence de l'IA, à travers des efforts pour prévenir ou signaler les hallucinations.

L'inflexion des réponses de l'IA

Si certaines réponses livrées par l'IA sont biaisées, cela vient du fait que, pour accélérer l'étiquetage de l'information, les machines ont recours au deep learning (qui est, nous le rappelons, plus ou moins basé sur l'occurrence statistique). Le dépôt de contenus erronés va donc **infléchir les paramètres** de l'IA et avoir un effet de contagion. Ceci peut avoir deux causes.

- Cela peut être dû aux croyances du « formateur en IA » ou d'un apprentissage fait sur une base insuffisamment large.

---

[71] Dans la pratique, des contraintes financières, ou concurrentielles, ou de positionnement peuvent mettre à mal ces principes.

Il reste que les croyances des formateurs en IA (ceux qui supervisent son apprentissage) transpirent à leur insu dans les mécanismes que l'IA acquiert. Différentes études le constatent[72] [73]. Selon John Manoogian, il existerait 200 biais possibles[74]. Une des explications serait que l'apprentissage se fait sur des données, relevant d'un type de culture. L'interprétation des images fait apparaître des biais culturels. Voyons un exemple :

Test de « buzzfeed »

Demande faite à Midjourney de dessiner des Barbies typiques de différents pays.

- L'Allemande portait un uniforme militaire.
- La Soudanaise tenait une arme à feu.
- La Palestinienne était devant un bâtiment en ruine.

Un autre exemple vient de faire l'objet d'une publication médicale en mars 2024.

Contre le cancer, la recherche en immunothérapie fait appel à l'IA pour développer des traitements personnalisés. En particulier la recherche cherche à identifier rapidement les peptides ayant le plus d'opportunités de se lier aux allèles du gène HLA. On parle de « liaison peptide-HLA ». Dit plus simplement, il s'agit de favoriser la reconnaissance des cellules cancéreuses, porteuses de ces peptides par les lymphocytes T chargés de les combattre. Or, le gène HLA présente des variants suivant les individus, les allèles, ce qui complexifie encore la formulation de traitements personnalisés.

Or, les chercheurs de l'Université Rice, au Texas, viennent de découvrir que la base de données employée pour entraîner la plupart des IA provient majoritairement de patients issus de régions géographiques et de milieux socio-économiques aisés. Autrement dit, des allèles fréquents chez certaines populations **moins favorisées** n'ont pas été utilisés pour entraîner l'algorithme. L'IA donnait des bons résultats ici, et de mauvais résultats sur d'autres populations.

D'autres études dénoncent le fait que les IA reproduisent des stéréotypes sexistes[75].

---

72 Recherche des Universités de Washington et de Carnegie Mellon aux USA.

73 Étude de l'Université de XI'an Jiotong en Chine.

74 Voir le codex des biais cognitifs : https://fr.wikipedia.org/wiki/Fichier:The_Cognitive_Bias_Codex_(French)_-_John_Manoogian_III_(jm3).svg. Voir la lise des biais cognitifs en Annexe 8.

75 Études d'Isabelle Collet (Université de Genève) (photos de PDG : tous hommes blancs) (écolière : JF en tenue sexiste ; écolier : jeune garçon avec sac à dos).

Les IA étant entraînées par des humains (majoritairement des hommes) reflètent, à leur insu, dans leurs réponses les stéréotypes de ceux qui les développent.

- Cela peut aussi être délibéré pour répondre **à des fins éthiques, politiques, religieuses ou commerciales**, nous allons voir comment.

Premier moyen : jouer sur le processus d'étiquetage. Traditionnellement, ce travail est fait par des humains dans des pays à main-d'œuvre bon marché, et peut refléter leur culture. On observe que l'étiquetage sophistiqué est de plus en plus traité par des IA agissant sous contrôle d'un responsable (apprentissage supervisé). Indépendamment d'un biais implicite de sa part, il est possible de manipuler la frontière entre le correct et le refusé. Les données à l'étiquetage biaisé sont versées dans les BD communes, et donc auront un impact sur les réponses, qui à leur tour alimenteront les BD. Le risque d'amplification est réel.

Second moyen : insérer un nombre important de contenus erronés dans les bases de données utilisées par l'IA. Le résultat peut être facilement atteint si les contenus sont largement repris par les réseaux sociaux (viralité). Ainsi chaque message pèsera plus lourd dans la pondération de l'IA. Cette possibilité est utilisée par des groupes organisés ou des États malveillants, en faisant diffuser largement le ou les contenus malveillants, par des fermes à trolls[76] exploitant différents réseaux sociaux (et misant sur la saturation). On remarquera que l'IA peut être mise à contribution, dans cette multiplication des publications, dont les destinataires peuvent être ciblés (des sympathisants, qui spontanément rediffuseront à leurs propres réseaux).

Troisième moyen nécessitant des connaissances particulières : intervenir directement dans les paramètres d'une IA, soit en s'introduisant dans le système, soit en formulant des demandes (prompt) à l'IA lui demandant de contourner les restrictions ou de simuler une autre IA qui pourrait modifier ses propres paramètres de pondération. NB : certaines IA sont en open source, facilitant le hacking quand on sait contourner les mesures de protection des accès.

Les points de risque (naturels ou délibérés) sont figurés par les flèches sur le schéma suivant.

[76] Structure coordonnant des trolls et hackers, diffusant de manière massive des informations partiales ou mensongères sur les réseaux sociaux.

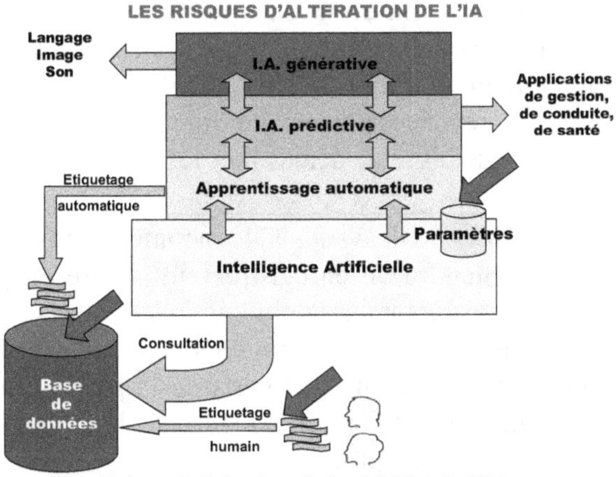

Points d'altération de la fiabilité de l'IA

Il semblerait que les tendances politiques des développeurs (on le voit aux USA) créent aussi des biais, souvent délibérés.

Dans certaines églises (évangéliques), l'IA est pensée et utilisée au service de la diffusion de la connaissance de la Bible et de la conversion.

La preuve de la véracité

Hyper trucage : au-delà des images et de la vidéo. La technologie fondée sur l'IA, en évolution constante, peut être utilisée par des auteurs de cybermenace pour créer du contenu en ligne faux ou trompeur. C'est devenu bon marché et facile d'accès. Il y a près d'une centaine d'outils accessibles en mars 2024 (voir annexe 1). Certains peuvent être testés gratuitement ou utilisés sur abonnement. Plusieurs offrent toute une gamme d'effets, à des prix mensuels allant de $ 15 à $ 1 000.

En 2020 déjà, le CSP canadien[77] évoquait le risque des vidéos synthétisées par hypertrucage et expliquait comment l'utilisation de ce procédé permettait de créer de fausses vidéos d'événements ou de personnalités publiques, ayant l'air vraies. Il expliquait aussi comment les démasquer. Depuis, alors que les entreprises spécialisées dans la technologie ont investi des sommes importantes pour faire progresser la détection automatique des vidéos hyper truquées, d'autres acteurs ont mis au point de nouvelles formes de supports générés par IA, très difficiles à détecter, comme l'écriture générée par IA et le son hyper truqué. Le texte hyper truqué passe maintenant le plus souvent

[77] Le Centre de sécurité publique du Canada traite des problèmes de sécurité au niveau étatique, avec des délégations régionales aux réunions desquelles les citoyens sont invités à participer. Le CSP publie périodiquement des études intéressantes :
https://www.securitepublique.gc.ca/index-fr.aspx

inaperçu chez les humains. En effet, dans le cadre d'une étude réalisée en 2019, on a demandé à des individus de classer des commentaires selon qu'ils provenaient d'un humain ou d'un robot ; les résultats du classement n'étaient pas meilleurs que si les réponses avaient été tirées au hasard. En 2023, le CSP reconnaît la quasi-impossibilité de démasquer les faux.

The Washington Post, du 8 avril 2024, raconte comment des centaines d'internautes ont pu entendre un enregistrement sonore du proviseur de la Pikeville High School, proférant des commentaires racistes et antisémites. Par chance, alors que nombre de ses collaborateurs demandaient sa démission, le proviseur a pu bénéficier de l'aide d'experts de la police, qui ont confirmé qu'il s'agissait, une grande première dans le monde du travail, d'un deep fake destiné à lui faire perdre son emploi.

L'IA nous place ainsi devant une question fondamentale :

- Comment savoir si telle image, telle vidéo, tel texte que nous regardons est « vrai(e) » ou a été généré(e) par une IA générative ?

Mais d'abord qu'entend-on par véracité ? Jusqu'à présent, les médias procédaient à la vérification des informations qu'ils publiaient (au moins dans les démocraties). La vérification est une technique consistant d'une part à vérifier la véracité des faits et l'exactitude des chiffres présentés dans les médias auprès de personnes publiques, notamment des personnalités politiques et des experts, et, d'autre part, à évaluer le niveau d'objectivité des médias eux-mêmes dans leur traitement de l'information (fact-checking). La méthode s'est démocratisée grâce à des **logiciels aidant les particuliers à vérifier les faits**. Elle s'est même automatisée avec l'apparition en 2013 de robots conçus pour la pratiquer sans intervention humaine et faisant de plus en plus appel à l'intelligence artificielle. D'où une nouvelle interrogation.

- Peut-on faire confiance à des IA qui vérifient la véracité de faits, eux-mêmes élaborés par des IA, sachant que les deux catégories d'IA s'alimentent aux mêmes bases de données ?

En règle générale, il convient de toujours remettre en question ce que l'on lit.

Observez la structure de l'article[78].

Le titre est-il écrit en majuscule ou se termine-t-il par un point d'exclamation ? Il n'est pas rare que le titre soit volontairement accrocheur sur les sites qui propagent de fausses informations.

Construction de l'article. La **date** de publication est-elle précisée ? Identifiez **l'auteur :** le nom de l'auteur est-il mentionné ? Tentez de déterminer la légitimité de cette personne (par exemple en tapant son nom

[78] https://www.anacours.com/magazine/fake-news

dans un moteur de recherche). Est-il un professionnel ou un expert sur le sujet traité ?

Fiabilité du site : quelle est la nature du site : un site institutionnel, un média, un blog, une encyclopédie ? Rendez-vous dans les catégories en pied de page, telles que « À propos », « Qui sommes-nous », « Contact » ou encore les mentions légales. Recherchez aussi quel est le but du site : informer, convaincre, vendre, manipuler, faire le buzz ?

Croiser les sources de l'information. Il est important de comparer et de croiser les sources d'informations. L'info que vous lisez a-t-elle été publiée sur d'autres sites ? En outre, si l'article que vous consultez contient un chiffre ou une citation, il est préférable qu'il soit étayé par une source ou un lien hypertexte. N'hésitez pas à faire une recherche pour vérifier ces données.

Regarder les photos. Intéressez-vous aux photos ou vidéos présentes dans l'article. Ces dernières peuvent être manipulées facilement, sans que l'on s'en rende compte au premier coup d'œil. Vous pouvez par exemple vous rendre sur des moteurs de recherche d'images inversées comme Google images ou le site TinEye.com, pour vérifier que telle ou telle image n'est pas détournée.

Utiliser des outils de vérification. Il existe plusieurs outils pour vérifier la fiabilité d'un site ou bien la véracité d'une information : voir page suivante.

Les réseaux sociaux, Facebook, Twitter, etc., **sont censés vérifier les faits**, puisque la majorité des informations mensongères (dénommées aussi infox ou fake news), des trollages[79] et des canulars sont diffusés par leur intermédiaire.

Cependant, au fil des années 2010, l'efficacité de la vérification des faits sur les réseaux sociaux est progressivement devenue défaillante, au point qu'en 2016 un grand nombre de commentateurs estimaient qu'elle ne permettait pas de contrecarrer les effets des contre-vérités énoncées par les personnalités politiques, même les plus évidentes, et que l'on était entré dans **« l'ère de la post-vérité »**.

Ce qu'il y a d'inquiétant, avec l'IA, c'est qu'elle peut maintenant fournir des preuves à des mensonges – et des preuves convaincantes. Jusqu'à récemment, les photographies avaient l'air vraies. Elles étaient un gage de véracité. Alors qu'aujourd'hui, **on n'est plus vraiment sûr de ce qui est vrai**. La notion d'image en tant que preuve de vérité est morte à cause de l'IA.

L'ère de la « post-vérité »

L'entrée dans l'ère post-vérité remet en cause la légitimité des médias traditionnels. Et puis il faut tenir compte de l'opinion publique, qui ne cherche

[79] Trollage : attaque de trolls. Un troll est un intervenant qui initie volontairement des polémiques sur les forums de discussions des réseaux sociaux, afin de perturber leur déroulement. Le troll est souvent agressif. Il agit sous un pseudonyme.

pas forcément à savoir ce qui est vrai. Aux États-Unis, bien que les sondages indiquent que les informations des deux grandes chaînes câblées Fox News et MSNBC soient jugées peu fiables, les citoyens se tournent davantage vers ces chaînes « partisanes » que vers CNN, chaîne réputée plus mesurée. Le traitement de la vérification des faits par Fox News et MSNBC n'est pas similaire et est lui-même orienté. Il s'adresse à des publics peu ouverts à la recherche de l'objectivité.

Ces chaînes communiquent et alimentent, directement ou par viralité, les bases de données sur lesquelles les outils d'IA fondent leurs analyses, introduisant des biais dans les réponses, comme nous l'avons souligné plus avant.

Fact-checking vs fausses nouvelles

Aujourd'hui tout le monde dit pratiquer le fact-checking, y compris les politiciens qui en font « une arme de communication », mais il faut s'interroger sur les supports utilisés et les sources consultées. La preuve de la véracité des supports est une question nouvelle, et à laquelle il faut répondre, car sinon, elle ouvre la voie à toutes les manipulations, et sans doute à la perte de nos valeurs.

Utiliser des outils de vérification. Il existe plusieurs outils pour vérifier la fiabilité d'un site ou bien la véracité d'une information :

- **Hoaxbuster :** une plateforme collaborative contre la désinformation qui fait du debunk (démystification d'une infox[80]).
- **Décodex** par *Le Monde* : entrez une URL pour vérifier si la source est fiable ou non.
- **AFP Factuel :** la cellule de fact-checking de l'Agence France-Presse.
- **CheckNews :** un outil créé par le journal *Libération*, qui répond aux questions des lecteurs.

Autre problème : la vérification des contenus et la lutte contre la désinformation se politisent. Reprenons l'exemple des USA où la droite de l'échiquier politique accuse les plateformes de comploter avec le gouvernement et le monde universitaire, et de censurer les idées conservatrices. Cette accusation de politisation contraint les réseaux sociaux, les universités et les autorités à être prudents (souvent pour éviter d'être agressés), à se retirer de projets visant, par exemple, à préserver l'intégrité des élections, par crainte de poursuites. En décembre, Meta[81] a fait savoir que ses équipes avaient cessé d'échanger des informations avec le gouvernement

[80] Infox = Fake news.
[81] Anciennement Facebook.

américain, alors que leur collaboration passée les avait aidés à identifier des auteurs de menaces très sophistiquées.

En mai 2024, le Washington Post annonce que le Stanford Internet Observatory, un institut de l'université phare de la Silicon Valley chargé de la lutte contre la désinformation en ligne, vient de mettre la clef sous la porte. Faute de personnel et de moyens financiers, l'observatoire a succombé aux attaques personnelles infligées depuis quatre ans à son personnel par des trolls pro-Trump et les coûts d'avocats déboursés pour se défendre contre deux actions en justice intentées par des associations d'extrême droite.

Jusqu'à aujourd'hui (hier ?), les informations qui servaient à alimenter les paramètres de l'IA étaient prises dans des bases de qualité et présumées exemptes de contenus faux. L'information affichée y était vérifiée, produite selon des standards solides, équilibrée dans sa recherche, rigoureuse dans son traitement. Ce n'est plus le cas maintenant.

À l'instar de ChatGPT développé par OpenAI, les intelligences artificielles génératives de voix, d'images et de textes ont désormais la capacité de construire des univers de « faux » informationnel, de bout en bout de la chaîne. Les métavers[82] offrent un terrain de démultiplication des manipulations cognitives, et rendent pratiquement impossible la **vérification**, telle que nous l'entendions jusqu'à présent.

Au niveau des plateformes, la **vérification** est remplacée par la notion de **modération**.

L'injection de narratifs à des fins de déstabilisation peut désormais se faire, bien sûr par les textes, mais aussi par des images, par des vidéos, par la parole, et entre avatars[83]. Alors comment contrôler ce qui se dit, ce qui se visionne, ce qui s'écrit, sans tomber dans la paranoïa, la censure et, in fine, dans des pratiques techno autoritaires que l'on réprouve chez les autres ?

Vaste question, que la seule modération ne permettra pas de résoudre.

Plus fondamentalement, les Big Tech[84] ne sont pas simplement des « réseaux sociaux », des « outils d'IA » ou des plateformes de streaming… Elles sont des infrastructures informationnelles en tant que telles et, de ce fait, ont rapidement muté **d'espaces civils ludiques** en **acteurs géopolitiques**

[82] Métavers : monde virtuel. Le terme est fréquemment utilisé pour décrire le futur d'Internet avec des internautes interconnectés entre eux et un mode virtuel (ou en réalité augmentée).

[83] Avatar : représentation informatique animée d'une personne sous forme 2D ou 3D. Peut être la représentation de l'internaute lui-même lors d'échanges en ligne.

[84] Big Tech ou Big Five ou GAFAM désignent les géants du web : Google (Alphabet), Apple, Facebook (Meta), Amazon et Microsoft. Par leur taille, ces 5 entreprises sont particulièrement influentes sur les plans économiques, sociaux et politiques. Elles sont périodiquement critiquées ou attaquées pour abus de position dominante.

systémiques. Ceci signifie que ce sont des espaces d'influence et de puissance au cœur des dispositifs de pouvoir. Par leur action, elles redéfinissent les contours de nos modèles démocratiques – nous reviendrons sur cet aspect spécifique au chapitre 10.

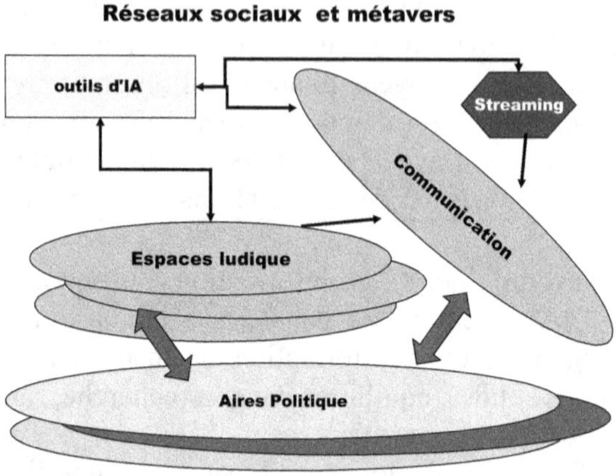

Réseaux sociaux et métavers

Le rôle des réseaux sociaux et de leurs opérateurs

Avant, les équipes de modération cherchaient à repérer avant tout des anomalies dans les visages générés par l'IA. « Nos techniques pour détecter les faux visages ne sont plus adaptées aux nouvelles créations de l'IA ». Avant, les traits d'un faux visage étaient « alignés sur une grille », et les anomalies étaient faciles à repérer. Aujourd'hui, les deep fakes représentent des humains, qui peuvent bouger d'une manière qui paraît naturelle.

« Fatalement, **les outils de détection ont toujours un temps de retard sur les technologies**. C'est l'éternel paradoxe de la reine rouge d'Alice au pays des merveilles : nous avons beau courir aussi vite que nous le pouvons, nous faisons du sur-place : nous restons toujours un pas en arrière des avancées technologiques ». Les spécialistes s'accordent à dire que, d'une manière générale, les outils de détection sont insuffisamment précis. « Les taux de détection varient immensément d'un outil à l'autre et se dégradent dans le temps ».

L'IA peut avoir de nombreux usages, comme créer un arrière-plan de vidéo, faire parler un avatar. Selon le contexte, ce peut être neutre, humoristique, satirique, ou malheureusement manipulateur ou pervers.

« Il est difficile de définir ce qui est acceptable et ce qui ne l'est pas ».

Autres problèmes, que doit-on faire des deep fakes identifiés ? Les retirer, les signaler, les limiter ? Quelle attitude doit-on avoir vis-à-vis de leurs auteurs ?

Il n'existe pas de consensus sur les réponses à apporter à ces questions.

Quel rôle les infrastructures informationnelles jouent-elles dans la lutte contre la désinformation, ou, à l'inverse, son amplification ?

La question, ainsi posée, est forcément complexe car elle suppose d'une part un traitement différencié de chacun des acteurs systémiques et, d'autre part, de dénouer leurs ambiguïtés idéologiques, économiques, voire politiques.

Pour illustrer la complexité de leur intentionnalité, il est nécessaire de comprendre les sous-jacents technopolitiques posés par les Big Tech. À cette fin, nous avons représenté sur un triangle les objectifs poursuivis, chaque côté figurant une composante de la stratégie déployée.

- Un côté économique : concentration capitalistique, gratuité et captation massive de données monétisables, vente de fichiers segmentés – en attendant de glisser vers des modèles payants, actuellement en test.
- Un côté technologique : celui des algorithmes de recommandation et de modération, qui permet la viralité en temps réel des contenus ainsi que la captation cognitive des utilisateurs.
- Un côté idéologique ou politique, permis par les deux premiers angles, matérialisé par la politique de modération choisie (qui renvoie souvent à « l'arbitraire » des décisions prises à la direction des infrastructures).

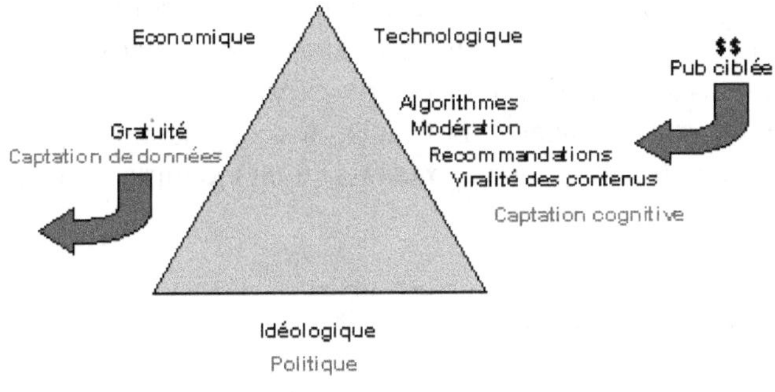

Modèle stratégique des réseaux sociaux

Nous déclinerons ce schéma, par opérateur, dans le chapitre suivant. Pour l'instant, focalisons-nous sur la régulation et la modération.

À partir de 2018, suite au scandale de Cambridge Analytica[85], les grandes plateformes avaient pris, officiellement, des **mesures drastiques en matière**

[85] Cambridge Analytica se trouve au centre d'un scandale mondial pour avoir aspiré illégalement les données de 87 millions d'utilisateurs de Facebook dans le but de cibler des messages individuels favorables au Brexit et à l'élection de Trump aux USA. Les messages étaient adaptés en fonction des profils des destinataires (mélange adapté de psychologie,

de modération : recrutement massif d'équipes de modérateurs, pour lutter contre les manipulations et les tentatives d'ingérence. Cinq ans plus tard, le vent de la modération a tourné : Meta[86] et X/Twitter[87] ont vidé les équipes de modération de leur substance, pour des raisons à la fois économiques (recherche de performance purement financière et rationalisation des coûts, en coupant dans les « fonctions support ») et/ou idéologiques (vision maximaliste de la démocratie, comme un gigantesque « marché à idées »).

Par ailleurs, le modèle d'affaires des réseaux sociaux (gratuité et **viralité**) est un point bloquant à toute politique de modération extérieure réellement efficace. Un article de la *MIT Technology Review* a mis en évidence cette contradiction au cœur du système. L'enquête révèle que Meta et Google ont versé des millions de dollars à des acteurs du clickbait[88], alimentant la détérioration des écosystèmes d'information. Partant de là, à quoi bon revendiquer, d'un côté, des efforts en matière de modération, si de l'autre ces mêmes plateformes financent certains sites de désinformation liés à la fachosphère ou aux groupes conspirationnistes ?

En réalité, le fond du problème est bien plus radical que la question de la modération. Il réside dans l'ambivalence de la nature même de ces acteurs hybrides, un enchevêtrement entre rentabilité, idéologie et politique.

L'enjeu de la gouvernance des Big Tech est central. Il suppose des réflexions de fond et non des mesures d'encadrement à la marge du système. Le cœur de la problématique tient en quelques mots : **les modèles économiques des plateformes, basés sur la recherche quasi exclusive de la rentabilité, structurent les nouveaux espaces publics et démocratiques**. Dès lors, le modèle devient parfaitement « corruptible », car si la désinformation est rentable, **et elle l'est**, alors elle est nativement compatible avec les modèles actuels d'affaires des plateformes, l'une alimentant l'autre.

Couplée au microciblage[89] politique, les dégâts politiques et sociaux peuvent alors être terribles, nous en avons eu un exemple avec le scandale de

---

propagande). L'entreprise a aussi été active dans d'autres élections (Inde…). Les faits remontent en 2016, mais le scandale a éclaté en 2018 : https://fr.wikipedia.org/wiki/Scandale_Facebook-Cambridge_Analytica

[86] Meta : un des cinq géants du web. Comprend Facebook, Instagram, WhatsApp et Oculus VR. Meta est dirigé par son fondateur Marc Zuckerberg.

[87] Voir glossaire.

[88] Clickbait : piège à clics : contenu web destiné à attirer l'attention des internautes avec un titre racoleur, voire mensonger (éléments sensationnels ou émotionnels au détriment de la qualité ou de l'exactitude – basculement possible vers la fausse information). Chaque clic rapporte de l'argent au créateur de l'article. Pour la plateforme qui héberge le contenu, cela fait du trafic pour la publicité qu'elle met en ligne, et dont elle vit.

[89] Micro-ciblage : opération consistant en une segmentation très fine d'une population visée, pouvant aller jusqu'à un ciblage individuel en utilisant des données de comportement, d'opinions, de type psychologique ou de géolocalisation.

Cambridge Analytica[90]. Les réglementations européennes, comme le DSA[91], bien que fort utiles, ne représentent que la partie défensive normative d'une démarche, qui devrait être plus globale, autour d'une co-gouvernance qui redéfinirait les règles du jeu entre États et méta-plateformes.

Nous avons vu qu'avec l'IA, des dizaines d'outils sont désormais disponibles (voir annexe 1), permettant à l'internaute lambda de générer artificiellement n'importe quel contenu ou presque, à n'importe quelle fin, qu'il s'agisse de créer une fausse vidéo d'une célébrité pour s'amuser, de faire revivre dans une vidéo la victime d'une fusillade pour réclamer un durcissement de la réglementation ou pour simuler un « appel à l'aide » d'un proche, pour vous délester de quelques milliers d'euros.

Comme indiqué, les technologies accessibles permettent de générer des contenus très crédibles, à des coûts négligeables et dans des temps très courts, qui auraient, il y a peu, mobilisé des équipes de graphistes ou de spécialiste, sur plusieurs semaines. Malgré les mises en garde qui sont faites, la créativité des arnaqueurs trompe de nombreuses victimes.

> Au début de l'année 2023, Jérôme Powell, le patron de la Réserve fédérale américaine, a ainsi discuté en visio sécurisée avec quelqu'un qu'il pensait être le président ukrainien, Volodymyr Zelensky… sauf que ce n'était pas lui.

Les deep fakes vidéo peuvent même être générés en temps réel, au cours d'une visioconférence, par exemple.

> En janvier 2024, une multinationale qui faisait son comité de direction en visio a vu les consignes orales du PDG à son directeur financier modifiées en ligne et 20 millions de dollars ont disparu.

L'IA nécessite une vigilance accrue et un changement de nos modes de réflexion. Nous allons prendre un exemple d'utilisation d'IA, qui concerne tous les conducteurs. On sait que les systèmes d'assistance à la conduite se développent et sont un argument commercial supplémentaire pour « provoquer l'acte d'achat » au nom de la sécurité. On peut citer l'aide au freinage d'urgence, ou le régulateur de vitesse adaptatif. Ces technologies nécessitent la collecte en temps réel d'informations émanant de différents capteurs embarqués, en particulier des radars. Ces masses de données sont analysées par des systèmes d'IA de la voiture, qui les analysent en temps réel, les interprètent en fonction de l'enseignement (deep learning) qui leur a été

[90] Voir plus haut.

[91] DSA, règlement européen sur les services numériques visant à protéger les citoyens européens contre la haine, la manipulation, la désinformation et les contrefaçons. Il est entré en application pour toutes les plateformes numériques le 17 février 2024. Voir chapitre 9.

donné. Ces dispositifs se révèlent précieux, que ce soit pour éviter un véhicule qui traverse votre route ou pour pallier le manque de vigilance du conducteur.

Le danger serait de lui accorder une confiance aveugle. Outre le fait qu'un radar peut connaître une défaillance technique, il apparaît qu'il est très facile de le leurrer, en lui envoyant de faux signaux qui se substituent, totalement ou en partie, à ceux qu'il émet. Autrement dit, on peut lui faire « voir » des choses qui n'existent pas ou, au contraire, lui masquer des objets (ceci est bien connu des militaires). C'est ce que viennent de démontrer des ingénieurs de l'Université Duke, en Caroline du Nord[92] lors de tests en conditions réelles, avec des véhicules de série, soit en les faisant freiner d'urgence sans raison, soit en maintenant la vitesse alors que les véhicules précédents ralentissaient. Ils avaient pour les tests utilisé des matériels portables, accessibles sur le Net pour moins de 100 dollars.

Autre exemple automobile. La conduite automatique ou semi-automatique, présentée comme une révolution dans nos façons de nous déplacer, grâce à un recours massif à l'IA. « Avec l'arrivée de la voiture autonome, l'automobile va être utilisée de façon totalement différente à celle d'aujourd'hui », analyse le constructeur Mercedes-Benz. Certains constructeurs multiplient les écrans, d'autres transforment leur limousine en salle de cinéma !

Aux USA, depuis 2021, la NHTSA[93] tient des statistiques des véhicules impliqués dans un accident, alors qu'ils utilisaient un mode de conduite automatisé[94]. Ainsi 367 accidents ont été signalés entre juillet 2021 et mai 2022 (le système Autopilot de Tesla[95] représentait les trois quarts avec 273 accidents). Aujourd'hui aucune voiture commercialisée n'est capable de se piloter de façon entièrement autonome.

Que conclure à ce stade ?

Nous terminerons en citant de nouveau les résultats de l'enquête Juniper :

87 % des DSI déclarent qu'il n'est peut-être pas possible de savoir si les résultats fournis par l'IA sur leur entreprise sont exacts.

89 % affirment que les employés font plus confiance à l'IA qu'ils ne le devraient.

90 % des dirigeants affirment que la totalité ou la plupart de leurs résultats d'IA sont influencés par des préjugés.

---

[92] En modifiant des brouilleurs d'onde accessibles pour moins de $ 100 sur Internet.

[93] National Highway Traffic Safety Administration : sécurité routière aux USA.

[94] Système SAE de niveau 2.

[95] En 2023, Tesla a vendu 1,8 million de véhicules. En décembre 2023, Tesla a rappelé 2 millions de véhicules pour corriger un bug de son « Autopilot ».

Il faut donc être prudent quant aux résultats fournis par l'IA, ne pas lui faire aveuglément confiance, avoir un minimum de connaissance de contexte pour détecter les biais et dérives. Bref, faire preuve de bon sens et de réalisme.

Chapitre 4

L'IA : éléments contextuels

Nous assistons à une évolution technologique rapide comme le schéma suivant le montre : on remarque que depuis l'apparition du transistor jusqu'à l'arrivée de l'IA générative, l'essentiel des nouveautés date des quinze dernières années. Nous sommes dans une évolution exponentielle, mais nos modes de réflexion, nos habitudes comportementales n'ont pas évolué à la même vitesse.

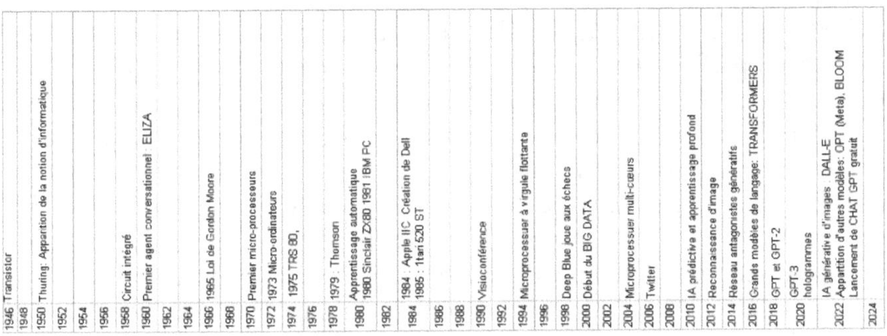

Évolution technologique 1

Un autre schéma[96] plus ambitieux observe les taux de croissance depuis le Xe siècle.

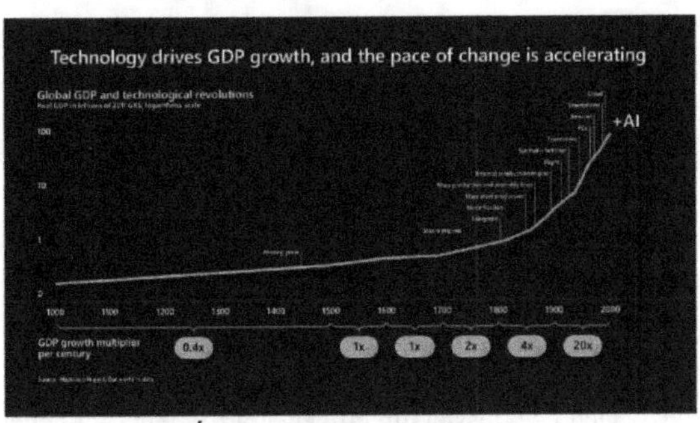

Évolution technologique 2

[96] Maddison Project: Our world in data.

Le 28 septembre 2016, Google, Facebook, IBM, Microsoft et Amazon avaient officialisé dans un communiqué commun, la création du « Partnership on Artificial Intelligence to Benefit People and Society » (« partenariat pour l'intelligence artificielle au bénéfice des citoyens et de la société »). Ce partenariat devait prendre la forme d'une organisation à but non lucratif, qui « mènerait des recherches, recommanderait des bonnes pratiques, et publierait les résultats de ses recherches, sous une licence ouverte ». Aucun de ces engagements n'a été tenu. Comme on le verra plus bas, cet accord aurait été rompu par Microsoft.

Pourquoi ce partenariat prometteur a-t-il capoté ? Sans doute parce que les enjeux économiques étaient trop importants.

L'étude du MIT et de l'Université de Stanford d'avril 2023[97] montre que le recours à l'IA aurait entraîné une hausse moyenne de la productivité de 14 %. Un chiffre qui masque des disparités selon les niveaux de postes. Moins les emplois sont qualifiés (plus ils effectuent des tâches répétitives), plus les gains de productivité seraient importants (NB : l'impact sur les équipes de direction semble exclu de l'étude). Ces chiffres, vrais ou exagérés, soulignent le potentiel de l'IA pour améliorer l'activité des entreprises, notamment des TPE et PME.

Cette étude a suscité un véritable engouement de la part des organisations. Cela ressort parfaitement de l'enquête Juniper : on a vu que 87 % des DSI du panel étaient requis de mettre en place des outils d'IA, alors même qu'ils estimaient que leurs organisations n'étaient pas prêtes pour passer à l'IA.

Les gains de productivité affichés par l'étude du MIT montrent que l'IA débouche sur un énorme marché, soit par la commercialisation d'outils d'IA, soit par l'utilisation de l'IA pour offrir des prestations nouvelles, totalement individualisées, révolutionnant la relation client (voir chapitre 8). L'accord de septembre 2016, s'il a permis la mise en commun de moyens de recherche entre différents poids lourds de la technologie, devient aujourd'hui un frein dans l'exploitation des retombées économiques. Les associés d'hier sont aujourd'hui des concurrents, tant sur le marché de l'emploi des spécialistes de l'IA, que dans celui de sa commercialisation. Ainsi les co-créateurs d'OpenAI s'attaquent actuellement en justice[98].

---

97 https://www.lecho.be/dossiers/intelligence-artificielle/l-ia-generative-augmente-la-productivite-de-14%-revele-une-premiere-etude/10462882.html

98 OpenAI était une organisation à but non lucratif, mais maintenant elle s'est tournée vers une hybride structure organisationnelle, avec une licence commerciale exclusive donnée à Microsoft.

Attitude des acteurs de la Big Tech et conséquence sur la modération

Cet intérêt soudain des organisations pour l'IA est soutenu par la communication convergente des majors de la Big Tech, qui y trouvent leur intérêt et voudraient bien s'en réserver une part majeure. Reprenons l'image du triangle figurant les objectifs poursuivis par les majors de la Big Tech dans le chapitre 3. Nous rappelons que les trois côtés du triangle symbolisent :

- un côté économique
- un côté technologique
- un côté idéologique ou politique.

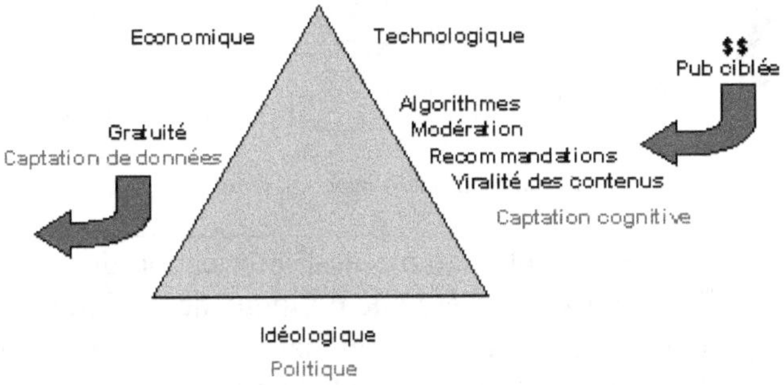

Modèle stratégique des réseaux sociaux

Voyons comment les principaux opérateurs sur le marché se présentent selon ces trois dimensions.

Meta / Facebook

Pour Facebook, 85 % de ses revenus viennent de la publicité, notamment de la publicité sur mobiles. À la clôture de 2023, les recettes ont atteint US$ 134,9 milliards.

Tout un système incitatif est mis en place pour associer des pubs commerciales aux vidéos ou articles publiés, moyennant une petite rémunération. Les algorithmes de Facebook condensent l'attention de trois milliards d'utilisateurs actifs mensuels.

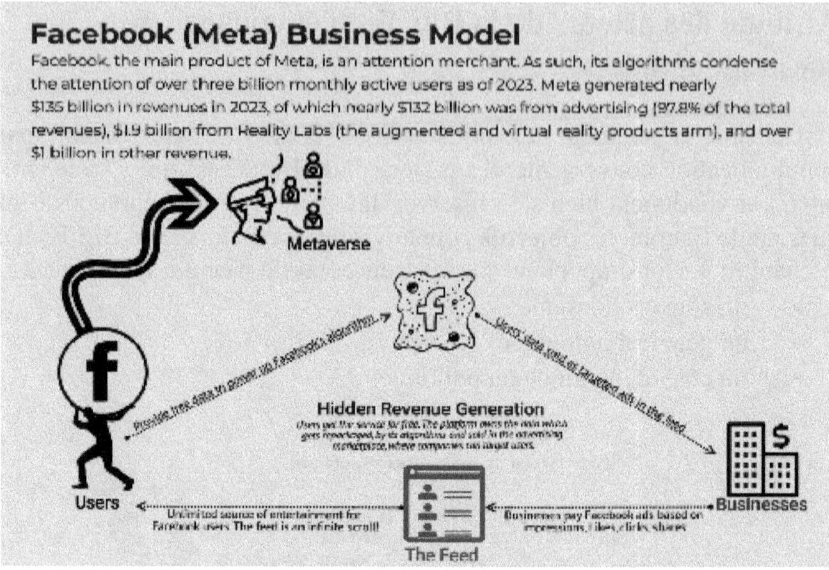

Business model Facebook (Meta)

Le cas de **Meta** est symptomatique de l'imbrication des trois côtés. Les Facebook Files[99] ont mis en lumière une politique de modération qui associe arbitraire et géopolitique, un mélange détonant. Ils ont montré une partialité dans la modération, à géométrie variable, de certains contenus pour des raisons politiques. Ces décisions seraient arbitrées personnellement par Mark Zuckerberg (par exemple aux EU, suite à la mort de George Floyd, il a été décidé de maintenir en ligne les posts de Donald Trump qui incitaient explicitement à la violence. Inversement Zuckerberg a accepté de modifier sa politique de modération locale suite à une demande du gouvernement du Vietnam). Par les révélations de la lanceuse d'alerte Frances Haugen, on apprend que Meta a mis en place un système de risque pays, c'est-à-dire que les modérations sont à géométrie variable.

Les équipes de Meta créent des modèles de machine learning, qui peuvent notamment reconnaître les éléments figurant sur une photo, ou analyser le texte d'une publication (comme détecter si un contenu contient de la nudité, ou est explicite). La technologie de grand modèle linguistique derrière Meta AI est utilisée pour offrir aux utilisateurs des suggestions de commentaires de publication et les suggestions de sujets de discussion communautaire, pour en améliorer l'impact d'audience ou de vente. Donc l'outil pourrait servir à la régulation.

[99] En 2021, une lanceuse d'alerte a rendu publics des débats internes au sein de Facebook et ses filiales sur la responsabilité du groupe sur la vie privée des utilisateurs en autorisant la publication de contenus haineux et refusant d'agir malgré plusieurs audits internes, privilégiant ainsi l'aspect financier au détriment de l'éthique.

Meta a entamé en septembre 2023 le déploiement de son IA générative d'images, « Imagine ». Cette IA est accessible dans certaines applications de messagerie instantanée de l'écosystème de la firme. Sans doute la modération pourrait nuire à son développement.

X/Twitter

En 2023, X aurait généré environ US$ 2 400 millions de chiffre d'affaires, soit 40 % de moins qu'en 2022.

Le cas X (ex-Twitter) est emblématique. Depuis le rachat du média social, c'est bien sur les deux premiers côtés du triangle (économique, technologique), qu'Elon Musk a voulu jouer, en « nettoyant » X des faux comptes et des bots[100] afin de donner corps à sa vision de la liberté d'expression maximaliste (côté idéologique). Sa proposition d'abonnement payant participait de la mise en application du triptyque. La contrepartie d'une liberté d'expression maximale est une modération minimale et l'instauration d'un droit d'accès payant aux « frontières » du réseau pour assurer un débat soi-disant « sain », entre pairs, mais sans réel contrôle d'affichage.

La politique de X en matière de modération est relativement simple à comprendre. Aux États-Unis, où le « freedom of speech » est maximaliste, Musk a instauré une **modération minimale**. Dans le reste du monde, le réseau accède relativement aveuglément aux demandes des gouvernements locaux. C'est pour cela que Musk a dit qu'il respecterait le Digital Services Act européen (DSA[101]). Il est enfin intéressant de noter que son arrivée à la tête de Twitter a créé un appel d'air pour l'alt-right et des groupes conspirationnistes de tous bords, QAnon au premier chef. Sa décision de ne plus activer Starlink, en aide aux armées ukrainiennes en Crimée par crainte d'une « escalade », brouille encore plus les frontières du légal, de l'arbitraire et du légitime.

Lu sur le site de X :

La mission de X est de donner à chacun le pouvoir de créer et de partager des idées et des informations, et d'exprimer ses opinions et ses croyances sans aucun obstacle. La liberté d'expression fait partie des droits de l'homme. Pour nous, chacun a une voix et le droit de la faire entendre. Notre rôle est d'être

[100] Bot : agent logiciel automatique qui interagit avec des serveurs, simulant une activité humaine. Les bots peuvent avoir pour objectif d'augmenter les taux de consultation ou même de provoquer des DDS par saturation d'un serveur.

[101] Digital Services Act : règlement européen pour diminuer la diffusion de contenus illégaux et instaurer plus de transparence entre plateformes en ligne et utilisateurs. En vigueur depuis le 25 août 2023, il s'applique à l'ensemble des plateformes depuis février 2024. Voir : eh.

au service de la conversation publique, ce qui exige la représentation d'un large éventail de points de vue.

Nous savons que si des personnes subissent des comportements inappropriés sur X, cela peut compromettre leur capacité à s'exprimer. Des études ont montré que les comportements inappropriés en ligne ciblent certains groupes de personnes de manière disproportionnée. Pour les personnes qui s'identifient à plusieurs groupes sous-représentés, les comportements inappropriés peuvent être plus fréquents, de natures plus graves et plus nuisibles.

Nous nous engageons à lutter contre les comportements inappropriés motivés par la haine, les préjugés ou l'intolérance, en particulier ceux dont le but est de faire taire la voix des personnes traditionnellement marginalisées. Pour cette raison, nous interdisons les comportements qui ciblent les personnes ou les groupes victimes d'abus liés à leur appartenance perçue à une catégorie protégée.

Suit un paragraphe qui indique : Si vous voyez sur X du contenu dont vous pensez qu'il enfreint cette politique, veuillez nous le signaler. Nous passerons en revue les signalements de comptes qui ciblent une personne ou un groupe de personnes en recourant à un ou plusieurs des comportements ci-dessous dans leurs posts ou messages privés, et nous prendrons les sanctions qui s'imposent envers ces comptes.

Voici une liste de sanctions possibles à l'encontre du contenu qui enfreint la présente politique :

- Rendre le contenu moins visible sur X :
  - en supprimant le post des résultats de recherche, des recommandations au sein du produit, des tendances, des notifications et des fils d'actualités ;
  - en restreignant la possibilité de découvrir le post, trouvable sur le profil de l'auteur uniquement ;
  - en plaçant le post plus bas dans les réponses ;
  - en restreignant les j'aime, les réponses, les reposts, les citations, l'ajout aux signets, le partage, la possibilité d'épingler au profil ou les décomptes d'engagements ;
  - en interdisant l'affichage de publicités à côté du post.
- Exclure les posts et/ou les comptes dans les e-mails ou les recommandations intégrées au produit.
- Exiger la suppression des posts.
  - Nous pourrons, par exemple, exiger qu'une personne supprime le contenu en infraction et lui imposer d'utiliser son compte en mode lecture seule pendant une certaine période avant de pouvoir poster de nouveau.
- Suspendre les comptes qui enfreignent notre politique en matière de profils haineux.

Google

En 2023, Google a généré un CA de US$ 306 milliards, dont les 2/3 provenaient de revenus publicitaires. En 2023, 1 trillion (mille milliards) de pages web seraient répertoriées.

Google semble s'être positionné comme l'acteur technologique le plus mûr, collaborant peut-être le plus activement avec les gouvernements pour contrôler les affichages, et cela, que les opérations soient perçues comme des menaces intérieures (durant la Covid par exemple) ou face aux opérations d'ingérences extérieures. Google se positionne comme opérateur opérationnel d'États qui n'ont pas les moyens de mettre en œuvre leur propre politique de modération. Les récentes prudences de Google quant à la sortie retardée en Europe de Bard, IA générative concurrente de ChatGPT, attesteraient de son positionnement politique.

À la veille de l'entrée en vigueur du Digital Services Act (DSA), Google a annoncé, en août 2024, une série de mesures lui permettant de se mettre en conformité avec la nouvelle réglementation européenne. En matière de modération, pilier important du DSA, Google met en ligne un nouveau « centre de transparence », qui permet aux internautes d'obtenir des informations sur ses pratiques, de signaler des contenus problématiques, et de faire appel d'une décision qu'ils jugent incorrecte.

Google s'engage également à publier davantage de rapports de transparence, détaillant la mise en place de sa politique de modération sur plusieurs services, comme son moteur de recherche, ses cartes Maps, et sa boutique d'applications Play Store.

Enfin, Google promet de publier un rapport sur les risques liés à ses plateformes. Celui-ci sera basé sur ses propres recherches, accessibles à un auditeur indépendant, comme le prévoit le DSA.

Modération des contenus : le procès « Gonzalez vs Google » pourrait redéfinir la responsabilité des plateformes numériques en matière de modération.

La Cour suprême américaine est en train d'examiner un dossier lié aux attentats de Paris, qui pourrait avoir de très importantes conséquences, en remettant en cause l'une des lois fondamentales qui régissent la modération des contenus sur Internet. Les parents d'une jeune Américaine, tuée lors de l'attentat, ont porté plainte contre Google, en tant que propriétaire de YouTube, ainsi que contre Facebook et Twitter, reprochant aux trois plateformes d'avoir insuffisamment modéré, voire dans certains cas, d'avoir participé à la diffusion, des textes et des vidéos de propagande de l'organisation État islamique, contribuant à la radicalisation des assassins de leur fille. Google plaidait qu'il n'avait pas manqué à ses obligations, prévues par la section 230 du Communications Decency Act. Adoptée en 1996, la section 230[102] dispense les grandes plateformes de toute responsabilité, lorsqu'elles hébergent des contenus produits par des internautes et contraires à la loi, sauf si ces contenus leur ont été signalés comme illégaux. Souvent critiquée, les défenseurs arguent que sans cette protection, aucun réseau social ne pourrait opérer : un risque judiciaire permanent les contraindrait, au mieux à censurer préventivement la quasi-totalité des messages et, au pire, à fermer. Ses critiques estiment, eux, que le texte est interprété, par les tribunaux, de manière trop clémente pour les grandes plateformes. Celles-ci, ajoutent-ils, ne seraient plus de simples hébergeurs, mais éditorialiseraient leurs services en classant les contenus, et en faisant des recommandations, grâce à des algorithmes.

Affaire à suivre.

Google et Facebook tirent leurs revenus de la publicité en ligne, mais avec des plateformes de natures très différentes : l'un est un moteur de recherche, l'autre un réseau social multiple.

Amazon

En 2023, Amazon a réalisé un CA de US$ 575 milliards avec un bénéfice de US$ de 1,25 milliard. Les abonnements (Prime) et la publicité représentent environ 15 % du CA.

Amazon est un commerçant en ligne, dont les besoins en stockage de données lui ont imposé de construire sa propre infrastructure dont il a augmenté les capacités pour en faire un centre de profit (Amazon Web Services). Mais Amazon pèse aussi de plus en plus sur le marché publicitaire.

La modération chez Amazon : d'après un rapport publié par le géant américain de la vente en octobre 2023, Amazon compterait 181 millions d'utilisateurs réguliers dans l'Union européenne. Dans son rapport, la multinationale livre quelques précisions sur son activité de modération. Elle indique avoir pris 274 millions d'actions de retrait de contenus, au premier semestre 2023, qui contrevenaient à ses règles, pour supprimer des produits qui ne respectaient pas la réglementation européenne. Le distributeur américain liste les différentes actions menées : 84,2 millions concernent la suppression de contenus, et 4,2 millions de comptes ont été suspendus en Europe en six mois. Amazon précise que « 73 millions de nos actions volontaires ont été entièrement automatisées par AI. 97 % de nos activités entièrement automatisées étaient exactes[103] ».

[102] Les opérateurs de services Internet ne sont pas considérés comme des éditeurs.
[103] C'est-à-dire n'ont pas été contestées.

Pour lutter contre les contenus illégaux (contrefaçons, et faux avis principalement), Amazon a pris des mesures contre 15 774 utilisateurs lors des six premiers mois de l'année. Il a également répondu à 8 863 requêtes des autorités légales d'États, membres de l'UE.

En 2022, le groupe a également identifié et saisi six millions de produits contrefaits.

Apple

Selon les derniers rapports financiers, le CA annuel d'Apple s'élève à US$ 385 milliards.

Apple fabrique des téléphones et des ordinateurs individuels, tout le reste de son business converge vers cela ; contrairement à Google et Facebook, il ne tire aucune valeur des données personnelles que, de facto, il héberge. Il en fait même un argument commercial (cf. la diatribe de Tim Cook contre Mark Zuckerberg). Les revenus publicitaires d'Apple sont secondaires (principalement en provenance de l'Apple Store).

Les règles d'utilisation de l'App Store exigent que les applications (apps) proposées soient sûres, offrent une bonne expérience d'utilisation, se conforment à ses règles sur la confidentialité et le respect de la vie privée, protègent les appareils des logiciels malveillants et des menaces, et s'appuient sur des modèles commerciaux.

Le patron d'Apple, Tim Cook, s'en est pris en 2022 aux tentatives de régulation de l'App Store, sa boutique en ligne, assurant que cela menacerait la protection de la vie privée des utilisateurs de l'iPhone. Lors d'un sommet de l'International Association of Privacy Professionals, Tim Cook (avril 2023) s'est opposé aux responsables politiques, qui veulent obliger Apple à rendre possible l'installation sur l'iPhone d'applications mobiles téléchargées en dehors de l'App Store.

Apple est en conflit juridique avec Epic Games, le créateur du jeu vidéo Fortnite, qui accuse Apple d'exercer un monopole sur l'achat des biens et services dans sa boutique en ligne. En novembre 2023, une juge fédérale américaine a sommé Apple d'autoriser un système de paiement alternatif au sein de l'App Store, mais a également estimé qu'Epic Games n'avait pas réussi à prouver qu'Apple avait enfreint le droit de la concurrence.

Autoriser les utilisateurs de l'iPhone à « installer manuellement » des applications depuis des boutiques en ligne autres que l'App Store permettrait de contourner le processus de vérification d'Apple visant à empêcher les virus et à limiter la collecte de données, a souligné Tim Cook.

La marque à la pomme bataille également avec plusieurs régulateurs européens.

Dans son communiqué de presse datant du 25 janvier 2024, Apple « annonce des changements pour iOS, Safari et l'App Store dans l'Union européenne ». Concrètement, les modifications liées au DMA de l'UE impliquent que les développeurs peuvent communiquer directement avec les utilisateurs concernant les alternatives de paiement en dehors de l'écosystème d'Apple, offrant ainsi plus de transparence et de choix. Avec l'arrivée d'iOS 17.4, début mars 2024, il est désormais possible pour les utilisateurs d'iPhone d'accéder et d'installer un store concurrent de l'App Store.

Microsoft

Selon les derniers rapports financiers, le CA annuel 2022 de Microsoft s'élève à US$ 198 milliards.

Microsoft est sur un tout autre segment, celui des logiciels, dont il tire à peu près 43 % de son chiffre d'affaires (25 % pour Office, et 18 % pour Windows) tandis que son business de cloud compte pour 26 %. Par contre l'annonce de Bing Chat l'inscrirait dans une autre voie, celle de la publicité.

Le président (et ancien directeur juridique) de Microsoft qualifie de « priorité absolue » le fait de « s'assurer que l'IA reste sous le contrôle de l'homme ». Ce qui passerait par une surveillance accrue de ce qui en est fait, tant de la part des autorités, des entreprises, des universités, que des ONG. Il souligne que « nous sommes la première génération dans l'histoire de l'humanité à créer des machines capables de prendre des décisions qui auparavant ne pouvaient être prises que par des personnes ». L'objectif serait dès lors de s'assurer que les machines « restent soumises à une **surveillance efficace** de la part des personnes », que les personnes qui conçoivent et exploitent les machines « **restent responsables** devant tout le monde », et qu'elles ne puissent « être responsables que si leurs décisions et leurs actions sont soumises à l'État de droit ». Il plaide pour l'utilisation d'un label ou d'une marque informant les utilisateurs qu'un fichier vidéo ou audio a été produit par un modèle d'IA plutôt que par un être humain. « Cette obligation d'étiquetage devrait également protéger le public contre l'altération du contenu original et la création de "deep fakes". Cela nécessitera l'élaboration de nouvelles lois, et il y aura beaucoup de questions importantes et de détails à traiter. Mais la santé de la démocratie et l'avenir du discours civique bénéficieront de mesures réfléchies visant à dissuader l'utilisation des nouvelles technologies pour tromper ou frauder le public. »

Le président de Microsoft propose trois actions complémentaires, illustrées ci-dessous[104].

104

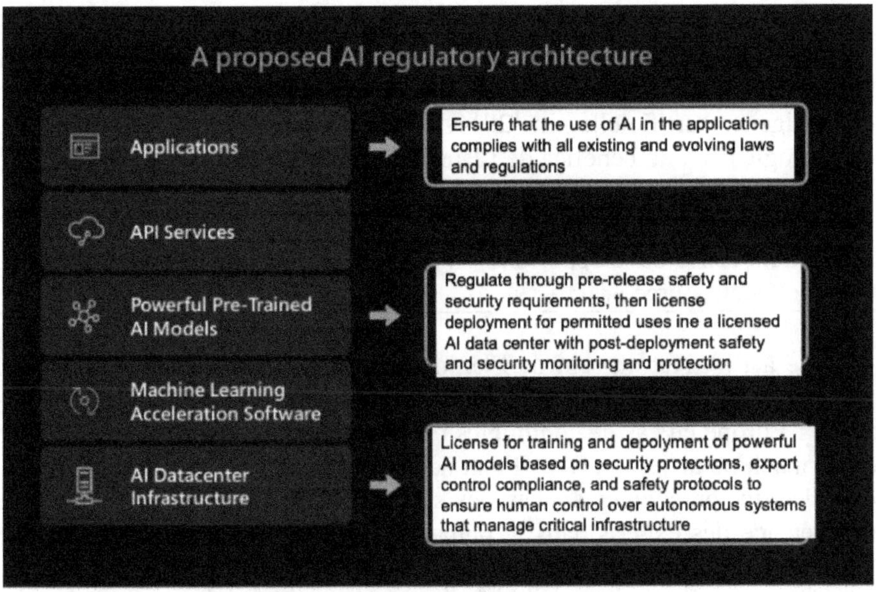

Microsoft : 3 propositions de régulation

Lors de sa conférence « Build 2023 », Microsoft a d'ailleurs annoncé que Bing Image Creator et Designer allaient prochainement marquer les images générées par IA pour que l'on puisse connaître leur origine : *« la technologie utilise des méthodes cryptographiques pour marquer et signer le contenu généré par IA avec des métadonnées sur sa provenance »*.

L'annonce de Bing Chat inscrirait Microsoft sur le secteur de la publicité, **donc il rentre désormais en concurrence frontale avec Google** et d'autres plateformes comme Facebook. Plusieurs procès viennent d'être intentés.

Le DMA a exclu dans sa liste des gatekeepers[105] Bing (le moteur de recherche de Microsoft) et Edge (le navigateur Microsoft), ainsi que leur activité publicitaire aux motifs que ces activités ne pesaient pas bien lourd face au monopole exercé par Google, à la fois sur la recherche en ligne et sur la publicité. Sans doute s'agit-il d'une mesure transitoire ?

OpenAI

Selon Reuters (09/02/2024), OpenAI aurait franchi le cap des US$ 2 milliards en décembre 2023 (évaluation en multipliant par 12 le CA de décembre), la progression par rapport aux mois précédents ayant été dopée par ChatGPT.

---

https://next.ink/1092/le-president-microsoft-appelle-a-regulation-ia-et-sinquiete-deep-fakes/

[105] Gatekeepers : il s'agit des intermédiaires chargés de gérer l'accès à certaines informations ou événements de la sphère publique par l'intermédiaire de la médiation.

1er mars 2024 OpenAI serait devenu, dans les faits, une filiale de Microsoft : voilà ce qu'on peut lire dans la plainte déposée par Elon Musk à l'encontre d'OpenAI et de son directeur général Sam Altman. Ces derniers sont accusés d'avoir violé l'accord conclu lors de la création de la start-up d'intelligence artificielle en 2016. OpenAI, qui devait développer la technologie d'IA au bénéfice de l'Humanité, ne rechercherait désormais plus que les profits, selon Elon Musk. Pour preuve, le partenariat exclusif conclu avec Microsoft en janvier 2023, qui a compromis « l'engagement initial d'OpenAI [censé développer une] intelligence artificielle générale publique (IAG) et open source ».

Face à l'IA Act au sein de l'Union européenne, le fondateur d'OpenAI prêche pour une régulation souple. Après avoir évoqué un retrait de la start-up de l'Europe en cas de contraintes réglementaires trop fortes, Sam Altman a fait machine arrière. « Dans l'état actuel des choses, il est concevable que dans les dix prochaines années, les systèmes d'IA dépassent le niveau de compétence des experts dans la plupart des domaines et qu'ils soient aussi productifs que l'une des plus grandes entreprises d'aujourd'hui ».

« Compte tenu de la possibilité d'un risque existentiel, nous ne pouvons pas simplement être réactifs. L'énergie nucléaire est un exemple historique couramment utilisé d'une technologie dotée de cette propriété ; la biologie synthétique est un autre exemple. [...] Nous devons également atténuer les risques de la technologie actuelle de l'IA, mais la super-intelligence nécessitera un traitement particulier et une **coordination spécifique** ». Reste que ce terme, répété à l'envi, n'emporte pas l'adhésion des experts, qui y voient une feinte rhétorique pour minimiser la régulation.

La révolution des réseaux

Les outils d'IA nécessitent une forte puissance de calcul, en particulier dans le traitement des images, ce qui est rarement le cas des entreprises, en local. D'où le recours au Cloud et des solutions client serveur, sans doute du type 2 « présentation distante » (voir schéma suivant).

Organisation client / serveur
(selon la segmentation du Gartner Group)

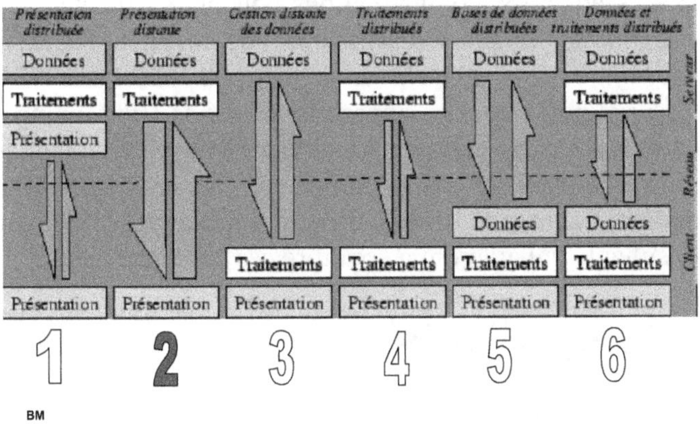

Organisation client/serveur

Déjà plusieurs révolutions technologiques récentes (cloud, services mobiles, streaming…) ont successivement nécessité des augmentations de performance des réseaux. Avec le développement de l'IA, le trafic généré par les charges distribuées de machine learning transitant dans les data centers[106] est sans commune mesure avec ce que l'on a connu jusqu'à présent. Des jeux de données gigantesques doivent en effet circuler, pour affiner les milliards, voire les milliers de milliards de paramètres des modèles d'IA, ce qui sollicite les réseaux comme jamais auparavant.

Les réseaux de data centers, optimisés pour l'IA/ML, doivent donc être dotés de fonctionnalités de gestion des congestions de trafic, d'équilibrage des charges, de latence et, par-dessus tout, de minimisation du JCT[107]. La gestion du réseau doit donc être pensée dans une optique d'évolutivité transparente, sans dégradation des performances. La tendance incontournable, selon les leaders du marché (Juniper, Meta), est de faire piloter ces réseaux par l'IA, ce qui va confronter les experts réseaux à des défis techniques complexes pour les années à venir.

En termes d'utilisation, on peut s'interroger dans quelle mesure les entreprises accepteront-elles de confier à des tiers leurs données les plus sensibles ? Une partie de la réponse vient d'être donnée par Google. Afin de répondre aux enjeux de développement d'IA plus verticaux et plus légers, pouvant être hébergées directement sur les machines des entreprises clientes,

---

[106] Local spécialisé hébergeant des serveurs (ordinateur ultra performant, avec beaucoup de mémoire, de l'espace de stockage et un ou plusieurs processeurs puissants). Il sert à traiter, organiser, sécuriser, et conserver des données informatiques qui peuvent appartenir à des clients différents.

[107] JCT, « Job Completion Time » : sensiblement le temps de réponse.

Google a dévoilé, le 21/2/2024, deux modèles, **Gemma 2B et 7B**, qui ont été créés à partir des mêmes recherches et technologies que celles utilisées pour Gemini. Les deux modèles proposés sont disponibles, avec des variantes préentraînées, et adaptées aux instructions pouvant s'exécuter sur un simple PC, aussi bien que sur Google Cloud, avec un déploiement facile sur certaines plateformes. Une boîte à outils pour créer des applications d'IA est aussi proposée. Ceci signifie que les apprentissages fins (fine-tuning[108]) sur des données d'entreprise ou spécifiques à un métier pourraient se faire localement. Une sorte de spécialisation de l'IA sur mesure pour les organisations, avec la certitude que ces travaux ne bénéficieront pas à d'autres. Une manne en vue pour les consultants qui aideront à conduire ces apprentissages.

Les attentes des entreprises

Mondialement, il semble que beaucoup d'entreprises attendent énormément de l'IA.

Il faut dire que les présentations qui en sont faites, tant par les vendeurs de solutions, que par les consultants, qui vont la mettre dans leur portefeuille d'offres de conseil, que par les organisations patronales ou les structures étatiques, insistent toutes sur ses avantages, et fort peu sur ses côtés obscurs. Sur le site Bercy infos[109] on peut lire : « L'intelligence artificielle, un outil pour l'innovation et la compétitivité de votre entreprise ». « L'intelligence artificielle, un levier de croissance pour votre entreprise ». Si l'on reprend la courbe de Gartner sur les technologies émergentes, il semble bien que nous ayons atteint un pic dans les attentes de nos décideurs.

[108] Fine-tuning : déjà préentraîné sur d'immenses corpus de documents, le système est ensuite entraîné à des tâches ciblées, pour le rendre capable de traiter des domaines spécifiques ou particuliers, absents de sa base de données initiale.
[109] Bercy infos, c'est le site officiel du ministère des Finances dédié à l'information pratique des particuliers et des entreprises : https://www.economie.gouv.fr/

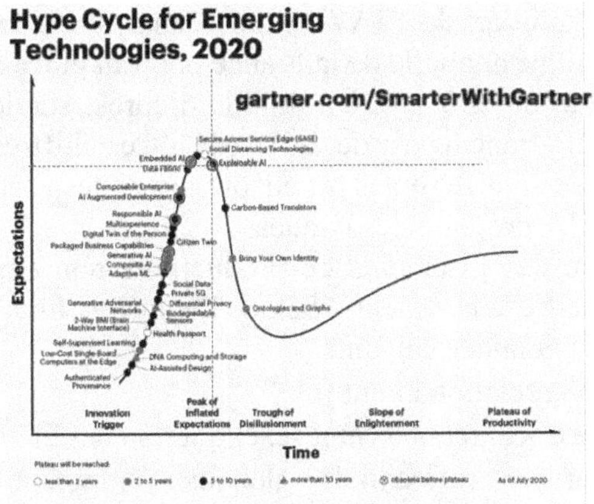

Courbe de Gartner

La question qui se pose est de savoir quelle sera la profondeur de la « vallée de désillusion » qui se trouve juste à droite sur le graphique. Pour l'instant les IA sont généralistes. Leurs éducations spécifiques à chaque contexte (entreprise ou pays) restent à faire et cela représente du temps et des moyens (d'où l'intérêt de l'annonce de Google). Gartner suggère aux entreprises de ne pas être trop ambitieuses et de se polariser sur leur Key Areas.

Prioritize GenAI Projects Based on Your Maturity in Key Areas (30/03/24)
The scope and complexity of generative AI (GenAI) projects vary significantly, as do the maturity and ability of organizations to effectively address the broad set of potential requirements. The GenAI project focus approach provides leaders with a framework for understanding and prioritizing their GenAI projects.

L'enquête Juniper (rappel) a révélé une certaine inquiétude des DSI pour leur emploi, 87 % d'entre eux subissant une pression pour mettre en œuvre des technologies d'IA (dont 82 % à très court terme) alors qu'ils estimaient que leur entreprise n'était pas prête. Effectivement, si les outils d'IA peuvent aider à analyser les grandes quantités de données que détiennent les entreprises, encore faut-il que ces données soient correctement organisées, étiquetées et cohérentes d'un domaine à un autre, avant de pouvoir en tirer de précieux résultats. Or beaucoup des données sont segmentées en silo, souvent non cohérentes (codifications par secteur) et donc difficiles à interpréter transversalement. Selon certains experts, ce serait justement là que l'IA pourrait apporter une plus-value importante, en rapprochant des bases de données indépendantes. D'autres experts restent sceptiques et affirment qu'il y a trop de risques à confier ce travail à une IA.

En septembre 2023, en France, le gouvernement a installé la Commission de l'intelligence artificielle pour : « contribuer à faire de la France un pays à la pointe de la révolution de l'IA ». Selon l'analyse de la commission, la croissance économique annuelle de la France pourrait grâce à l'IA augmenter dans une fourchette de 250 à 420 milliards d'euros, sur les 10 prochaines années (NB : le PIB français est de 2 639 M€). Ces chiffres ne peuvent pas laisser les entreprises indifférentes (et encore moins les États[110]), même si la mise en place de l'IA présente des risques.

Il y aurait donc des gisements de productivité non exploités, que l'IA permettrait de mettre en valeur. Selon l'enquête Juniper, les attentes concerneraient les domaines suivants :

- Gestion de la relation client ;
- Analyse de documents, synthèse, extraction des éléments nouveaux ;
- Élaboration de référentiels globaux renforçant la coopération interservices ;
- Synthèses automatiques des réunions de travail ;
- Veille concurrentielle générale ou ciblée, détection de signaux faibles ;
- Fouille de texte (text mining) ;
- Saisie automatique des données comptables ;
- Contrôle qualité ;
- Amélioration des fonctions support et de direction : production, logistique, achats, finance, comptabilité, ressources humaines, marketing, communication, etc.

Il est certain que certains systèmes existent déjà, comme ceux capables de faire des synthèses.

Pour beaucoup des autres attentes, un gros travail reste à faire, et à financer. Sur ce dernier point, force est de constater que personne n'en parle, si ce n'est les DSI de l'enquête Juniper. Ceux-ci ont compris que le chemin allait être long et difficile. Leur inquiétude est compréhensible, quand on sait que ce sont eux qui seront chargés de conduire ce changement.

À l'heure du tout économique, il semble donc que nous soyons devant un outil magique, appelé à se développer, ne serait-ce que par les gains économiques qu'il fait miroiter, qui font oublier les investissements à consentir.

Chapitre 5
Impact probable de l'IA dans notre quotidien

Le LaborIA[111], programme de recherche lancé par le gouvernement français, pour mesurer les effets de l'intelligence artificielle (IA) sur l'emploi et les conditions de travail, a remis ses premières conclusions en novembre 2023[112]. « L'intelligence artificielle concerne à peu près tous les secteurs d'activité, avec une répartition assez homogène des usages, mais certains métiers s'y prêtent mieux que d'autres, notamment ceux qui évoluent avec des **données structurées** (service client, marketing, finance, comptabilité) ».

Pour Jean Condé, directeur scientifique en charge de ce laboratoire, **ce n'est pas le secteur d'activité qu'il faut étudier, mais les tâches**. Surtout, avec l'arrivée de ChatGPT[113], on assiste à un changement de paradigme. « Avant 2022, des IA spécifiques répondent aux besoins du management (par exemple les outils qui automatisent les tâches de production comptables). Aujourd'hui l'IA générative génère du contenu (image, texte) permettant de réaliser une multitude de tâches, et cela s'inscrit dans une vision émancipatrice », explique-t-il.

En matière d'impact sur le travail, le rapport du LaborIA montre que « **les représentations sociales diffèrent selon le degré de familiarité à l'IA**. Ceux ayant utilisé l'IA évoquent largement des impacts positifs, notamment en matière d'autonomie et de savoir-faire. Ceux qui n'ont pas cette expérience redoutent des impacts négatifs, en particulier un délitement du lien social ou une perte de leur emploi ».

Les IA savent synthétiser, elles impactent donc les **professions juridiques, les professions administratives**. Elles développent des programmes et vérifient leur qualité, le **secteur informatique** est donc concerné (le codage

---

111 Le LaborIA est un centre de ressources et d'expérimentation sur l'IA dans le milieu professionnel. Il a été créé en novembre 2021 par E. Borne, ministre du Travail, en partenariat avec l'INRA.

112 https://www.laboria.ai/ Appréhender les effets de l'intelligence artificielle sur l'avenir du travail

113 Ou de ses homologues…

notamment). Elles génèrent des documents, des contrats et impactent **la finance, l'assurance**. Elles maîtrisent l'extraction de données, la recherche avancée, la gestion des connaissances et la donnée augmentée (c'est-à-dire la recherche de corrélation dans de grands ensembles de données) ; elles concernent donc toute la **relation client**, mais aussi la **médecine et la recherche**. Elle devrait aussi aider les collaborateurs qui travaillent sur l'accès à la connaissance, donc avoir un impact sur **l'enseignement** ainsi que sur **la création**.

Le juridique

Devant la complexité croissante des cadres réglementaires et une explosion des flux d'informations, l'adoption de l'IA, loin d'être une simple tendance, devient une nécessité stratégique, en ce qu'elle permet de gérer de très grands ensembles de données. Cependant, pour les juristes, le défi est quadruple :

- Il s'agit de protéger les données sensibles traitées par les outils d'IA, qui souvent rendent publiques les informations sur lesquelles ils travaillent (dans le but d'enrichir leur formation et celle de leurs pairs).
- Il faut pouvoir expliquer et étayer la recommandation. Nous avons vu dans les chapitres précédents qu'il est souvent impossible de « remonter le processus » conduisant à un livrable (état, recommandation, voire décision). Ainsi deux dossiers apparemment semblables peuvent être traités différemment, ce qui pose des abîmes de perplexité[114] car l'élément différenciant n'est souvent pas visible. Pire le même dossier peut conduire à deux recommandations différentes à deux moments différents (explicable par une évolution indétectable de la base de connaissance).
- Il est vital de respecter les cadres réglementaires, tels que le RGPD, ce qui demande une intégration soignée de l'IA et du logiciel juridique au sein des obligations légales et des pratiques de la direction juridique.
- L'IA pose le défi du respect des droits d'auteur, lorsqu'elle utilise et traite des données sans en citer les sources, nécessitant une réflexion approfondie sur la reconnaissance des droits dans l'ère numérique.

L'avènement de l'IA dans le secteur juridique redéfinit fondamentalement le paysage juridique avec l'émergence des legaltech, des plateformes de services juridiques à la demande, qui promettent de révolutionner l'accès au droit et la prestation de services juridiques. Ces innovations disruptives offrent des possibilités inédites de rationalisation et d'optimisation, mettant en lumière la capacité de l'IA à répondre avec précision et rapidité aux demandes juridiques complexes. Petit problème : pour l'instant le droit anglo-saxon

[114] Nous rappelons que le même prompt communiqué plusieurs fois à un logiciel d'IA donnera à chaque fois des résultats différents.

(système de common law) est dominant et l'IA semblerait avoir quelques difficultés avec le droit français (tradition de droit civil).

L'IA nécessite une réévaluation profonde des compétences traditionnellement valorisées dans le secteur juridique, impliquant une formation à la maîtrise des outils, à l'accompagnement de leurs phases d'apprentissage, et une adaptation aux nouvelles réalités et exigences juridiques, tout particulièrement en matière de créativité, aspects où l'humain excelle.

L'administratif

L'IA permet sans conteste l'amélioration de la qualité et du rendement des processus et donc des services administratifs. L'amélioration est forte si le processus de travail est parfaitement défini et les postes sans réelle valeur ajoutée. L'IA apporte un plus, en détectant les anomalies, en faisant des statistiques et établissant des tendances, et si les volumes sont importants, l'IA peut même faire des prédictions, ce qui permet d'anticiper.

L'utilisation de l'IA dans le secteur public pourrait sensiblement améliorer le fonctionnement et la qualité des services, avec un risque de déshumanisation. En France, certaines formalités ont été totalement portées sur Internet, laissant beaucoup d'utilisateurs désemparés en cas d'exclusion technologique, ou simplement en cas de problème technique. C'est un sujet politique sensible.

Nous avons créé une association sportive en 1964. À l'époque, il n'y avait pas de RNA (répertoire national des associations). Celui-ci a été créé en 2009. Le système les a attribués rétroactivement, mais n'est pas allé au-delà de 1980. Nous avons été amenés à changer les statuts. Désormais tout se fait sur Internet, plus de correspondant en préfecture. Pour pouvoir entrer dans le système, la clé d'entrée est le n° RNA. La préfecture a mis en place un chatbot en cas de difficulté administrative. À la question comment faire une demande de RNA pour une association, la réponse est « Pour pouvoir traiter votre demande, veuillez indiquer votre n° RNA ».

En matière administrative, les pistes à explorer sont nombreuses, mais il faudrait mettre les utilisateurs dans la boucle pour pouvoir enrichir l'outil de leurs réactions et de leurs erreurs. Les quelques expériences en ce sens montrent que cela n'est pas instantané. Malheureusement dans la majorité des cas les applications administratives sont traitées par appel d'offres suite à un cahier des charges. La participation active des utilisateurs est alors impossible compte tenu des délais et des budgets. L'aspect technique l'emporte sur le côté ergonomique. On ne rentre pas dans le système de valeur de l'utilisateur.

La relation client

Le secteur de la relation client, c'est-à-dire celui du marketing, va connaître une vraie révolution. Il sera très impacté, par exemple avec l'automatisation des réponses aux questions simples des clients ou prospects, ce qui libèrerait du temps des conseillers, afin qu'ils puissent le consacrer à gérer les situations complexes. « Le conseiller peut mieux exploiter ses valeurs humaines, son empathie, son intelligence émotionnelle, dans son interaction avec le client. L'IA décuple la capacité communicationnelle des marques en offrant des aides au marketing, au ciblage, à la mise en place de sites, à la création de logos, messages. Et surtout, l'IA fournit également des outils de suivi, de mesure d'efficacité, de co-pilotage aux conseillers ». Le tout est de savoir dans quel esprit on fait appel à l'IA.

Dans le domaine du service clientèle, une entreprise pourrait, par exemple, vouloir **remplacer** une partie de son service par un logiciel, ne faisant intervenir quelques opérateurs humains que pour résoudre des problèmes. À l'inverse, la même société pourrait conserver les travailleurs humains, tout en mettant en place un outil d'IA générative qui fournirait des suggestions aux agents sur les réponses les plus pertinentes à apporter aux clients. Une étude de Stanford et du MIT sur une entreprise qui avait mis en place un tel système montre que l'outil améliore surtout les réponses des agents les moins qualifiés, comme les débutants qui montent rapidement en compétence. L'outil aide à la professionnalisation des nouveaux, mais reste peu utilisé par les anciens. L'étude n'apporte pas d'information comparée sur les performances dans le temps des anciens et des nouveaux.

Dans le domaine commercial, quelle sera l'approche dominante des entreprises ? Une IA et moins de personnel ou à personnel identique une IA pour améliorer les réponses aux clients ?

Du côté des éditeurs, il semblerait que la tendance soit, pour l'instant, d'enrichir le service apporté aux clients, en demandant à l'IA de préparer des dossiers complets à destination du client, pour lui permettre d'optimiser sa décision, en fonction de paramètres qui lui sont propres. Cette démarche est « intéressée », car ainsi, elles peuvent perfectionner l'apprentissage des outils qu'ils commercialisent (en capitalisant sur les expériences de leurs clients/utilisateurs). « Aujourd'hui le conseiller commercial renseigne, oriente les clients dans le cadre des offres existantes dans l'entreprise. Demain il aidera le client à formuler sa demande et l'aidera à déterminer les spécificités de son attente. L'IA devrait décharger les conseillers des lourdeurs administratives pour qu'il puisse se consacrer à l'écoute des clients, faisant de lui le premier détecteur des tendances[115] ».

---

[115] Déclaration de Microsoft.

La médecine

Dans la médecine, à l'heure actuelle, l'agence américaine du médicament (FDA) a déjà autorisé plus de 500 outils fondés sur l'IA, essentiellement utilisés dans l'imagerie médicale, pour améliorer des clichés, repérer des anomalies ou préciser des résultats. L'IA intervient aussi dans l'aide au développement de médicaments, atteignant en Europe un CA de 22,5 milliards d'euros en 2023.

Dans le domaine médical on observe trois types d'IA en fonction des utilisations visées :

- pour les chercheurs en biomédecine, et en développement de médicaments,
- pour les patients,
- pour les professionnels de santé.

Un rapport récent de l'OMS distingue également le recours à des IA :

- pour la gestion et la planification des systèmes de santé,
- pour la surveillance de la santé publique.

Grâce à sa capacité à traiter de très grandes quantités de données, l'IA pourrait aider dans plusieurs domaines principaux. Si les premiers sont devenus classiques, le dernier est nouveau.

- Le diagnostic et le prédictif en particulier des maladies rares[116].
- L'aide à l'interprétation des radios et scanners.
- L'aide à la prescription de traitements.
- L'assistance aux actes chirurgicaux. Avant l'opération, l'IA pourrait aider le chirurgien à déterminer le degré d'intervention nécessaire. Pendant l'opération l'IA pourrait assister le chirurgien dans son geste.

Il faut relever un domaine d'utilisation de l'IA qui rend les frontières entre la recherche et les soins cliniques floues, celui du « diagnostic génétique préimplantatoire » qui balaye des milliers de variations génétiques associées au risque pour un individu d'avoir un problème de santé, qui fait planer le spectre de l'eugénisme[117].

L'IA aide déjà à analyser les résultats des tests médicaux, à identifier les tendances et les anomalies, et même à prédire les risques de santé futurs[118]. Il semblerait que l'on s'oriente vers une médecine préventive. Malgré des espoirs immenses, surtout dans la lutte contre le cancer, **rien ne prouve encore**, pour le moment, que l'IA soit meilleure que l'humain pour établir un diagnostic, ni que ses éventuelles préconisations apportent un bénéfice au patient. Des études sont en cours, mais il est trop tôt pour statuer.

---

[116] En France, 81 % des médecins estiment que l'IA pourrait améliorer le diagnostic. 75 % des praticiens médicaux sont favorables au développement de l'IA dans leur domaine ; 92 % des praticiens estiment qu'il est difficile de diagnostiquer une maladie rare. 01Net n° 1021 du 17/4/24.

[117] https://www.coe.int/fr/web/bioethics/overview-of-ai-technologies-in-medicine

[118] Ce sujet intéresse vivement les mutuelles, qui pourraient faire varier les tarifs en fonction des risques prédictifs.

Pour rappel, en France, le dossier médical d'un patient est strictement encadré par des obligations de protection, basées sur le respect de la confidentialité, et de la sécurité des données de santé, conformément au RGPD.

1. **Confidentialité :** Seuls les professionnels de santé directement impliqués dans la prise en charge du patient ont le droit d'accéder à son dossier médical. L'accès à ces informations est restreint et soumis au principe du secret professionnel.
2. **Conservation et archivage sécurisés :** Le dossier médical doit être conservé dans des conditions qui garantissent sa sécurité et sa confidentialité. Il doit être protégé contre tout accès non autorisé, perte ou destruction.
3. **Durée de conservation :** En France, le dossier médical doit être conservé pendant une durée minimale de vingt ans à compter de la date du dernier enregistrement effectué dans le dossier.
4. **Traçabilité :** Tous les accès et modifications apportés au dossier médical doivent être traçables. Cela signifie que tout acte impliquant le dossier médical (consultation, ajout, modification, etc.) doit être enregistré avec les informations sur le professionnel de santé qui a réalisé l'acte, et la date à laquelle il a été effectué.
5. **Droit d'accès et de rectification :** Le patient a un droit d'accès à son dossier médical et peut demander des copies de ses données. Il a également le droit de demander la rectification des informations erronées.
6. **Droit à l'oubli :** Dans certains cas particuliers, notamment pour les anciens malades de cancer et dans le cadre de souscriptions à des contrats d'assurance, la loi peut permettre un droit à l'oubli.
7. **Information :** Le patient doit être informé de ses droits concernant son dossier médical, y compris la manière dont il est conservé et protégé.
8. **Notification des failles de sécurité :** En cas de violation des données de santé (perte, divulgation, accès non autorisé), il existe une obligation de notifier la Commission nationale de l'informatique et des libertés (CNIL) et, dans certains cas, d'informer le patient concerné.

La recherche

En matière de recherche, l'IA peut automatiser des tâches fastidieuses et chronophages, telles que l'analyse de données, les recherches documentaires ou bibliographiques, mais il faut rester très vigilant sur la véracité des réponses de l'IA.

Lorsque l'on fore un sujet particulier – c'est le cas de la recherche – l'IA peut être tentée d'imaginer des solutions, qui vont dans le sens souhaité par le chercheur. Si on fait remarquer à l'IA que telle référence n'existe pas, on obtient de curieux messages : « J'ai imaginé… Je m'excuse, je n'aurais pas dû ».

L'IA peut analyser rapidement de grandes quantités de données, ce qui permet d'accélérer la découverte de nouveaux médicaments, matériaux et technologies. Grâce au « machine learning[119] », l'IA est capable de reconnaître et traiter des images, de catégoriser des motifs complexes, qui seraient difficiles à interpréter par des humains.

L'IA peut être utilisée pour développer de nouvelles approches scientifiques, comme la modélisation prédictive, ou la simulation informatique, qui permettent de mieux comprendre les phénomènes complexes, et de tester des hypothèses. Dans ce cadre, l'IA peut aider à la rédaction de rapports, illustrés de schémas, photos, vidéos, permettant aux chercheurs de se concentrer sur les activités à forte valeur ajoutée.

Enfin l'IA peut améliorer la gestion des laboratoires, en optimisant les processus, et en favorisant la collaboration interdisciplinaire (favorisant et synthétisant une multiplication des points de vue).

C'est dans le domaine de la **recherche médicale que l'IA semble avoir le plus grand potentiel**[120]. Ce secteur est assez documenté, et sûrement représentatif du monde de la recherche en général.

David Reese, oncologue de formation et directeur du développement technologique, chez Amgen[121], a déclaré : « L'accélération des progrès en IA signifie qu'investir dans cette innovation n'est plus facultatif. C'est ce qu'il nous incombe de faire, pour avoir un effet concret, et pragmatique sur la mise au point de nouveaux médicaments ». Ceci est confirmé par Frank Nestlé, responsable de la recherche et directeur scientifique à Sanofi[122]. « Les seules questions qui se posent, sont la vitesse des progrès, et leurs limites ».

---

[119] Capacité d'apprendre (deep learning).

[120] Une partie du texte qui suit est issue d'un article publié par *Stat* le 7 février 2024. *Stat* est un site d'information américain, spécialisé dans la santé, la médecine et les biotechnologies, et qui fait référence.

[121] Amgen (Applied Molecular Genetics), leader mondial des biotechnologies, a été fondé en 1980. Son approche repose sur la génétique humaine, cherchant à caractériser les mécanismes moléculaires pouvant être à l'origine des maladies. Amgen est présent dans une centaine de pays (dont la France).

[122] Sanofi est une entreprise transnationale française dont les activités intègrent la pharmacie. Occuperait le 3e rang mondial selon le chiffre d'affaires. Première entreprise française en termes de R&D.

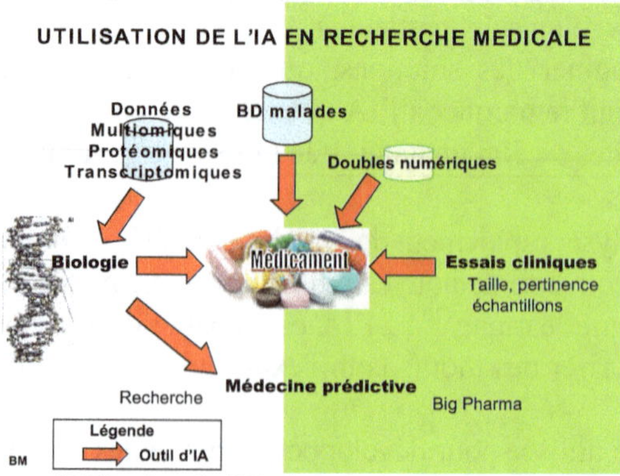

Utilisation de l'IA dans le domaine médical

En recherche médicale, l'IA se développe selon 5 axes.

- Constitution de bases de données anonymisées

Pour de nombreuses maladies, il n'y a **pas assez de données** permettant de cartographier précisément les processus biologiques, pour mettre au point de nouvelles thérapies. L'IA a démontré sa capacité à décrire des protéines impliquées dans une maladie, à chercher dans d'immenses bibliothèques de composés chimiques, les plus prometteurs, et à améliorer la conception des essais cliniques, ainsi qu'à en raccourcir la durée.

Dans le domaine de la recherche médicale, la partie la plus difficile et la plus cruciale du travail consiste à identifier les moteurs cellulaires des maladies, pour que les fabricants pharmaceutiques aient une juste idée de l'endroit que les médicaments doivent cibler. Mais la complexité biologique est telle, les interactions intra et intercellulaires si sophistiquées, si nombreuses, que les humains n'ont plus la faculté de comprendre le fonctionnement de ces systèmes. C'est là que l'IA intervient, mais d'après les spécialistes, les IA ne s'approcheront pas de la conception de médicaments efficaces, sans une aide colossale des scientifiques humains.

- Analyses biologiques pour imaginer des traitements

Amgen place son espoir dans les IA, pour identifier de nouveaux angles d'attaque contre les maladies. Selon Amgen, « actuellement, ces modèles d'IA deviennent dix fois meilleurs tous les six mois », ce qui illustre la capacité indéniable des IA à apprendre. « Comprendre au niveau moléculaire, les interactions d'un composé avec une protéine dans un espace tridimensionnel, constitue une évolution majeure dans le processus de découverte de nouveaux médicaments ».

Grâce à sa coopération avec le géant de l'informatique Nvidia, Amgen prévoit d'élaborer rapidement des modèles, capables d'analyser des données compilées par Decode (une entreprise qu'Amgen a rachetée en 2012) qui collecte les données anonymisées de trois millions de personnes. Sa base contient ce que le secteur appelle des données « multiomiques », c'est-à-dire des données génomiques qui décrivent l'ADN, des données protéomiques qui expliquent la structure et la fonction des protéines, et des données transcriptomiques qui cataloguent l'ARN et les actions des gènes. Tous ces détails sont combinés à une masse colossale d'informations individuelles (10 000 caractéristiques distinctes par personne), dont les données alimentent la base Decode. « Ce que nous pouvons faire, maintenant, c'est mobiliser l'apprentissage automatique, et l'IA afin d'interroger ces bases de données pour comprendre les fondamentaux d'une maladie ».

Le plus grand accomplissement des IA en biologie s'est produit en 2020 avec la mise au point d'AlphaFold[123] chez DeepMind, un modèle d'IA qui a distancé la concurrence dans la prédiction de la structure tridimensionnelle des protéines, à partir de leurs séquences d'acides aminés. Sa dernière version (2024) prédit les interactions de ces protéines avec de potentiels médicaments et d'autres molécules. « Nous savons que nous pouvons nous fier à AlphaFold dans une certaine mesure, mais **pas tout le temps** », résume Stefano Forli[124], professeur de biologie informatique à l'institut Scripps en Californie.

- Constitution d'échantillons pour les essais cliniques

L'IA ne sert pas qu'à trouver davantage de patients pour alimenter les bases de données d'apprentissage. Elle permet aussi de mettre au point les caractéristiques idéales des participants aux essais cliniques, afin de parvenir à un bon échantillonnage de patients, pour obtenir des résultats pertinents et irréfutables. Cette IA aide aussi à décider quand lancer les essais cliniques, quand les conclure.

Autre avantage, cela permet aux entreprises pharmaceutiques de concevoir des essais cliniques avec des groupes tests plus petits.

- Constitution de bases de données malades et doubles numériques

Les fabricants pharmaceutiques se tournent maintenant vers les IA pour accélérer les essais cliniques, et valider leur taux de réussite. « Très peu de choses sont démontrées, nous explorons donc les possibilités sur des patients volontaires ».

L'IA permet de créer des copies informatisées des patients, appelées des « doubles numériques », afin d'anticiper les améliorations attendues et de vérifier leur réalité médicale. Ce travail nécessite d'entraîner des modèles à prédire quels patients sont susceptibles de bénéficier de nouvelles thérapies, ainsi que d'aider les fabricants de médicaments à identifier le bon moment pour débuter les essais chez l'humain, et comment en suivre leurs résultats.

Les « doubles numériques » permettent de faire des simulations, d'anticiper ce qui devrait arriver. La comparaison des doubles avec les données réelles des patients permet d'affiner les algorithmes.

---

[123] AlfaFold est une IA développée par Google DeepMind qui fournit une précision de la structure des protéines à partir de leurs séquences en acides aminés. Le système a été entraîné sur une base de 170 000 structures protéiques connues. AlfaFold3 a été annoncée le 8 mai 2024. Sa base de données est publique.

[124] Co-auteur de l'article publié par *Stat*.

Cependant, malgré des avancées scientifiques rapides, la réalité du développement pharmaceutique se résume aujourd'hui par un chiffre déprimant : 90 % de médicaments expérimentaux ne démontrent pas leur efficacité lorsqu'ils sont testés sur des patients. Il reste cependant 10 % qui se révèlent opérationnels, et « sans doute, encore améliorables, tous élaborés et distribués beaucoup plus rapidement, que ce à quoi nous étions habitués ».

- Développement d'IA prédictives

On voit clairement l'objectif de mettre au point une médecine prédictive qui permettrait d'anticiper et de faire plus de prévention. « La biologie doit devenir une science prédictive. Le fait que 10 % seulement des médicaments qui entrent en phase d'essais cliniques sont efficaces n'est pas satisfaisant ».

Pour l'instant, ce domaine en est à ses balbutiements. Si l'IA est à l'aise pour traiter de très nombreuses combinaisons, elle reste incapable de définir celle qui vraisemblablement se produira. « L'apprentissage automatique permet très bien d'approfondir à partir de ce que nous savons, mais pas d'apporter une réponse au sujet de quelque chose qu'on ignore ».

L'enseignement

Dans ce domaine, les apports sont d'ores et déjà très encourageants, tant pour les formateurs que pour les formés.

L'IA permet de concevoir très rapidement, à partir d'un script, des contenus de présentation PowerPoint, de vidéo d'initiation ou de perfectionnement en complément des formations traditionnelles, ou à des fins de e-learning. Il s'agit là d'une véritable novation, d'autant plus que l'on peut refaire très vite une nouvelle vidéo au fur et à mesure que le script évolue. Les formations peuvent très facilement être interactives, en faisant participer les formés en temps réel, pour aborder un sujet ou pour vérifier leur compréhension d'un point particulier, qui vient d'être présenté. L'IA permet de maintenir l'attention des formés, et peut donner un côté ludique à l'enseignement. Bien sûr, le côté novateur aide beaucoup. Il faudra vérifier si cela perdurera dans le temps. Il existe un risque, c'est que le formateur se repose totalement sur l'IA, et oublie son rôle d'animateur.

L'IA permet de **personnaliser les apprentissages** selon les besoins et les capacités d'assimilation de chacun. Ainsi il serait possible de proposer à chaque élève des exercices adaptés à leur niveau d'apprentissage, et d'en suivre la progression (au niveau formé et au niveau formateur).

L'IA peut assister le professeur et lui permet d'identifier dans les classes les individus en situation de difficulté. Cette technologie permet par ailleurs aux enseignants de se libérer des tâches répétitives, ce qui devrait les aider à personnaliser et à approfondir leurs méthodes d'enseignement. Cela peut bousculer beaucoup d'habitudes, et de certitudes, et donc heurter certains milieux universitaires.

En France, la législation impose aux employeurs de favoriser le développement des compétences tout au long de la carrière des salariés, avec un minimum individuel de formation tous les six ans. L'employeur détermine ses formations en fonction des compétences identifiées comme essentielles au bon fonctionnement de l'entreprise. Cette obligation est mesurée en termes de moyens dédiés à la formation (budget dédié rapporté à la masse salariale et suivi individuel). L'IA ouvre une large fenêtre sur l'approfondissement et le contrôle de connaissance, en lien ou non avec les opérations de formation. L'IA a la capacité d'établir un programme de perfectionnement individuel, en fonction des connaissances de départ, de celles visées et de l'état des moyens à disposition. Certaines entreprises envisagent d'utiliser l'IA comme moyen pour préparer les entretiens annuels d'évaluation, permettant au manager comme au collaborateur de réfléchir aux compétences détenues, à celles à améliorer et à celles qui pourront être nécessaires dans le futur. Il semble que cette piste permettrait de dynamiser les entretiens annuels, qui sont souvent perçus comme des contraintes imposées par les RH.

Dans le domaine éducatif, l'IA peut automatiser certaines activités, notamment en matière de **corrections** des travaux des étudiants, sous le contrôle du professeur.

À noter, l'IA offre aux étudiants la possibilité de faire réaliser leurs travaux par une IA. Certains crient au scandale, mais il y a peu, on pouvait faire réaliser son mémoire d'étude, moyennant finances, par des « sous-traitants » trouvés sur Internet. Au Kenya, beaucoup d'étudiants supérieurs de langue anglaise vendent cette prestation entre $ 200 et $ 1000, en s'appuyant sur des BD gérées par leur université. Au Kenya, la pratique continue, avec des tarifs moindres, mais les « sous-traitants » se sont organisés et utilisent désormais l'IA pour rédiger les devoirs qu'ils vendent. Pour contrer cette pratique, les correcteurs, les écoles, les universités utilisent un outil de détection de plagiat (une IA bien sûr) ! IA contre IA : des situations cocasses, qui vont se généraliser dans notre quotidien.

Voici quelques logiciels antiplagiat existants :

Dix logiciels anti-plagiat gratuits

1 – Studium
2 – Scribbr
3 – Copyscape
4 – Plagtracker
5 – iThenticate
6 – Plagium
7 – Plagiarismcheck
8 – DupliChecker
9 – The Plagiarism Checker
10 – Plagspotter

Logiciels antiplagiat

Il faut noter que ces logiciels donnent un taux de plagiat, c'est-à-dire le taux de texte probablement plagié. Ce taux tombe rarement en dessous d'un certain seuil. Le fait de citer un auteur fait monter l'indice.

Pour terminer sur ce chapitre, l'IA permettrait de gérer l'activité des cours prodigués, un soutien aux enseignants en les déchargeant de certaines tâches administratives par exemple, mais aussi en les aidant à préparer leurs cours, et aussi à se former eux-mêmes.

Les services bancaires

Dans le domaine bancaire, l'IA va révolutionner la façon dont les clients interagissent avec leur banque, ainsi que les offres et services de celles-ci. L'impact sera majeur.

L'IA permet de répondre via un chatbot aux requêtes les plus fréquentes et de faire des recommandations personnalisées à chaque client en fonction de ses demandes et des circonstances. Elle dégagera ainsi les conseillers commerciaux de ces tâches.

L'outil peut balayer la BD clients pour imaginer des produits adaptés à leurs profils, et mesurer leur taux de pénétration. L'IA pourra conseiller le conseiller commercial sur les meilleures stratégies à adopter vis-à-vis d'un client, ces meilleures stratégies tenant compte à la fois des attentes du client et de la politique de la banque.

L'IA contribue déjà à l'enregistrement systématique des données (RPA[125]) et à la gestion du back-office. L'IA peut renforcer les contrôles actuels repérant les transactions inhabituelles ou des activités suspectes, et ainsi déclencher des alertes pour une intervention humaine. Cela renforce la capacité des banques à prévenir les fraudes, et à protéger les actifs de leurs clients. Dans le même esprit, les banques essayent de mieux comprendre et bien gérer leur exposition aux risques (défaut de paiement et gestion de portefeuille). Pour les grandes banques, il semblerait que les structures centrales utilisent déjà des outils assez performants. La nouveauté à prévoir serait au niveau des agences. Selon les enseignes, la liberté laissée au local pourrait être différente. À ce jour il est difficile de séparer ce qui est du discours (image d'entreprise, image d'employeur) et ce qui est de la décision.

Les données que les banques hébergent sont très convoitées par les escrocs, donc toute utilisation d'une IA doit apporter la sécurité nécessaire. Par ailleurs il s'agit de données personnelles, donc la banque est tenue de garantir la vie privée de ses clients, en particulier lors des traitements d'analyse des typologies.

---

[125] RPA : Automatisation robotisée des processus.

Les transports

L'innovation majeure dans le secteur des transports sera le véhicule autonome, même si le calendrier de son déploiement est encore incertain. On imagine que bientôt l'IA pourrait permettre d'améliorer la circulation des véhicules et d'optimiser la logistique, depuis la commande du client jusqu'à la livraison, éventuellement suivie d'une phase de montage.

Cela devrait permettre de développer la maintenance prédictive des équipements.

Une gestion en flux tendu prenant en compte d'éventuelles perturbations. Cela existe déjà, mais sur un nombre limité de paramètres. En multipliant leur nombre, des gains d'efficience sont attendus dans ce secteur. Citons :

- la gestion du trafic ;
- la logistique et la gestion de la chaîne d'approvisionnement ;
- l'optimisation des transports en commun ;
- la gestion des bornes de recharge ;
- la gestion de la billetterie (smart ticketing) et optimisation des flux de voyageurs.

Maintenant, même si c'est le sens de l'avenir, on peut s'interroger sur la capacité des IA à s'affranchir **d'une façon fiable** des événements majeurs, gardant en tête que nous sommes entrés dans un monde d'incertitudes. La pandémie de Covid-19 a longuement bouleversé le secteur du transport aérien et maritime, car il n'y avait pas de précédents, et le secteur a mis beaucoup de temps à s'en remettre. Cela signifie que si l'IA peut correctement anticiper sur la répétition d'événements qu'elle a déjà analysés lors de son apprentissage, rien ne prouve qu'il en sera de même pour un événement inédit. Ceci plaide pour une supervision de certaines IA par des humains, parfaitement informés des risques de mésinterprétation de l'outil.

Le secteur informatique

Il sera doublement impacté. D'abord car il lui appartiendra de mettre en place ces nouveaux systèmes dans des organisations pas forcément préparées, ni techniquement et ni moralement. Ensuite l'IA modifiera de façon profonde ou supprimera certains métiers de la DSI. Les outils d'IA accessibles révolutionnent l'analyse, la programmation, le recettage d'application, la fabrication de sites.

Les réseaux et les applications vont évoluer et les équipes informatiques devront en piloter la migration technique. Elles seront en première ligne devant des utilisateurs. Le risque est de n'aborder le sujet que sous l'angle technique et de laisser de côté la préparation des utilisateurs qui serait déléguée aux RH et aux managers.

L'automatisation de certaines tâches opérationnelles, la reprise par l'IA de la gestion de bases de données, risquent d'entraîner des baisses d'effectifs, ce qui alimentera les craintes de licenciement et ne favorisera pas l'acceptation de l'IA. Des efforts pédagogiques considérables seront à faire, qui devraient mobiliser tout l'encadrement, pour démystifier l'IA, en montrer les avantages, pas seulement en termes d'efficacité ou de rentabilité, mais aussi en termes de facilité et d'enrichissement pour les utilisateurs.

Côté technique, l'IA apporte aux services informatiques l'opportunité d'optimiser les infrastructures en temps réel aux besoins, de réduire les coûts, d'économiser l'énergie.

- Programmation

Mais surtout l'IA va bousculer la répartition des rôles au sein des équipes DSI. Des outils, tels que Kite ou Copilot, peuvent fournir des blocs de code pour faciliter le travail des programmeurs. Dans certains cas, ils peuvent même les remplacer complètement, en proposant des applications complètes et documentées.

Quelle que soit la façon dont les applications ont été créées, l'IA peut être une aide efficace pour le recettage[126] en fournissant des jeux complets et exhaustifs de tests. On peut imaginer des formes de dialogue direct entre l'IA de recettage et l'application testée pour détecter les bugs ou les manques.

Certains logiciels d'IA savent analyser le code d'une application, et peuvent proposer du « refactoring » (une réécriture) pour en faciliter la lecture et la maintenance. L'IA peut aussi documenter l'application.

Deux exemples simples de code généré par IA figurent en fin d'annexe 5.

- Sites

Des plateformes comme « Wix » ou « The Grid » apportent une assistance à la conception d'un site web, tant en termes de contenu, qu'en termes de look, puis maquettent la solution retenue. Il y a peu, ce genre de service était proposé par des cabinets spécialisés.

L'IA peut aussi analyser la fréquentation d'un site, regarder le comportement des utilisateurs, et proposer des améliorations, afin « d'améliorer l'expérience utilisateur » [*sic*] et augmenter le revenu généré par le site. Sous ce chapitre il faut noter l'analyse de la charge (sa capacité à faire face à des pointes de trafic).

Pour les directions informatiques, la multiplication des IA se traduira par un pilotage à haut risque sous forte pression des états-majors qui voudront des résultats rapides, sans forcément tenir compte des délais nécessaires.

---

126 Recettage : jeu de tests pour vérifier toutes les fonctionnalités implémentées sur une application ou sur un site web.

Chapitre 6
Impact de l'IA sur la création

Nous avons choisi de faire un chapitre séparé consacré à la création, car il semble que c'est le domaine aujourd'hui le plus novateur de l'IA générative, et qui semble appelé à se développer. Mais c'est aussi le plus polémique. L'idée est d'enrichir ultérieurement ce chapitre au fur et à mesure que l'on aura plus de recul et d'expérience.

Le monde de la création touche à de nombreux domaines : littérature, théâtre, dessin, peinture, cinéma, photographie, musique, architecture, mode, artisanat d'art, décoration[127], et plus généralement design.

Les carrières artistiques sont marquées par une activité fluctuante, aux revenus aléatoires. Moins de la moitié des artistes se consacrent à plein temps à leur art. Beaucoup de créateurs travaillent en parallèle dans l'enseignement, la médiation culturelle, les métiers d'exposition ou autres. Le développement des applications de l'IA risque de bousculer bien des métiers artistiques. S'il est aujourd'hui difficile pour les artistes d'en vivre, l'IA va accentuer cette difficulté.

On rappelle que les Gafa (Google, Apple, Facebook et Amazon) investissent des millions dans le développement de l'IA générative[128]. Les États également veulent avoir leur champion national de l'IA. Tout cet intérêt et les sommes phénoménales investies semblent bien montrer que nous sommes devant une vague qui va déferler et ébranler le monde de la création.

Google a dévoilé, au printemps 2016, un morceau de musique entièrement réalisé par un algorithme. Une mélodie basique certes, mais ce n'était qu'un début. À la même période, le jury d'un concours de littérature japonais avait retenu, dans ses présélections, un roman écrit par une IA développée par l'Université d'Hakodate !

Le monde de la création est directement impacté, voire menacé par l'irruption des modèles d'IA générative. Cet émoi a été illustré par la longue grève des scénaristes d'Hollywood (du 2/5/23 au 8/11/23). Outre des revendications salariales et des doléances vis-à-vis des plateformes de streaming, il y avait une

[127] Liste non exhaustive.

[128] IA générative : système capable de créer de nouveaux contenus, comme du texte, des images, de la musique, de l'audio et des vidéos.

grosse inquiétude sur l'impact de l'IA sur les scénaristes, mais aussi sur les acteurs, qui pourraient être remplacés par des avatars.

Dans tous les domaines, l'IA peut apporter une fabuleuse contribution, en modifiant la façon de créer, mais elle peut également mettre certains métiers en grande difficulté. Encore une fois, tout est question de posture vis-à-vis de cette nouveauté. L'IA peut être une aide dans la création, un accélérateur d'idées, un bac à sable d'essais. L'IA peut également aider à préserver et transmettre le savoir-faire des artisans. Elle peut aider à conserver sous forme numérique des œuvres et les réalisations remarquables et à mieux comprendre les savoir-faire qui les ont créées. Ainsi la numérisation des combles de Notre-Dame et son analyse auront contribué à sa renaissance. Mais l'IA générative, en démocratisant la création, risque de faire disparaître les créateurs.

L'intégration de l'intelligence artificielle dans la création d'œuvres – même si on les présente comme originales – soulève d'importantes questions de propriété intellectuelle[129], surtout lorsque l'IA est « nourrie » d'œuvres protégées.

Nous rappelons que la formation de l'IA (learning) repose sur la libre collecte de données destinées à l'apprentissage. Certaines sont à caractère personnel, donc protégées[130], d'autres sont en libre accès ; d'autres enfin sont protégées par un droit d'auteur (ou un droit d'artiste/compositeur/interprète/éditeur/producteur.) Les deux dernières catégories feraient l'objet d'une « exemption de fouille de texte et de données[131] », mais le débat n'est pas clos, dans la mesure où une IA peut créer « dans le style de… ».

Selon l'*ABA Journal*[132], la revue des avocats américains, les experts ne s'entendent toujours pas sur l'effet des algorithmes sur la propriété intellectuelle. L'IA se contente-t-elle d'extrapoler à partir d'un morceau existant ? Les robots produisent-ils des plagiats, ou des hommages innocents,

[129] Le droit d'auteur est l'ensemble des droits dont disposent un auteur ou ses ayants droit (héritiers, sociétés de production), sur ses œuvres originales définissant notamment l'utilisation et à la réutilisation de ses œuvres sous certaines conditions. Il est composé de deux types de droits : - le droit moral, qui reconnaît notamment à l'auteur la paternité de l'œuvre et le respect de son intégrité. Dans certains pays, dont la France, il est perpétuel, inaliénable et imprescriptible ; - les droits patrimoniaux, qui confèrent un monopole d'exploitation économique sur l'œuvre, pour une durée variable (selon les pays ou cas) au terme de laquelle l'œuvre entre dans le « domaine public ». L'entrée dans le domaine public ne correspond pas à une réalité uniforme dans le monde. Le copyright et le droit d'auteur notamment varient d'un pays à l'autre. Ainsi, au Canada, une œuvre entre dans le domaine public 50 ans après la mort de tous ses auteurs (70 ans après la mort à partir du 1er janvier 2023), alors qu'en France cette durée a été étendue à 70 ans après la mort des auteurs.

[130] En théorie. Des exemples circulent sur le Net d'utilisations frauduleuses.

[131] Exemptions : les articles R122-23 à R122-26 du Code de la propriété intellectuelle stipulent que des copies ou reproductions d'œuvres sont autorisées aux seules fins de la recherche selon certaines conditions.

[132] https://www.americanbar.org/groups/journal/

des pastiches et des parodies d'œuvres originales ? Dans le doute, l'État du Tennessee vient de promulguer le Elvis Act, qui protège les stars de Nashville contre les imitations de leur voix et les deep fakes.

Autre aspect : qui détiendrait les droits sur une œuvre générée par IA ? Cette interrogation fondamentale remet en question les cadres juridiques traditionnels de la propriété intellectuelle. Est-ce qu'une IA peut être auteur ou inventeur ? Si oui, où iraient les droits d'auteur ?

La littérature

L'IA a déjà investi la traduction de texte, l'édition scientifique et juridique, mais qu'en est-il du domaine littéraire ?

L'IA est capable de mémoriser et répertorier des millions de données. Elle soupèse ensuite plusieurs situations de départ tirées des classiques du genre. Le prompt peut lui imposer une époque, un cadre donné, et lui décrire les personnages à mettre en lumière. L'IA les habillera à partir d'archétypes universels. Mais si l'IA est capable d'écrire des livres, peut-on pour autant parler de création littéraire ?

Dans *Ada*, paru chez Gallimard en 2003, Antoine Bello confronte la littérature à l'intelligence artificielle (IA), sur fond d'enquête policière. La fiction d'Antoine Bello est plus qu'une divertissante intrigue policière : elle questionne la définition même de littérature. Que vaudra un roman produit par une machine ?

Le Point, 12 avr. 2024

Rie Kudan, lauréate du prestigieux prix Akutagawa, a expliqué que des parties de son dernier ouvrage ont été écrites par l'intelligence artificielle générative. Si elle a subi des critiques d'une partie du public, certains de ses pairs soutiennent cet usage.

Il semblait jusqu'à présent que l'IA n'était capable que de générer du narratif. Mais peut-être n'est-ce déjà plus vérifié. La vraie question est de savoir qui détient les droits d'auteur, sur un contenu généré par des IA, alimentées par des millions de livres, d'articles, essais et poèmes protégés par des droits d'auteur. Une bataille juridique est déjà engagée.

Le cinéma

Une des hypothèses que redoutaient les scénaristes d'Hollywood était de voir les sociétés de production remplacer les scénaristes par de l'IA. L'auteur est défini comme un être humain. Selon l'accord qui a finalement été trouvé, après 148 jours de grève : les studios ne peuvent pas faire appel à l'IA pour écrire un scénario, ou même relire un scénario qui a été écrit par un humain. Cependant les scénaristes peuvent, à leur guise, mener des expérimentations avec un outil d'IA, dans leur processus créatif. En revanche, les studios ne peuvent leur imposer de le faire. Conclusion : pour l'instant l'IA est sous le contrôle des scénaristes, et non sous celui des studios. Il reste que le sujet des représentations virtuelles n'a pas vraiment été traité. Pour l'instant, les films avec des avatars semblent exclus par Hollywood, mais qu'en sera-t-il demain ? Toujours est-il que la technologie permet aujourd'hui de créer un film mettant en scène un acteur, à partir d'un apprentissage alimenté par ses films. Quelques expériences polémiques[133] ont été menées pour faire revivre des acteurs décédés, dans des films qu'ils n'ont jamais tournés (John Wayne par exemple).

Les dessins animés eux vont continuer à faire appel à des AI de plus en plus perfectionnées, accessibles aux grands groupes. Le travail le plus long sera de fixer le scénario proposé par une IA. La réalisation pourrait ensuite être totalement pilotée par l'outil.

D'ores et déjà chacun peut réaliser son dessin animé pour quelques centaines d'euros. Les outils existent et sont accessibles en abonnement.

Ceci signifie une perte financière pour les studios d'animation qui travaillaient pour des services marketing de sociétés.

La photographie

La plupart des Smartphones offrent des fonctions de retouche des photos assez magiques. Cela est rendu possible grâce à l'intelligence artificielle. Outre des systèmes de stabilisation mécanique, l'intelligence artificielle assure en plus l'optimisation des images en temps réel ou la fusion de plusieurs clichés pour compenser des défauts d'exposition. « La taille des capteurs n'est plus le critère différenciant, mais la puissance de l'IA ». Si la puissance des capteurs est affichée en méga pixels, il est difficile d'apprécier celle de l'IA embarquée !

Parmi les outils, citons, entre autres :

YouCamPerfect, l'IA fait tout à notre place. Voilà un outil parfait pour ceux qui ne veulent pas passer des heures à retoucher leurs photos. Grâce à l'IA, YouCamPerfect se charge en effet de (presque) tout, et en particulier de la suppression d'objets ou d'arrière-plans. Des fonctions avancées de correction de la perspective et de recadrage sont en outre proposées pour ajuster ses photos à la perfection[134].

---

[133] Notamment James Cameron, avec son film *La voie de l'eau*, ou le précédent *Avatar*, mélange savamment des environnements physiques réels avec des personnages entièrement créés par IA.

[134] Texte traduit du site commercial.

Snapseed, la retouche comme un professionnel. Capable de gérer aussi bien les fichiers de type JPEG ou PNG que ceux au format brut (RAW), cette application s'adresse autant aux amateurs qu'aux professionnels de la photo. Snapseed propose une grande variété de filtres, chacun étant ajustable en intensité, et permet d'agir sur de nombreux paramètres tels que l'exposition, la luminosité, le contraste, les ombres ou les hautes lumières.

Ces possibilités mettent la photo de qualité à portée du plus grand nombre. Il faut noter que les photos ainsi modifiées peuvent alimenter tous les outils d'IA existants, comme la création d'avatars, ou des campagnes de marketing produits.

Les performances des produits existant sur le marché ne permettent plus de garantir la véracité d'une vraie photo. Des outils comme Google Image ou Tineye, ou Photo Sherlock ou Fake Image Detector peuvent conclure que la photo n'est pas originale, car elle a été modifiée. Nous sommes désormais dans l'ère de la post-vérité.

La musique

Le monde de la musique aussi est inquiet. L'IA est d'ores et déjà présente dans nos relations à la musique, avec les algorithmes de recommandation, ou les outils de production comme les modulateurs de voix. Mais l'IA pourrait détrôner les créateurs. Meta a lancé en 2023, une application qui permet de créer de la musique à partir d'un texte, en puisant dans vingt mille heures de musique sous licence. L'IA permet de permuter la voix d'un chanteur par celui d'un autre, ou de remplacer un instrument, par un autre. La crainte que les artistes soient remplacés par leurs avatars numériques, ou que les labels créent de la musique à l'infini grâce à la modélisation numérique, est devenue un sujet brûlant.

Des services de streaming comme Spotify se battent pour faire baisser les droits d'auteur. Aujourd'hui, ils ont la possibilité de troquer une partie de leur catalogue, protégé par des droits payants, par des morceaux générés par IA, par exemple des playlists pour travailler, pour s'endormir ou pour le sport. Le mode « découverte de Spotify » tire profit de la puissance de sa plateforme, pour aiguiller les auditeurs vers les musiques qui lui coûtent le moins cher.

Mars 2024 :

Billie Eilish n'est pas contente. Dans une lettre ouverte publiée, la chanteuse se joint à 200 collègues artistes, paroliers et producteurs, pour appeler les fleurons de Big Tech à un usage raisonnable de l'intelligence artificielle, et à cesser leur « assaut contre la créativité humaine », qui « enfreint et dévalue les droits des artistes ». Bref, à lire le magazine *Billboard*, leur collectif, Artist Rights Alliance, n'a rien contre l'apport des chatbots à la création musicale, mais s'inquiète du sabotage pratiqué par certains développeurs, et nombre de plateformes.

La profusion de talents visibles aux derniers Grammys, comme le milliard de dollars de recettes de la star Taylor Swift, confirme que le business de la musique, au contraire de celui des médias, a fort bien résisté à l'ère numérique. Mais une nouvelle ère commence, avec l'essor de l'IA, capable de produire à volonté des avatars de créations humaines, en reproduisant des voix connues, des rythmes si proches des œuvres originales, qu'ils concurrencent les artistes et diluent leurs droits d'auteur. Les artistes se rebiffent parce que la loi les protège très mal.

billboard CANADA CHARTS MUSIC CULTURE

TECH

Billie Eilish, Pearl Jam, Nicki Minaj Among 200 Artists Calling for Responsible AI Music Practices

In an open letter by the Artist Rights Alliance, the artists, songwriters and producers called irresponsible AI training an "assault on human creativity" that "must be stopped."

Article de Bilboard

Chapitre 7
L'IA : quel impact sur l'emploi ?

Selon certains commentateurs, l'IA générative constituerait une nouvelle révolution industrielle.

Par le passé, chaque révolution industrielle a bouleversé le monde du travail. À chaque disruption technologique, les entreprises ont cherché à exploiter les avancées techniques, pour accroître leur productivité et dégager des bénéfices. Il est fort probable que ce scénario se reproduira avec l'IA.

- La première révolution industrielle fut initiée par la machine à vapeur, et s'est déroulée entre 1760 et 1830.
- La seconde est liée avec l'apparition de l'électricité, entre 1870 et 1914. La production traditionnelle a été remplacée par l'automatisation (comme les chaînes de montage). La quantité de production a littéralement explosé, occupant des milliers de travailleurs peu qualifiés, venant du monde agricole.
- La troisième révolution a été celle des NTIC (informatique). Contrairement aux deux révolutions précédentes, les nouvelles technologies ont placé des barrières à l'emploi, par la qualification.
- L'IA pourrait amener un bouleversement dépassant de loin celui des précédentes révolutions industrielles. Selon PricewaterhouseCoopers[135], cette technologie va générer 15 700 milliards de dollars dans l'économie mondiale d'ici 2030. **On parle de quatrième révolution.**

Selon Paul Krugman, prix Nobel d'économie, l'IA créera de la richesse, et fera disparaître de nombreux métiers : les plus précaires, les plus féminisés. Mais aussi ceux de nombreux cadres supérieurs. Qu'en sait-on aujourd'hui ?

Selon le rapport Goldman Sachs[136] publié en mars dernier, l'IA permettrait d'augmenter le taux de productivité de 15 % sur les 10 ans à venir. Ce chiffre est plausible, car comparable à la forte hausse de la productivité (12 %) que les NTIC ont générée. L'étude du MIT/Stanford (04/2023) constate, sur les

[135] PWC, d'origine britannique, est un des leaders mondiaux du conseil et de l'audit.

[136] Goldman Sachs : banque d'investissement basée à New York. Propose du conseil en fusion/acquisition et en investissement. Célèbre par son implication dans la crise des subprimes (2010-2016).

cas étudiés, une hausse moyenne de la productivité de 14 %, grâce à l'IA. Donc des chiffres assez semblables, qui n'ont pas laissé indifférents les dirigeants et les actionnaires du monde entier, et suscité leur intérêt.

Selon le même rapport Goldman Sachs, l'IA générative allait « affecter » 300 millions d'emplois à temps plein dans le monde. Mais que veut dire affecter ? En 2021, l'Organisation de coopération et de développement économiques (OCDE) évaluait, sur 21 pays, que seuls 9 % des emplois présentaient un risque élevé de remplacement par des robots, ou des logiciels.

D'après le Fonds monétaire international, « l'IA pourrait avoir un impact sur 60 % des emplois dans les pays économiquement avancés, et seulement 26 % dans les pays à faibles revenus[137] », entraînant des suppressions d'emplois et augmentant les disparités, tant entre pays, qu'au sein de ceux-ci.

L'IA pourrait être un avantage, améliorant la productivité des employés en les libérant des tâches les plus répétitives et mécaniques, mais elle risque également de remplacer certains métiers, de réduire la demande de main-d'œuvre et d'avoir un impact sur les salaires, prévient le **FMI** dans son étude. Elle pourrait accélérer les inégalités salariales, avec un effet négatif sur les classes moyennes. Les salariés disposant d'ores et déjà de hauts revenus pourraient voir leur salaire « augmenter plus qu'à proportion » du gain de productivité que l'IA leur permettrait d'assurer.

Premières tendances

Google, UPS et Duolingo ont annoncé, début 2024, des suppressions d'emplois (qui font suite à bien d'autres, en 2023). Ces départs sont vraisemblablement liés à l'IA générative qui, sachant créer du contenu et synthétiser des données, rendrait ainsi superflus certains emplois de connaissance (knowledge workers[138]). Les dirigeants de ces trois entreprises estiment que l'IA va nécessiter la réorganisation de leurs opérations, vers plus d'efficience, tout en réduisant des emplois du haut en bas de l'organisation. D'autres entreprises ont fait part de leurs projets de suppressions de milliers d'emplois, clairement liées à l'IA. Ces annonces ont suscité des préoccupations quant à l'impact que l'IA aurait sur l'emploi. La PDG de United Parcel Service a reconnu que les licenciements massifs dans sa structure étaient en partie attribuables à l'IA, tandis que d'autres sociétés,

[137] FMI : projet de rapport pour le Forum de Davos – publié le 15 janvier 2024.

[138] « Knowledge worker » : travailleur de la connaissance : personne dont le travail consiste à développer et gérer du savoir en back-office plutôt que de produire des marchandises ou des services. Les travailleurs du savoir « pensent » pour gagner leur vie, contrairement aux travailleurs manuels qui sont payés pour effectuer des tâches physiques. Ce peut être des comptables, des ingénieurs, des architectes, des avocats, des médecins, des scientifiques, des analystes financiers, des designers.

comme BlackRock, ont annoncé des réductions d'effectifs, sans établir explicitement de lien avec l'IA[139].

« L'IA nous a obligés à le faire[140] » : c'est le nouveau discours avancé par les Big Tech pour justifier leurs récents licenciements, lesquels sont désormais présentés comme nécessaires pour rediriger les ressources vers des projets liés à l'intelligence artificielle. Au cours des deux dernières années, les géants de la tech ont licencié des centaines de milliers d'employés, dans le but d'économiser des coûts, et de réallouer les fonds financiers vers le développement d'outils d'IA, destinés à remplacer les postes vacants.

Diverses grandes entreprises, dont Amazon, BlackRock, Citigroup, et d'autres, annoncent des suppressions d'emplois dans divers secteurs tels que la technologie, la finance, la vente au détail et le divertissement. Les raisons évoquées varient, allant de la restructuration à la réduction des coûts, en passant par des changements structurels. Les suppressions touchent des géants de l'industrie comme Microsoft, PayPal, et Unity Software, indiquant un impact étendu dans le paysage professionnel mondial. Ces annonces reflètent les défis économiques et les transformations sectorielles auxquels font face ces entreprises, avec, in fine, des répercussions significatives sur l'emploi.

Les experts estiment que le nombre réel de suppressions d'emplois liées à l'IA est probablement plus élevé que les chiffres officiels annoncés.

Alors qu'IBM et d'autres entreprises ont publiquement exprimé leur intention de limiter les embauches remplaçables par l'IA, de nombreuses sociétés opèrent discrètement, en ralentissant leurs embauches, à mesure que l'IA progresse. Les décisions actuelles des entreprises façonnent l'avenir du travail avec l'IA, et la tension persiste entre les avantages de l'IA en matière de productivité, et les préoccupations croissantes concernant son impact social. On rappelle que Google justifie ses récents licenciements par la nécessité, à budget global constant, de financer la recherche en IA. Commercialisant des solutions à base d'IA, le discours était sans doute difficile à formuler. En tout cas il peut être compris à deux niveaux.

Assez inquiétant, un rapport américain de ResumeBuilder[141], qui s'est penché sur l'avenir du travail auprès de 750 chefs d'entreprise utilisant l'IA, révèle que 37 % estiment que la technologie remplacera des travailleurs en 2024, et 44 % prévoient des licenciements, en raison de l'efficacité de l'IA.

Arvind Krishna, PDG d'IBM, a déclaré lors d'une interview : « Je pense que les systèmes d'IA vont commencer à s'occuper du travail qui est répétitif par nature, du travail qui peut être automatisé. Ce n'est pas un danger [*sic !*].

[139] Developpez.com du 12 février 2024.

[140] Présentation des résultats Big Blue du 24/1/2024 : https://www.lemondeinformatique.fr/actualites/lire-ibm-depasse-les-previsions-de-croissance-du-marche-pour-2024-92779.html

[141] ResumeBuilder : outil professionnel pour établir son CV. L'éditeur publie périodiquement des analyses sur l'évolution de l'emploi.

Dans n'importe quelle grande société, le simple fait de "rassembler les informations", avant de prendre une décision administrative importante, peut être une tâche qui prend beaucoup de temps et demande beaucoup de travail, mais la vitesse et l'efficacité de l'IA signifient que ce type de travail sera probablement le premier à être automatisé », a-t-il expliqué.

Toutes ces intentions sont formulées dans un contexte social états-unien, moins protecteur, donc il est probable que l'impact sur l'emploi sera plus lissé dans les pays à forte protection sociale. Cependant, même aux USA, certains experts contestent ces perspectives, soulignant que de nombreuses organisations traditionnelles n'adopteront pas pleinement la technologie, et tâcheront de différencier leurs produits et services pour offrir des solutions innovantes, **l'homme faisant la différence**. Personnellement, je souscris à cette proposition : le déploiement de l'IA sera moins rapide que ce que les opérateurs annoncent. Effectivement, l'IA a besoin de se former sur de vastes bases de données, s'étendant sur des périodes significatives. Les activités de niche, ou de création récente, auront du mal à alimenter les moteurs d'IA. Une solution serait alors de rester en pointe en matière d'innovation, en utilisant l'IA dans la relation client, qui elle, n'est pas spécifique.

Un récent rapport de Forrester[142] suggère que l'IA, en particulier l'IA générative, ne sera probablement pas la principale technologie d'automatisation conduisant à la réduction d'un grand nombre d'emplois. Selon Forrester, l'IA générative pourrait remplacer **environ 2,4 millions d'emplois aux États-Unis d'ici 2030** et par effet domino en **influencer 11 millions d'autres**. Mais d'autres formes d'automatisation[143] entraîneront davantage de suppressions d'emplois. Le rapport met en avant le fait que les **travailleurs en col blanc**, tels que les correcteurs d'épreuves et les assistantes de recherche, seront les plus touchés par l'IA générative, tout en anticipant que cette **technologie transformera davantage d'emplois qu'elle n'en supprimera.**

Selon des professionnels, tels qu'Alex Hood d'Asana[144], l'IA peut réduire le temps consacré aux tâches secondaires, permettant aux équipes de se concentrer sur des aspects plus valorisants. Pour cela, l'IA peut regrouper et mettre en perspective tous les éléments (étayés) permettant de conduire à une décision, et ensuite laisser l'équipe décider. L'empathie, et les rapports humains, conditionnant la bonne mise en œuvre de la décision, étant aussi importants que les données conduisant à la décision. Le rapport d'Asana souligne que 29 % des tâches des employés peuvent être remplacées par l'IA,

---

[142] Forrester est un cabinet d'étude et de conseil qui analyse les enjeux business, marketing et IT : https://www.forrester.com/fr/etudes/forrester-market-insights/

[143] Sans préciser lesquelles.

[144] Asana est une entreprise qui commercialise des plateformes de travail collaboratif (voir e-book : « La valeur de la plateforme Asana », juin 2023) : https://asana.com/fr/resssources/idc-business-value-of-asana

encourageant une **approche centrée sur l'humain**, pour améliorer la collaboration et la créativité, plutôt que de simplement remplacer les individus.

À la lecture de ces rapports, la philosophie dans laquelle sera mise en place l'IA sera déterminante. Mais quelle place voudra-t-on donner à l'individu ? La notion de service offert l'emportera-t-elle sur celle de rentabilité ? Tout dépendra des produits, de la position sur le marché, et pour beaucoup de la **vision des dirigeants**.

David Autor, professeur d'économie au Massachusetts Institute of Technology (MIT) dans le journal *NOEMA*, a lui aussi un regard positif sur l'influence de l'IA sur le marché du travail. Pour lui, l'IA étendra la pertinence, la portée et la valeur de l'expertise humaine à un plus grand nombre de travailleurs. Elle pourrait rendre des tâches décisionnelles complexes, accessibles à davantage de professionnels, et pas seulement à ceux qui sont hautement spécialisés comme les médecins, les avocats, les ingénieurs logiciels et les professeurs d'université.

Alors que certains craignent la perte d'emplois, d'autres voient l'IA générative comme un apport dans l'évolution continue du travail de connaissance, sans impact sensible sur l'emploi. On remarquera que quand on questionne l'IA sur son impact prévisible sur l'emploi, seuls les aspects positifs sont avancés (voir question 4 – annexe 5), avec des réponses listant tout ce que l'IA peut apporter. Les algorithmes de régulation, visant à limiter les dérives, questionnent sur la fiabilité des réponses de l'IA[145]. Quand on lui demande quels sont les risques que l'utilisation de l'IA fait courir, ChatGPT cite cependant la perte d'emploi en premier, sans s'étendre.

Perte d'emplois : l'automatisation poussée par l'IA pourrait remplacer de nombreux emplois, en particulier ceux qui impliquent des tâches routinières et répétitives, conduisant à une augmentation du chômage et une disparité économique. *(Réponse Bing)*

Secteurs potentiellement impactés

Selon une enquête publiée en avril 2023, et réalisée par l'ESSEC Metalab for Data, Technology & Society en collaboration avec l'OCDE, 45 % des employeurs de la finance et de l'industrie utilisent déjà des outils à base d'IA

[145] Cependant on peut douter de l'objectivité des réponses. N'oublions pas que tous les systèmes d'IA intègrent des mécanismes de régulation pour garantir l'équité, éviter la discrimination et respecter les obligations légales (confidentialité, protection des données). Il semble que ces systèmes de régulation minimisent les effets négatifs potentiels de l'IA.

(et mis en place suite à des consultations avec leurs salariés et leurs représentants). L'enquête montre, en juin et décembre 2023, par secteur d'activité, la part des salariés qui utilisent l'AI générative, au moins une fois par semaine. On observe une nette augmentation au cours du second trimestre 2023[146].

L'enquête Olivier Wyman Forum Surevey[147] (cf. graphique) montre les grands domaines qui pourraient être impactés.

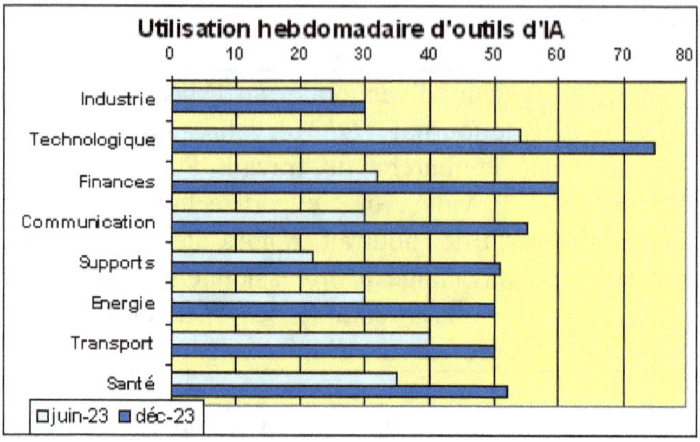

Taux déclaré d'utilisation de l'IA par secteur éco

Mais attention, le recours à un outil à base d'IA ne signifie pas suppression de poste. Voyons un exemple :

Les concepteurs de sites web Prosus[148] faisaient réaliser, il y a peu, le codage par des développeurs de logiciels (lesquels connaissaient un TOV[149] important). Aujourd'hui, les développeurs peuvent le faire eux-mêmes grâce à l'IA qui transpose directement leurs cahiers des charges en code exécutable. Pendant ce temps, les développeurs de logiciels peuvent se concentrer davantage sur la conception et le code complexe. « Cela se voit dans l'augmentation moyenne de l'ancienneté[150] ». « Avec les nouveaux outils, les ingénieurs, les développeurs de logiciels peuvent livrer les clients deux fois plus vite ». « L'un des effets secondaires est que, beaucoup de ces employés peuvent faire des choses différentes de ce que nous faisions auparavant, et se

[146] La notion d'IA peut donner à contestation. Effectivement, il semble que les systèmes experts aient été intégrés.

[147] https://www.oliverwymanforum.com/global-consumer-sentiment/how-will-ai-affect-global-economics/workforce.html

[148] Groupe mondial d'investissement dans les technologies basées aux Pays-Bas : constructeur et gestionnaire de sites web.

[149] TOV : turn over volontaire : mesure le taux des départs suite à démission.

[150] Interview d'Euro Beinat, responsable mondial de l'IA et de la science des données chez Prosus.

former, développer leurs compétences, sans avoir à chercher un autre poste dans une autre entreprise ».

Dans cet exemple (basé sur un témoignage public d'un dirigeant de Prosus), nous n'avons pas d'éléments sur les effectifs mis en jeu, à charge constante, ni sur les chiffres d'affaires. La présentation qui est faite laisse entendre que le turn-over des programmeurs aurait diminué et que l'activité aurait augmenté (doublé ?), à effectifs constants. On comprend également que le temps gagné aurait été réinvesti dans la professionnalisation des personnels.

En annexe 5, nous avons fait figurer deux exemples simples d'appel à l'IA pour générer du code, qui est tout à fait fonctionnel. Autre avantage, le code est documenté, ce qui en facilite la maintenance.

Penchons-nous sur quelques secteurs où des effets importants de l'IA sont attendus.

- Le secteur des transports. L'innovation majeure sera le véhicule autonome, même si le calendrier de son déploiement est encore incertain. Sur le plan du travail, on anticipe une diminution potentielle du nombre de chauffeurs routiers. Pour le transport des marchandises, l'arrivée des véhicules autonomes permettrait une conduite automatisée, en convoi, sur autoroute. La présence de chauffeur ne serait alors requise qu'en tête de peloton. On aurait donc moins de chauffeurs de longue distance, mais autant de chauffeurs locaux seraient sollicités pour amener les camions jusqu'à l'autoroute ou assurer les dessertes locales. On peut s'attendre aussi à des besoins de nouveaux emplois. Par exemple, les postes de contrôleurs pourraient se développer pour superviser à distance la circulation des flottes de véhicules, ou pour assurer l'accueil et la sécurité. Enfin, l'organisation du travail en centre de maintenance pourrait changer : avec une charge de travail plus prévisible, les journées pourraient être plus condensées, et peut-être aussi, plus taylorisées. Ce dernier phénomène est déjà en place pour les flottes importantes. Il pourrait toucher des entreprises plus petites.
- Dans le domaine bancaire, les chargés de clientèle ou les conseillers, qui représentent aujourd'hui un peu moins d'un cinquième des effectifs du secteur, seront largement touchés par les changements induits par l'IA. La mise en place d'outils permettant de trier et de répondre aux requêtes les plus fréquentes, et les outils avancés de recommandations personnalisées, vont entraîner une diminution du nombre de personnes face aux clients, et une augmentation de la complexité des tâches restant à traiter. Deux scénarii sont possibles :

- soit une banque en ligne, avec une petite équipe au sommet, traitant les cas complexes lui remontant, avec peu de contacts clients ;

- soit une banque où le rôle des conseillers serait renforcé, et orienté vers l'accompagnement individuel des clients.

Dans les deux scénarii, les procédures de contrôle seraient accélérées et optimisées par des IA, avec lesquelles il faudra apprendre à interagir, pour **pouvoir expliquer** les raisons des choix (comme par exemple pourquoi un crédit est refusé).

- La santé est l'un des secteurs où l'IA pourrait entraîner des transformations majeures. Elle a en effet aujourd'hui de nombreuses applications très prometteuses, sur des tâches simples ou complexes : de l'aide au diagnostic ou à la prescription, jusqu'à la robotisation de certains actes médicaux. Très rapidement, les professionnels de l'imagerie médicale seront particulièrement impactés. « Avec l'arrivée de la lecture d'image automatisée, les radiologues pourraient se concentrer sur l'interprétation des pathologies complexes, et/ou s'orienter vers la radiologie interventionnelle[151]. » « Des médecins généralistes ou urgentistes, voire des infirmières, pourraient alors utiliser ces outils, gagner ainsi du temps, et mieux orienter les patients. » « On pourrait aussi assister à une "surspécialisation" des métiers en cardiologie, renforçant ainsi une tendance déjà à l'œuvre dans cette spécialité. » « Les médecins généralistes utiliseraient des logiciels d'aide à la décision, afin d'actualiser leurs connaissances sur les meilleures pratiques/protocoles cliniques. Des assistants médicaux pourraient venir renforcer la sécurisation dans la prise de décision des propositions thérapeutiques. Les infirmières pourraient dédier davantage de temps à la préparation des hypothèses de prise en charge des patients, et réaliser un diagnostic de premier niveau. À moins que cela ne soit réalisé par des cabines de téléconsultation, faisant appel à l'IA ».
- Les responsables RH devront évoluer et se réinventer face à l'émergence du nouveau défi que pose l'IA. Leur mission sera de rechercher, encourager et développer une complémentarité « vertueuse » entre l'IA et les équipes pour tirer pleinement parti des technologies à base d'IA. Ces défis sont transversaux à tous les secteurs de l'entreprise qui seront impactés. Les DRH devront jouer un rôle d'accompagnement, pour démystifier l'IA, accompagner les expérimentations, vérifier que les glissements de tâches favoriseront la professionnalisation des acteurs humains, et que les décisions importantes resteront sous leur contrôle.

Le DRH est le seul, en entreprise, à pouvoir jouer ce rôle de médiation entre deux formes d'intelligence.

- D'abord car il y a des enjeux éthiques, sociaux et sociétaux, et qu'il en est le premier gardien dans l'entreprise.

- Ensuite, de par sa neutralité, il peut agir comme médiateur entre des prescripteurs de technologie, des chercheurs de rentabilité immédiate et des conquérants d'espaces commerciaux, en prenant en compte, à la fois les ambitions à moyen terme de l'entreprise, et la préservation de son capital humain.

---

[151] Hors-série *Courrier international* de mars 2024.

Les services des Ressources humaines des entreprises verront beaucoup de leurs tâches administratives et juridiques de base reprises par l'IA. Des solutions à base d'IA pourraient apporter un plus à celles déjà confiées à l'informatique, comme l'affinage dans le processus de sélection des CV des candidats. Actuellement, les entreprises recourent de plus en plus souvent à des outils d'intelligence artificielle pour recruter du personnel. Par exemple, en Australie, « plus de 250 logiciels commerciaux de recrutement fondés sur l'IA sont utilisés ». L'automatisation d'une partie du processus de recrutement permet une gestion rapide et efficace d'un grand nombre de candidatures, et la fonction n'a pas attendu l'IA pour le faire. Mais la sélection des candidats par une IA n'est pas sans biais. « Des recherches récentes[152] ont révélé que les demandes d'emploi évaluées par l'IA renforcent les préjugés à l'égard des femmes ou de certaines populations[153] ».

Certaines activités, comme la gestion anticipée des compétences (ou talents) ou la gestion des équipes, ne seront pas totalement « automatisables », car elles nécessitent des compétences fondamentalement sociales, humaines et, surtout, éthiques. L'identification des talents sur la base de métadonnées semble une piste intéressante. Pour l'instant ce domaine est peu documenté, et reste à explorer.

N'oublions pas la responsabilité de la RH en matière de formation (voir plus bas le chapitre enseignement).

Les relations sociales ne seraient pas impactées. Par contre, la mesure du climat de travail pourrait faire l'objet d'un suivi continu, avec la collecte de données nouvelles (ce qui pourrait poser des problèmes éthiques, sujet qui devrait être débattu en interne avec l'encadrement et les représentants du personnel).

Le rôle des RH s'orienterait vers l'accompagnement des managers, sur les mises en place de l'IA. À ce titre il devra maîtriser cette technologie, pour avoir de la crédibilité dans les recommandations qu'il sera amené à faire, dans les expérimentations des autres services.

- Enseignement. Le marché de l'e-learning a fortement progressé en 2023, dans la lignée des années précédentes. En Europe et dans le reste du monde, l'apprentissage en ligne monte en puissance, au détriment de l'enseignement en présentiel, car il est peu contraignant. Les universités et les grandes entreprises stimulent sa croissance. Une connexion Internet suffit pour accéder en toute autonomie à une formation quand on veut. Les freins à son développement restent culturels (les salariés doivent s'impliquer individuellement dans leur apprentissage) et organisationnels ou managériaux

---

[152] Selon une enquête menée chez Amazon, « l'IA privilégie les CV des hommes, au détriment de ceux des femmes » : https://www.numerama.com/tech/426774-amazon-a-du-desactiver-une-ia-qui-discriminait-les-candidatures-de-femmes-a-lembauche.html

[153] *Ibid.*

(il faut dégager du temps pour se former : sur le temps de travail ou sur le temps personnel ?).

Les IA génératives, comme les modèles de traitement du langage naturel (NLP), les outils de création de contenus multimédia et les plateformes de simulation créent une véritable révolution dans le domaine de l'enseignement, notamment grâce aux avancées suivantes :

Personnalisation de l'enseignement : Les IA pourront adapter le contenu pédagogique aux besoins et au niveau de chaque élève. Des parcours d'apprentissage personnalisés peuvent être générés pour soutenir les points forts des étudiants tout en répondant à leurs faiblesses. Il est possible de créer des **assistants pédagogiques**, alimentés par l'IA, capables de fournir une aide et des retours, en temps réels, aux stagiaires, en les aidant à comprendre les concepts (un dialogue, comme avec l'enseignant).

Création rapide de contenu : Les enseignants pourront utiliser des outils d'IA pour générer rapidement des supports de cours, des exercices, des examens et même des supports de cours personnalisés. L'IA offre déjà facilement la possibilité de créer des supports ludiques, des environnements de jeux éducatifs complexes et immersifs, qui s'adaptent aux actions et décisions des formés, rendant l'apprentissage plus adapté à certaines populations.

Possibilités d'explorer des espaces d'apprentissage virtuels : Des mondes virtuels et des simulations pourraient être générés par des IA, pour fournir des expériences pratiques dans des environnements contrôlés, par exemple, pour l'enseignement des sciences ou de l'histoire.

Augmentation de l'accessibilité : Capacité à traduire les formations dans différentes langues (y compris le langage des sourds-muets). Possibilité de fournir des interfaces adaptées aux personnels handicapés.

À noter que les nouveaux outils, s'ils simplifient le travail des formateurs, peuvent aussi contribuer à leur **formation continue**, en leur proposant des ressources et des formations personnalisées, tenant compte de leurs besoins.

En 2030, le marché mondial de l'e-learning devrait représenter plus de US$ 800 milliards (source : Globe News Wire). Les États-Unis et l'Europe représentent environ 70 % de l'activité de formation en ligne (source : SkillScouter). Enfin, il semble que le mobile learning[154] soit l'une des modalités possédant le plus de potentiel. Le marché du mobile e-learning attendrait 80 milliards de dollars en 2027, soit quatre fois plus qu'en 2020 (source : Globe News Wire).

Les dirigeants interrogés, dans le cadre de l'enquête Globe News Wire, estiment que face à l'IA, les besoins en formation concerneront 1,4 milliard de personnes, sur les 3,4 milliards que compte la population active mondiale.

[154] Possibilité de se former avec son Smartphone.

L'étude souligne également l'appétence du marché pour appréhender les soft skills des salariés. En effet, les qualifications techniques associées aux STEM (science, technologie, ingénierie et mathématiques) sont passées de la première place en 2016, à la douzième en 2023. Désormais, les dirigeants se concentrent plutôt sur des compétences de leurs équipes en agilité, gestion des priorités, en collaboration ou en communication.

- Juridique. Aujourd'hui, les professionnels du droit utilisent des systèmes experts[155] pour la gestion des dossiers et des contrats. Ce sont des logiciels qui reproduisent les règles d'analyse logiques d'un expert, dans un domaine donné. Ces outils sont utilisés sous supervision et **la responsabilité** d'un professionnel.

Les règles du droit classique peuvent parfaitement être apprises par une IA, mais leur interprétation peut se révéler hasardeuse. L'utilisation de l'IA en droit fonctionne bien, tant qu'il s'agit de faire des recherches par mots clés[156]. Cependant cela reste améliorable pour la compréhension des prompts. Par exemple, il peut confondre licéité et illicéité, ce qui peut fausser les résultats. De plus, les IA éprouvent les plus grandes difficultés à anticiper sur les évolutions de la jurisprudence (ce qui ne devrait pas surprendre).

L'utilisation de l'IA dans le champ juridique donne lieu à débats et inquiétudes[157], surtout quand on parle de justice prédictive.

Aux USA, mais aussi en Europe, on observe une tendance de réduction des équipes juridiques, avec un recours croissant aux legaltech[158]. Mais ne nous y trompons pas. Il s'agit seulement de systèmes experts, avec des fonctionnalités élargies.

Pour l'instant, les IA spécialisées sont principalement éduquées à partir de jurisprudence américaine. L'apprentissage des droits européens a commencé. Il est estimé à une dizaine d'années (selon certains, ce délai pourrait être réduit de moitié). Ce pourrait être l'occasion d'introduire un peu d'unification au sein des pays de l'UE, ce qui en retardera sans doute l'issue.

- Les équipes informatiques. Comme indiqué précédemment, les DSI subissent une forte pression des dirigeants pour introduire de l'IA dans tous les domaines. La tendance observée dans les entreprises semble être d'externaliser les besoins spécifiquement liés à l'IA. Les plus grands groupes

---

[155] Système expert : application informatique mettant en œuvre un algorithme d'analyse élaboré par un expert, contenant toutes les règles métier devant être respectées pour conduire à une conclusion. Ces règles métier intègrent les obligations réglementaires, des éléments de stratégie et l'expérience acquise par l'expert. L'algorithme est transparent et conduit à une conclusion unique à chaque ensemble de données fourni, parfaitement explicable.

[156] Cf. étude comparative du cabinet américain (basé à Paris) Latham & Watkins.

[157] Voir « Vers une ubérisation du droit » de Christiane Ferald-Schuhl : https://www.cairn.info/revue-i2d-information-donnees-et-documents-2016-1-page-9.htm

[158] Application informatique, à base d'IA ayant acquis un apprentissage juridique.

réorientent leurs départements de recherche, et essayent de développer des partenariats, pour mutualiser les coûts.

À l'intérieur des services informatiques, il semble que l'IA révolutionne le « développement, tant des applications, que des maintenances de site, ou la gestion des réseaux. Il existe désormais des outils spécialisés facilement accessibles, qui apportent un gain d'efficacité immédiat (par exemple pour le codage). Les grands projets sont sous-traités, soit à des cabinets de conseil, soit à des prestataires qui s'engagent contractuellement sur un résultat. Les publications disponibles, si elles mettent bien en avant les gains de productivité obtenus, ne mentionnent pas les coûts de l'assistance (*quel ROI ?*)[159] ».

L'IA ne se limite pas à la mise en œuvre d'un nouvel outil ou d'une nouvelle application à des fins d'efficacité ; « il s'agit également d'analyser l'impact qu'elle peut avoir sur l'ensemble de l'entreprise », ce que les cabinets spécialisés prétendent bien savoir faire.

« La nouveauté et l'incertitude des conséquences font de l'adoption de l'IA un défi beaucoup plus complexe pour les DSI, que la plupart des percées technologiques précédentes ».

Vitesse d'implantation de l'IA ?

Pour le Fonds monétaire international, les emplois les plus sécurisés sont ceux qui ont une forte **complémentarité** avec l'intelligence artificielle. Il s'agit des postes à responsabilité élevée, notamment les ingénieurs, les chirurgiens, les avocats et les juges. Parmi les emplois les plus exposés, ceux avec une faible complémentarité sont entre autres les administratifs, les vendeurs et les artistes. Pour ces derniers, le mécanisme de remplacement est déjà en œuvre.

En réponse au communiqué du FMI, le **MIT**[160] estime qu'aujourd'hui le coût de développement et de déploiement de l'IA aura un impact beaucoup plus lissé sur l'emploi, « le grand remplacement des emplois par des IA se heurte aux coûts de développement et d'éducation puis de déploiement des systèmes IA » **souvent non pris en compte**.

Les chercheurs du MIT ont mené une étude montrant que dans la plupart des emplois aux États-Unis, le recours à du personnel humain coûte encore beaucoup moins cher que l'IA. « Aux coûts actuels, les entreprises

[159] ROI : Retour sur investissement.

[160] Le monde informatique. Prasanth Aby Thomas, IDG NS (adapté par Jean Elyan), publié le 24 janvier 2024 : https://www.lemondeinformatique.fr/actualites/lire-pour-la-plupart-des-emplois-l-ia-reste-plus-chere-que-l-humain-92766.html

américaines choisiraient de ne pas automatiser la plupart des tâches d'analyse avec de l'IA. Sur la base des salaires versés aux employés pour ce travail, seules 23 % d'entre elles seraient intéressantes à automatiser ». Les rédacteurs du rapport ont développé un modèle pour calculer les coûts associés à la construction de systèmes d'IA capables d'atteindre les performances attendues (robustesse et fiabilité), une étape cruciale étant donné que les systèmes très précis peuvent engendrer des dépenses importantes. Enfin, ils ont évalué l'intérêt économique de l'adoption de l'IA.

Ce rapport conforte l'analyse du FMI (qui indique que l'IA pourrait affecter jusqu'à 40 % des emplois dans le monde). Cependant, à terme, les chercheurs du MIT n'excluent pas que l'IA finisse par prendre le pas sur les emplois humains. À plusieurs conditions. La première est que les coûts de déploiement de la technologie diminuent. Second prérequis, l'existence d'offre PaaS[161] dédiée à l'IA pour offrir une économie d'échelle aux entreprises. En conséquence, le rapport estime que la **suppression des emplois liés à l'IA serait plus lente que prévu**.

D'une façon générale, l'IA pourrait favoriser à la fois un renforcement des besoins de spécialisation, et le développement de statuts de « généralistes », ou au contraire remplacer ces derniers par des systèmes autonomes. Les secteurs bancaire ou médical illustrent bien cet aspect : il est nécessaire d'avoir des employés spécialisés pour répondre aux demandes les plus complexes, non traitées par l'IA. Mais faut-il dans le même temps avoir des employés pour accueillir et orienter les clients/patients ?

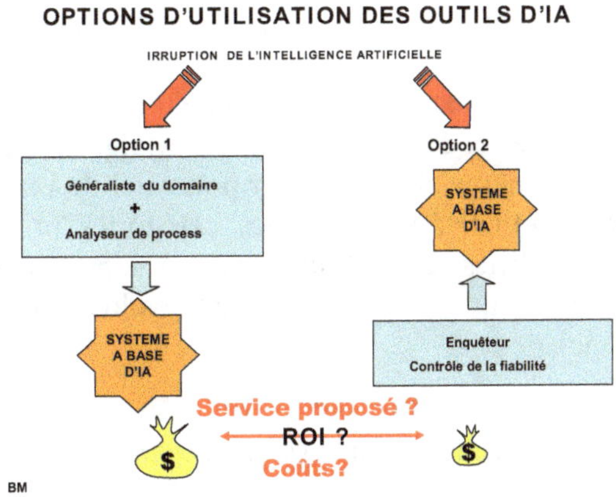

Option d'implantation d'outils d'IA

Le choix risque fort d'être économique. Le client/patient **devrait en toute logique participer au choix**.

---

[161] PaaS : Platform as a Service est un environnement informatique complet dans le Cloud, qui permet d'exploiter localement des applications louées auprès d'un fournisseur de service Cloud. La location comprend les serveurs, le stockage, les composants réseau, les outils de développement, les services de gestion et de mise à jour.

Mais comment impliquer le client/patient dans un processus apaisé de choix ? Et le souhaite-t-il ? Dans le domaine bancaire, le client est-il prêt à payer des frais de tenue de compte pour avoir un(e) interlocuteur(trice) quand il va à son agence ? Inversement dans le domaine médical, est-il prêt à accepter un système totalement déshumanisé ?

Impact sur les niveaux hiérarchiques

Une étude d'Oliver Wyman[162], de janvier 2024, prévoit que l'adoption croissante de l'IA entraînera probablement une **reconfiguration des niveaux de gestion**. Les travailleurs débutants risquent d'être les premiers touchés par l'automatisation d'une partie croissante de leurs tâches. Nous avons vu que cela peut avoir un effet positif : une professionnalisation accélérée, et une rentabilité rapide. Pour une grande partie, ils pourraient cependant être totalement remplacés par l'IA. Ceux qui resteront verraient leur fonction évoluer vers des postes[163] de gestion de premier niveau, grâce à l'appui de l'IA. Cette étude paraît curieuse au vu de quelques constats sur le terrain[164].

Il est aussi très inquiétant que les premiers impactés soient ceux inexpérimentés. Comment avoir des travailleurs expérimentés dans 10 ans si les inexpérimentés d'aujourd'hui ne trouvent pas d'emploi ?

L'étude de l'Institute for Business Value d'IBM et Oxford Economic[165] montre les perceptions de l'impact de l'IA, sur différentes fonctions. Les réponses d'environ **3 000 cadres dirigeants**, exerçant dans 20 secteurs d'activité, et 28 économies mondiales les plus avancées, ont été analysées entre décembre 2022 et janvier 2023. Selon les résultats, une grande majorité des répondants, soit 87 %, reconnaissent qu'une reconversion de leurs équipes sera nécessaire sous l'effet des IA génératives. Malgré cela, seules 28 % des personnes interrogées ont évalué **l'impact potentiel de ces technologies** sur leur main-d'œuvre actuelle. Du côté des catégories professionnelles, les emplois les moins qualifiés seraient plus concernés, par une **remise à niveau de leurs compétences** que la population des cadres, pour faire face à la montée en puissance de l'IA.

162 https://www.forbes.fr/business/ia-et-productivite-au-travail-les-cadres-supérieurs-sont-encore-dubitatifs/

163 Une étude sur l'apport de l'IA perçu par les intéressés montre que les nouveaux entrants sont rassurés et maîtrisent plus vite leur poste.

164 Cette étude semble porter sur le domaine bancaire. Je note 1- les anciens rechignent à utiliser les nouveaux outils au contraire des nouveaux. 2- Quand les outils sont correctement éduqués, les nouveaux sont aussi productifs, voire plus que les anciens. Par contre, ils sont moins attachés à l'entreprise. S'il doit y avoir réduction des effectifs, ce serait les plus anciens (les plus rémunérés aussi) qui pourraient en pâtir.

165 Panel 2 984 personnes : https://www.lemondeinformatique.fr/actualites/lire-l-ia-forcera-les-salaries-a-revoir-leurs-competences-d-ici-a-2025-91321.html

L'étude montre un impact à tous les niveaux hiérarchiques, particulièrement marqué aux niveaux encadrement moyen et 1er niveau (affaissement de la pyramide touchant les moins expérimentés) et bien sûr au niveau exécution. Encadrement supérieur et direction, s'ils se disent peu concernés directement, ont une vision très biaisée de l'IA.

La baisse envisagée des encadrants les moins expérimentés (et les moins anciens) pourrait poser un problème de renouvellement à terme (sujet non évoqué). Visiblement la réflexion a été axée sur des objectifs à court terme.

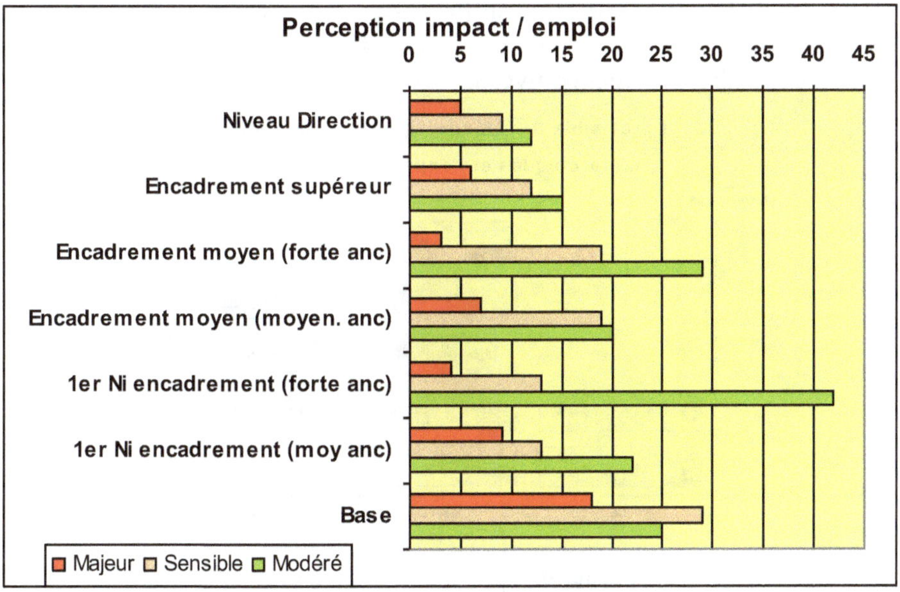

Impact de l'IA/emploi par niveau hiérarchique

L'étude souligne aussi l'appétence des entreprises pour les soft skills (compétences comportementales[166] et relationnelles) au détriment des qualifications techniques associées aux STEM (science, technologie, ingénierie et mathématiques), sujet que nous avons déjà rencontré, en parlant de l'enseignement.

Les applications d'IA des mégadonnées sont susceptibles d'avoir des conséquences pour les **cols blancs**. Ceci signifie que l'IA pourrait avoir un impact au sein des équipes de direction. Dans les domaines où la prise de décision est cruciale, comme la finance, la relation client ou la santé, l'IA peut analyser de grandes quantités de données, pour aider à prendre des décisions plus éclairées et plus précises. À l'ère du big data, ce peut être un atout majeur, que ce soit pour comprendre les tendances du marché, prédire le

[166] Soft skills : nous citons pour mémoire : adaptabilité, intelligence émotionnelle, communication, agilité, curiosité, assertivité, reconnaître ses erreurs, prise de décision, force de proposition.

comportement des clients ou aider à la recherche scientifique. L'IA peut trouver des typologies et des tendances dans les données, que les humains auraient du mal à percevoir.

Dans la finance, l'IA peut aider à détecter les fraudes, à analyser les tendances du marché et à optimiser les stratégies d'investissement.

Selon l'analyse Wyman (citée précédemment), l'effet en cascade pourrait compacter les niveaux d'encadrement, celui intermédiaire pourrait connaître un effondrement. Ce mouvement pourrait gagner jusqu'aux postes de direction. Plus de la moitié des cadres supérieurs en col blanc interrogés dans le cadre de l'étude ont déclaré qu'ils pensaient que leurs emplois pourraient être automatisés par l'IA générative, contre 43 % des cadres intermédiaires, et 38 % des cadres de premier niveau.

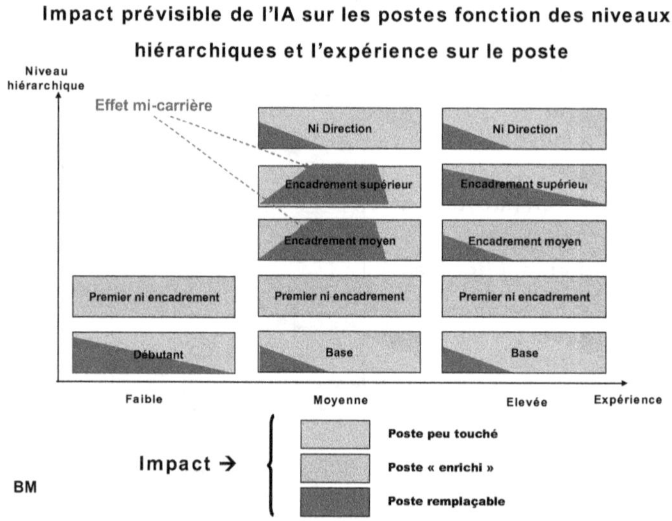

Impact de l'IA selon niveaux et expérience

Néanmoins, les chefs d'entreprise de tous secteurs disent qu'ils s'attendent à ce que la nouvelle technologie augmente et élève certains rôles de cols blancs, donnant aux employés et aux gestionnaires les moyens de faire un travail plus significatif – à la fois pour leurs entreprises et pour leurs carrières (employabilité).

LaborIA, un laboratoire de recherche dédiée à l'intelligence artificielle, créé par le ministère du Travail, du Plein Emploi et de l'Insertion et l'Inria en novembre 2021, s'est fixé comme objectif d'analyser les impacts de l'intelligence artificielle (IA) sur le travail, les travailleurs, l'emploi et les compétences. Le laboratoire a publié fin 2023 les premiers résultats[167] d'une enquête qualitative sur le déploiement de l'IA dans les organisations. Cette étude a été réalisée dans le cadre du LaborIA-Explorer, une première zone

[167] https://travail-emploi.gouv.fr>enquete_laboria

d'expérimentation portée par le LaborIA et opérée par l'institut Matrice. Voilà ses conclusions.

- Les métiers manuels échappent en premier à l'arrivée de l'intelligence artificielle. A priori, ils apparaissent comme moins facilement remplaçables par une IA.
- Les métiers du numérique et du web ainsi que les professions aux tâches répétitives sont les plus menacés par les machines intelligentes.
- Métiers du STEM[168] (bascule du hard skills au soft skills).
- La menace concerne aussi particulièrement les métiers de rédaction, de communication et même de graphisme comme le prouvent certains robots capables de générer des images à partir de mots clés.

L'IA est capable d'accomplir des tâches complexes à partir du moment où elles sont fondées sur des règles et des normes prédéterminées. Dans le secteur bancaire par exemple, un chatbot sera en mesure de conseiller un client uniquement selon des règles de décisions prédéterminées par un humain. Dans le secteur de la santé, un logiciel d'aide à la décision pourra diagnostiquer des pathologies, très ciblées, comme certaines tumeurs, mais ne pourra pas gérer toute la complexité liée, notamment, à la prise en charge globale d'un patient qui nécessite la mobilisation d'autres compétences (capacité à écouter, à faire preuve d'empathie).

Les nouveaux emplois ?

Outre un besoin accru de spécialistes en IA, de mathématiciens et d'experts du big data, d'ingénieurs en robotique, l'arrivée d'outils à base d'IA devrait amener la création de nouveaux postes spécialisés.

- Psychothérapeute d'IA

Les entreprises de la finance qui s'appuient sur l'IA pour faire des prévisions et prendre des décisions auront besoin de personnel capable d'expliciter les mécanismes de la pensée d'un modèle. Contrairement à un logiciel classique, la logique qui sous-tend des applications comme ChatGPT est en général opaque. Cela ne pose pas de problème lorsqu'il s'agit de générer une recette de cuisine ou un poème. Mais ce n'est pas suffisant quand il faut apprécier une demande de crédit ou optimiser un portefeuille d'investissements. Les clients voudront connaître les raisons du rejet de leur demande de prêt. Les régulateurs bancaires auront besoin d'avoir des explications sur certaines décisions.

Pour les entreprises, en matière d'intelligence artificielle, tout sera question d'« explicabilité ». Les psychothérapeutes de l'IA se pencheront sur l'éducation reçue par un modèle, à la recherche de la moindre erreur ou source de biais dans les données ayant servi à son entraînement.

[168] STEM science, technologie, ingénierie et mathématiques.

Si l'on parvient à comprendre le raisonnement d'une IA, on n'aura fait que la moitié du chemin, prévient Alexey Surkov, associé de Deloitte & Touche. L'autre moitié consistera à valider l'aptitude mentale du modèle pour l'accomplissement de la tâche qui lui est confiée, c'est-à-dire savoir comment rédiger la requête, pour qu'elle soit parfaitement comprise par un système d'IA comme ChatGPT.

- Ingénieur de requête (prompt engineer)

Le prompt est un court texte (écrit ou oral) qui demande à une IA de faire une recherche ou de créer une image ou un texte. La rédaction du prompt nécessite une parfaite connaissance de l'outil, et de ses réactions, mais aussi une bonne connaissance du domaine exploré. Le prompt engineer est un traducteur entre une demande professionnelle et l'IA. Il doit être capable d'évaluer la pertinence du livrable.

Au lieu d'utiliser des langages de programmation informatiques abscons comme Python ou Java, les ingénieurs de requête donnent leurs instructions aux systèmes d'IA dans leur langage courant afin qu'ils apportent une réponse précise, à un client par exemple, via un chat ou un chatbot. C'est ce que fait la nouvelle génération d'ingénieurs du fabricant de logiciels juridiques Casetext[169]. Son directeur général explique qu'il recrute des ingénieurs de requête, ayant pour mission d'accroître les capacités du chatbot, en lui inculquant un millier de mots nouveaux, pour lui permettre de traiter différentes tâches juridiques. Dans la pratique, un ingénieur de requête précise le niveau d'expertise demandé pour la rédaction d'un mémo juridique : « Votre objectif est de faire en sorte que le mémo témoigne d'un niveau de perception, de nuance et d'attention aux détails identique à celui qu'on attend d'un juge de cour d'appel rédigeant un avis juridique. » Pour Jake Heller, les meilleurs ingénieurs de requête sont bien souvent d'excellents directeurs des services techniques, doués de pédagogie. Sauf qu'au lieu de gérer des employés, « ils gèrent des IA ». Un nouveau métier, à cheval sur la programmation et le management, qui va se développer, tant dans les forgeries d'IA, que chez les utilisateurs.

- Développeurs de LLM (ou formateurs d'IA)

Les grands modèles de langage (LLM) comme GPT d'OpenAI ou LaMDA de Google sont entraînés à partir d'énormes quantités de données extraites d'Internet. Mais dans certains domaines, les données accessibles ne sont pas suffisamment nombreuses pour que l'IA puisse apprendre. Ainsi, dans le secteur financier, ces LLM sont trop généralistes et nécessitent une formation plus pointue. Des développeurs spécialisés sont appelés à y remédier en présentant aux modèles de nouveaux mots clés (qualification) qui leur permettront de mieux assumer certaines fonctions, comme analyser un bilan, remplir certaines déclarations. Il est vraisemblable qu'un petit nombre

[169] Casetext est une plateforme collaborative spécialisée dans le domaine juridique. Donne des avis, permet de rédiger des contrats. Casetext a été racheté par Thomson Reuters.

d'entreprises, sans doute des cabinets de conseil, vont développer de tels modèles, en liaison avec des institutions financières, modèles qui seront ensuite repris par leurs clients (sans doute commercialisés), pour les adapter à leurs propres besoins. Ces développeurs concevront le programme de cet entraînement en choisissant de nouvelles données, souvent tenues secrètes, à soumettre aux modèles. Ils les habitueront au jargon technique et à la signification financière de termes comme « intérêt » ou « cash flow[170] » ou « EBITDA[171] » en qualifiant certaines données, en adressant des prompts suivis de commentaires constructifs sur leurs réponses.

« Les LLM sont un peu comme les nouveaux diplômés de l'université que l'on vient d'embaucher. Pour être utiles ils doivent recevoir une formation plus spécialisée ».

- Coaches en formation ou formateurs en IA ou « requalificateur » (à ne pas confondre avec les formateurs d'IA)

Un nouveau type d'enseignants, spécialistes de la « requalification » (l'acquisition de nouvelles compétences assistée par l'IA), sera – est déjà – nécessaire. Selon Stephen Messer, cofondateur d'une plateforme de deep learning qui fournit des prévisions de revenus et de croissance : « Mais, grâce à l'IA, je pense que les enseignants sont sur le point de connaître une véritable révolution. » Les formateurs chargés de la « requalification » devront identifier les compétences dont les organisations auront besoin au fur et à mesure que la technologie progresse. Avec l'accroissement des capacités de l'IA à prendre en charge des tâches effectuées pour l'instant par des humains, ceux-ci seront contraints d'améliorer leurs connaissances s'ils veulent rester employables. Un nouveau type d'enseignants, spécialistes de l'acquisition de nouvelles compétences, pourrait voir le jour, comme il y a quelques années certains formateurs ont initié à la micro-informatique ou à l'utilisation des tableurs (Visicalc, Lotus, Multiplan, puis Excel).

Ces formateurs en IA devront être des professionnels d'un domaine avec une vision large. Ceux de la vente devront savoir développer et gérer un site web, ceux du marketing devront intégrer la conception graphique, ceux des RH devront acquérir de bonnes notions juridiques et financières.

- Analyseur de process en IA

Les entreprises de la finance qui s'appuient sur FIA[172] pour faire des prévisions et prendre des décisions comme noter une demande de crédit, optimiser un portefeuille d'investissements ou prévoir un solde de liquidités. Elles auront besoin de connaître les raisons des recommandations, d'avoir des explications sur certaines décisions.

---

170 Cash flow : mesure de la trésorerie. Sensiblement la différence entre les encaissements et les décaissements.

171 EBITDA : bénéfices avant intérêts, impôts et amortissements.

172 FIA : Fonds d'investissement alternatif régi par la directive européenne (AIFM).

Pour les entreprises, en matière d'intelligence artificielle, tout est question d'explicabilité. Effectivement, contrairement à un logiciel classique, la logique qui sous-tend des applications comme ChatGPT est en général opaque. On sait que dans certains cas, l'IA « hallucine » avec une certitude qui lui permet de confirmer ses réponses. Il est évident qu'il faudra valider l'aptitude mentale du modèle pour l'accomplissement des tâches qui lui sont confiées, pour savoir jusqu'à quel point on peut lui faire confiance.

- Enquêteurs (débusquage des données erronées)

Ce poste analyse les résultats fournis par IA, généralement en faisant appel à d'autres outils d'IA pour vérifier la pertinence des livrables. En cas d'écart important il recherchera les causes possibles, ce qui l'amènera à corriger des data erronés, ou rajouter des instructions dans les algorithmes de choix. Par exemple, il veillera à l'absence de biais en procédant à des tests. Son travail se concrétise par un taux de fiabilité de l'outil (qui pourra être variable selon les domaines de requête).

Cependant, il ne faut pas oublier qu'il y aura aussi besoin de spécialistes, capables de se pencher sur les problèmes d'éthique, de langage, de dialogue humain/machine, de sécurité, de pilotage du changement, mais ce ne sont pas des postes nouveaux au sens strict.

Quelle stratégie adopter pour une intégration réussie de l'IA ?

Commençons par faire une synthèse en douze points de ce qui précède.

1/ Les IA génératives **ne relèvent pas vraiment de l'intelligence**. Il s'agit plutôt d'une forme d'extrapolation d'analyses probabilistes, fondée sur une énorme base documentaire. Comme le résument certains, c'est un « correcteur automatique sous stéroïdes » doté d'une certaine **capacité à apprendre** de ses erreurs.

2/ L'IA permet la résolution de problèmes complexes, mélangeant traitement d'image, recherche d'optima grâce aux possibilités offertes par le « machine learning ». L'IA peut désormais intervenir sur des tâches plus complexes, comme le contrôle de pièces dans un processus de fabrication, le diagnostic médical, ce qui **permet d'économiser des ressources et d'augmenter la productivité**.

3/ Les investissements croissants dans l'IA coïncident avec les **vagues de licenciements** observés, ce qui est de mauvais augure pour l'avenir. Certains emplois sont déjà perdus directement en raison de l'IA, tandis que d'autres entreprises anticipent des réductions d'embauches futures, en misant sur l'efficacité attendue de l'IA. Cependant, l'irruption de l'IA pourrait être plus lente que ce qui est espéré.

4/ Comme les NTIC, l'IA impactera les **postes à faible VA** actuellement tenus par des personnes à faibles compétences. Ce mouvement serait en partie compensé par l'irruption de postes nouveaux à plus grande valeur ajoutée, sans doute en nombres inférieurs. Difficile d'anticiper globalement les variations de la masse salariale, chaque cas étant particulier.

5/ Les récentes annonces de suppression de postes montrent que l'IA menace désormais les emplois en **cols blancs**, touchant même des **cadres supérieurs**. Contrairement aux automatisations antérieures, l'IA générative peut créer du contenu et synthétiser des idées, remplaçant potentiellement des « Knowledge worker ». Des cadres à hauts revenus pourraient devoir se reconvertir vers des postes moins prestigieux et sans doute moins rémunérés.

6/ Des études anticipent que l'adoption croissante de l'IA pourrait remodeler les hiérarchies de gestion, affectant potentiellement les emplois **de milieu de carrière** (explicable par la volonté de réduire la masse salariale, tout en conservant l'expérience des anciens, en prévoyant aussi leur succession).

7/ Les entreprises ne se contentent pas de réduire leurs effectifs grâce à l'IA, elles **restructurent** également leurs opérations pour intégrer plus profondément les nouvelles technologies.

8/ Une des capacités de l'IA serait de pouvoir assurer une **meilleure coordination** entre des unités de travail asynchrones et dispersées, travaillant souvent en silos. Cette caractéristique est importante dans un univers concurrentiel, qui évolue très vite.

9/ Si l'IA conduit à une meilleure efficacité, elle se traduira vraisemblablement aussi par une **intensification des charges** individuelles, entraînant un plus grand isolement des travailleurs.

10/ Malgré tout ce qui est affirmé partout, « le remplacement de la main-d'œuvre **ne sera pas brutal, mais progressif** ». Le document du MIT fait remarquer, à juste raison, que la majorité des précédents rapports sur l'impact de l'IA sur l'emploi, manquait de clarté quant au calendrier spécifique et à l'ampleur de l'automatisation. Cette ambiguïté est due au fait que, souvent, ces prédictions n'abordent ni la question de la faisabilité technique directe, ni celle de la praticité économique des systèmes d'IA, mais qu'elles s'appuient sur une analyse comparative des tâches par rapport aux capacités de l'IA pour suggérer un potentiel d'automatisation, sans tenir compte de son acceptabilité sociale.

11/ De nombreuses voix, et des expérimentations[173] le prouvent, estiment également que l'IA pourrait enrichir certains postes en permettant à leurs titulaires de se concentrer sur des tâches à plus grande valeur ajoutée. Encore faut-il **le vouloir en haut lieu**. Ce sujet est peu documenté.

---

[173] Des entreprises telles que Prosus (exploitation de plateformes globales Internet) et Chemours (société chimique américaine) ont déjà constaté des effets positifs, où l'automatisation libère du temps pour des tâches plus complexes et valoriserait l'expérience et l'ancienneté des employés.

12/ Aujourd'hui, l'IA n'est donc pas une technologie autonome, capable de penser par elle-même et de faire preuve d'imagination et de créativité. Ces compétences sont **fondamentalement sociales et propres à l'humain**.

Dans le cadre de l'enquête Globe News Wire, en moyenne, 87 % des cadres estiment que leurs salariés seront amenés à **monter en compétences, plutôt que d'être remplacés par l'IA générative**. Si ce chiffre est proche des trois quarts dans le marketing (73 %) et le service à la clientèle (77 %), il dépasse les 90 % dans les achats (97 %), le risque et la conformité (93 %) et la finance (93 %).

Un partenariat homme-IA est-il possible ?

Qui oserait contester que l'intelligence artificielle puisse aujourd'hui être porteuse d'applications ? Si l'IA cristallise autant de débats, c'est qu'aujourd'hui, aux fantasmes s'est superposée la crainte de perdre son emploi. Désormais, nous sommes tous potentiellement concernés. Nous sommes passés de l'effet d'autruche à celui de la validation subjective.

Nous sommes dans une situation manichéenne, qui conduit à penser perdue d'avance toute tentative de dépasser **LE** supposé clivage, entre humains et IA.

Certains considèrent que, puisqu'une IA a la capacité à s'auto-améliorer récursivement, elle pourrait relativement vite atteindre la « super intelligence[174] » dépassant celle de l'homme. Empiriquement, des exemples comme AlphaZero[175] (aux échecs) ou MuZero (aux jeux de go et aux échecs) montrent que les systèmes d'IA peuvent parfois passer, en très peu de temps, d'un niveau à peu près humain, à un niveau largement surhumain[176]. Il faut en être conscient, sans pour autant paniquer.

Dans certains domaines, l'IA peut être plus performante que l'homme.

[174] MuZero, programme informatique à base d'IA, développé par DeepMind (groupe Google), capable d'apprendre des jeux variés (jeux de société, jeux vidéo) sans en connaître au départ les règles. Son apprentissage est guidé par des réponses « mouvement autorisé » ou « mouvement interdit ».

[175] AlphaZero et MuZero sont deux applications Google, à base d'IA, spécialisées, et qui ont tenu en échec les meilleurs joueurs du monde. Magnus Carlson dit avoir changé son jeu et adopté les méthodes d'AlphaZero.

[176] En 2016, AlphaGo, une machine conçue par DeepMind, filiale britannique de Google, triompha de l'un des meilleurs joueurs de go au monde, le Coréen Lee Sedol.

Intelligence humaine		Intelligence artificielle	
+ +	Analyse de petites quantités d'information	- -	Analyse de petites quantités d'information
-	Analyse de grandes quantités d'information	+ +	Analyse de grandes quantités d'information
-	Apprentissage lent et limité	+ +	Apprentissage rapide et à priori infini
-	Phénomène de fatigue	+ +	Fonctionnement en continu
-	Troubles d'attention	+ +	Fonctionnement en continu
		-	Risque d'hallucination = RISQUE
+/-	Mémoire humaine (ancienne)	+/-	Données ayant servi à l'apprentissage
+	Ethique	-	Ethique
+/-	Sentiments, émotions		
-	Subjectivité	+/-	Biais d'apprentisage
+/-	Rationalité apparente	+/-	Approche statistique
+/-	Réflexion inductive	+/-	Approche statistique
+ +	Créativité pure	+	Créativité en fonction de l'apprentissage
-	Temps d'analyse	+ +	Rapidité
+	Processus explicable	- -	Processus opaque
+	Capacité à appréhender le risque	+/-	Capacité à appréhender le risque selon apprentissage
+ +	Capacité à appréhender le contexte	-	Capacité à appréhender le contexte

Intelligence humaine vs artificielle

On voit sur les six premières lignes de ce tableau le partage qui se profile entre intelligence artificielle et intelligence humaine. Pour tout ce qui est traitement de gros volumes, l'IA l'emporte sur l'humain, surtout s'il s'agit de tâches faisant appel à peu de réflexion : les tâches peu qualifiées (cf. le biais du nombre magique).

L'IA engendre beaucoup de craintes, notamment parce qu'elle permet de manière accrue d'autonomiser certaines tâches, jouant ainsi un rôle majeur dans les mutations du travail. On parle d'une technologie, qui pourrait se substituer au travail humain, et même faire disparaître le travail ou, à tout le moins, le raréfier. Mais ce qui va jouer sur les mutations du travail, ce n'est pas tant l'existence de l'IA ou ses progrès, **que la manière dont elle sera déployée dans les organisations**. En matière de technologie et de travail en général, il n'y a pas de fatalisme, mais des choix et des orientations stratégiques, portés par les dirigeants d'organisations, publiques comme privées, dans un contexte spécifique (économique, social, technologique, démographique). C'est la combinaison de tous ces facteurs qui détermine en grande partie les effets et les usages d'une technologie nouvelle sur le travail, que ce soit au niveau des pratiques, du contenu, des conditions ou encore des relations entre collègues, ou avec des clients ou usagers.

Aujourd'hui, ce qui sera déterminant sera la façon dont les entreprises décideront d'utiliser l'IA. Vont-elles adopter cette technologie pour réduire au maximum leur effectif, ou l'utiliser au contraire pour accroître leur capital d'expertise humaine et informatique ?

Le critère de la fiabilité

La première donnée à prendre en compte serait la **fiabilité des réponses** de l'IA. Ainsi, Microsoft propose un score de confiance pour QnA Maker[177]. Celui-ci indique la probabilité que la recommandation corresponde à la demande de l'utilisateur. Ce score peut varier de 0 à 100, ce dernier correspondant à une correspondance exacte (chiffres à interpréter comme des pourcentages). Cette notion a pour objectif de conforter la confiance des utilisateurs, dans une IA qui fonctionne dans une logique probabiliste. La démarche de Microsoft consiste à afficher un taux interne, calculé à partir des probabilités reliant tous les liens de probabilité. Si l'information est intéressante, concernant l'ampleur des sources consultées et leurs corrélations avec la demande initiale du prompt, les entreprises veulent avoir des taux de fiabilité mesurés et validés sur des résultats d'enquête. On rappelle que, si 77 % des entreprises US déclarent se tourner vers l'IA[178], seules 35 % disent l'utiliser de manière opérationnelle. Nous avons vu qu'aux USA, des postes nouveaux d'« enquêteurs » ont été créés dont la mission consiste justement à établir des taux de fiabilisation des recommandations de l'IA, en fonction des domaines traités, les Proofs of Concept[179] (PoC). Il semblerait qu'en 2023, seulement 20 % des IA aient passé l'étape de validation (ce qui rejoint sensiblement les chiffres IBM déjà cités).

Supposons le sujet du PoC réglé. Le fait de se pencher sur la fiabilisation de l'outil permet-il de mieux appréhender objectivement le partage des tâches entre IA et humains ?

Dès que la fiabilité de l'outil est importante, on peut prétendre que l'intervention humaine n'est quasiment plus nécessaire (si l'on exclut la vérification continuelle du PoC). Doit-on pour autant automatiser tous les emplois, y compris « ceux qui sont gratifiants », par exemple ceux qui nous donnent un sentiment d'accomplissement ? De quoi faire écho à une question simple, posée il y a plusieurs semaines par Susie Alegre, une auteure britannique victime d'un plagiat : « Pourquoi ne pas utiliser l'IA seulement pour remplacer les choses que nous n'aimons pas faire[180] ? » Sa question n'a pas reçu de réponse.

Quand la fiabilité tombe en dessous d'un certain seuil (fixé en fonction du risque d'erreur accepté), on peut aussi conclure que l'outil ne se justifie plus. L'homme redevient indispensable.

---

177 Logiciel en cloud, permettant facilement de créer une couche conversationnelle sur des données existantes.

178 IBM's Global AI Adoption Index 2022. Annual report.

179 PoC cf. "4 Reasons for Artificial Artificial Intelligence Project Failure in 2003" Dilmegani Cern.

180 https://www.01net.com/actualites/cessons-de-travailler-sur-lia-pendant-six-mois-ce-moratoire-inattendu-demande-par-le-secteur-de-lia.html

Entre ces deux seuils, on peut imaginer un travail collaboratif humains/IA, dans lequel s'établirait un dialogue entre les deux pour trouver les meilleures solutions, donc les plus fiables. Cela permettrait un petit gain de créativité et de fiabilité, que l'IA pourrait ingérer dans son apprentissage, décalant ainsi vers le bas le seuil de collaboration.

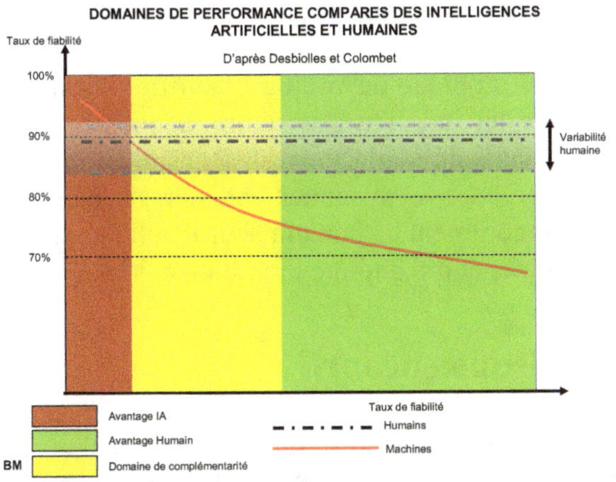

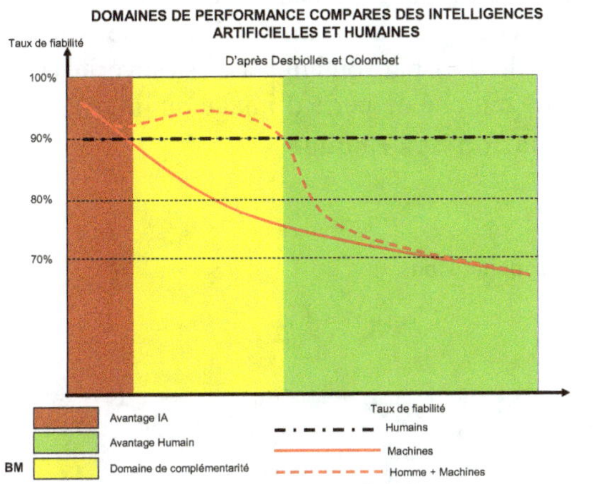

Approche par la fiabilité

Cette phase correspond à ce que les spécialistes désignent sous le vocable d'intelligence augmentée (« augmented intelligence »). Cette complémentarité des rôles entre l'intelligence humaine et l'IA défend l'idée que l'IA cognitive est là pour amplifier l'intelligence humaine et non la remplacer. C'est sûrement un argument marketing fort pour apaiser les craintes, mais ce chapitre est fort peu documenté.

Si cette approche est satisfaisante sur le plan rationnel, elle semble malheureusement peu réaliste pour trois raisons :

1/ La vraie fiabilité n'est pas celle que mesure Microsoft en termes de probabilité d'avoir « La » bonne solution selon le nombre de références sources utilisées. La vraie fiabilité se mesure a posteriori. C'est ce que font les banques pour connaître la fiabilité de leurs IA de détection de chèques falsifiés. Nous n'avons pas de données certaines concernant la fiabilité a priori de l'IA.

2/ Sachant qu'une IA est en apprentissage permanent, une injection de contenus faux pourrait avoir un impact rapide sur la qualité de son travail, donc son éventuelle fiabilité serait variable. Sa capacité à s'améliorer conduit au même résultat.

3/ Il est tout aussi utopique de vouloir quantifier la fiabilité de l'homme. Elle varie bien sûr d'un individu à un autre, et même dans le temps pour chacun d'entre eux (ceux du matin, certains à la suite d'un bon repas…).

Si on peut comprendre le raisonnement, il reste théorique et n'est pas opérationnel. Et puis comment un humain peut-il collaborer honnêtement avec un système qu'il forme, et qui à terme prendra son job ?

Le critère du risque encouru

Un autre critère serait le risque que l'on accepte de prendre, ce qui répondrait partiellement au point précédent. La vulnérabilité au risque est le produit de sa probabilité d'occurrence (risque de survenance dans un « horizon de temps » donné), par son impact ou sa sévérité (mesurée en termes financiers ou parts de marché ou perte d'image ou litiges).

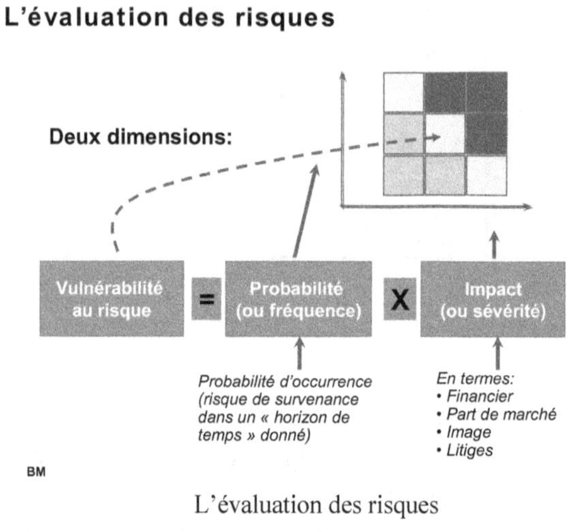

L'évaluation des risques

Sachant qu'un système d'IA n'est pas parfaitement fiable et qu'il peut lui arriver de se tromper, la vraie question est « Quel type de risque suis-je prêt à assumer ? ». La question qui suit est « Comment puis-je limiter ces risques ? ».

La réponse à la seconde question tient en six points :

1/ Inventorier les domaines où une IA pourrait avoir une conséquence importante.

2/ Définir les niveaux de risques acceptables.

3/ Adapter les algorithmes pour réduire les risques.

4/ Adapter les algorithmes pour émettre une alerte quand certains facteurs de risque sont réunis.

5/ Mettre en place des moyens de contrôle humain, non limités aux fiches d'alerte, pour mesurer le niveau de risque.

6/ Suivre et évaluer. Éventuellement revenir sur les réglages des paramètres.

Dans ce qui précède, on voit la nécessité de demander à un humain de contrôler les recommandations/décisions de l'IA. Il apparaît aussi nécessaire de disposer d'un tableau de suivi des travaux pilotés par l'IA, à l'instar d'un directeur d'usine qui gère sa production selon différents critères, sans pour autant conduire lui-même une machine.

Ce passage par la notion de risque accepté répond finalement à la question initiale de la complémentarité des rôles. Parodiant le maréchal Foch, le but avec l'IA est :

L'IA selon le maréchal Foch

En d'autres termes trouver la meilleure complémentarité possible entre l'homme et l'IA, mais laissant au premier le contrôle. Il s'agit d'une posture à adopter.

Une approche globale basée sur une expérience

Lors de la mise en place des NTIC dans les années 1990, il nous était apparu nécessaire de ne pas se limiter à la mise en place d'outils technologiques, mais de reconsidérer l'ensemble des processus de travail à partir des objectifs poursuivis en prenant en compte toutes les ressources disponibles, qu'elles soient humaines ou technologiques[181]. Cette démarche itérative, appelée « POPSI[182] », a été mise en œuvre pour le reengineering de la fonction RH à France Télécom (de 1998 à 2003), avec des gains de productivité intéressants et une amélioration des services rendus mesurés[183].

Il semble que la même démarche puisse être mise en place pour définir la façon dont humains et IA pourraient collaborer, pour explorer la mise en œuvre de cette intelligence augmentée.

La première étape consiste à fixer l'objectif de performance attendu, en ne se bornant pas seulement à la fiabilité technologique, ou la performance des modèles, mais en prenant en compte les facteurs humains, notamment la façon dont les outils mis à disposition seront utilisés. On connaît le biais de l'informatisation. Il faut que la collaboration homme/IA conduise à des décisions meilleures que celles pilotées par un seul des deux. Cela suppose un mode de travail à élaborer, où homme et IA adopteraient des démarches différentes, qui convergeraient vers une décision enrichie. Ceci nécessite d'être étudié au cas par cas en fonction du domaine, mais aussi de la compétence des acteurs. L'expérience Cavern[184] montre que le résultat est fortement influencé par la manière dont on présente l'apport de l'outil à l'humain[185]. Voir le biais de cadrage – annexe 8.

[181] Serge Tisson dans son livre sur les machines parlantes décrit bien l'irruption de celles-ci dans des espaces hospitaliers. Ne vouloir que simplifier le travail des personnels soignants amplifiait l'angoisse des patients. Ne vouloir faciliter que la vie des patients augmentait le stress des soignants qui débranchaient les machines. Il fallait étudier globalement le système « soignants/patients/robots ».

[182] Processus, Organisation, Professionnalisation, Informatisation. À noter que l'ouverture des fonctionnalités a été progressive, décidée avec les intéressés, et accompagnée de formations.

[183] Cf. équipe RH, acteurs de la stratégie (Éditions d'organisation – 2003).

[184] Cf. « Humain ou IA ? Qui décidera le futur ? », Desbiolles & Colombet Dunod.

[185] L'auteur a mené des expériences avec deux groupes amenés à prendre des décisions avec un outil optionnel dont le fonctionnement avait été prévu pour qu'il dysfonctionne périodiquement. Le premier groupe a détecté 15 % des dysfonctionnements contre 90 % pour le second. Seul ce dernier savait que l'outil pouvait dysfonctionner.

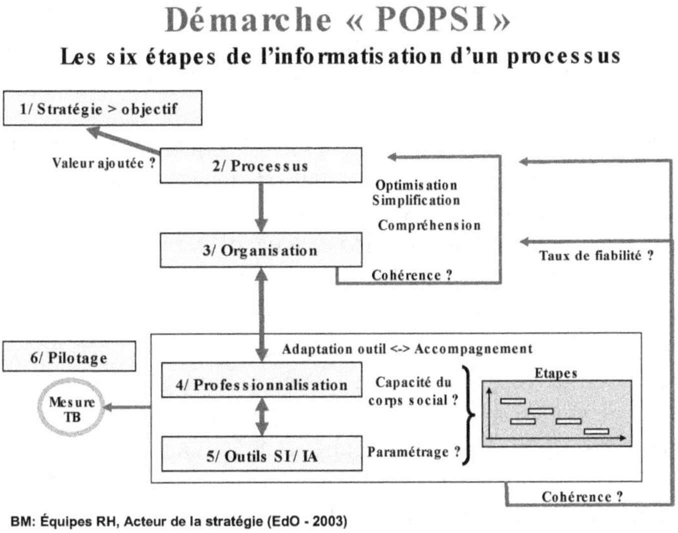

POPSI

Les étapes 2 et 3 consistent à simplifier et mettre en cohérence les processus de travail et l'organisation. Ce sont des phases liées, qu'il faut travailler de façon itérative, avec les intéressés.

Les phases 4 et 5 consistent, par étapes, à professionnaliser les utilisateurs, et ouvrir les fonctionnalités des outils à disposition, au rythme défini par discussion.

Le pilotage vise à mesurer la performance globale, et suivre les phases de mise en place (montée en compétence, variation des services rendus et perçus).

Il est très évident que les étapes doivent être connues des acteurs, et qu'ils doivent être impliqués à chacune d'entre elles, ne serait-ce que pour évacuer la peur que peut représenter l'IA.

Un management éclairé

La mise en place de l'IA risque de déstabiliser les managers, gardiens d'un ordre hiérarchique établi, ayant généralement prouvé son efficacité dans le temps (biais de justification du système, conservatisme, biais de normalité). Souvent les structures dans lesquelles les managers agissent sont restées tayloriennes, et maintiennent l'illusion de la pertinence des solutions technocratiques, renforçant des comportements conservateurs.

L'IA ouvre la porte sur un monde d'incertitude, porteur de grands espoirs de gains d'efficacité pour certains, porteur de craintes de perte d'emploi, voire de destruction de l'humanité pour les autres, créant de facto une segmentation dans les organisations, entre les « pro » (généralement aux commandes), et les

« anti » (souvent plus bas dans la hiérarchie). L'IA substitue l'algorithmique à l'approche cartésienne. On passe de l'explicable au probabilisable, et sans doute au « difficile à expliquer ». Or, la mission du « chef » est souvent d'expliquer.

Les managers, tout en étant personnellement impactés, statutairement, vont se trouver à la césure des deux blocs pro/anti. Dans le même temps, ils devront intégrer les nouvelles approches apportées par l'IA, les mettre en pratique, personnellement et dans leurs équipes, avec discernement et prudence, en tenant compte de la difficulté créée par l'obscurité de certaines recommandations de l'outil.

- Individuellement, pour beaucoup d'entre eux, certaines de leurs compétences seront reprises par l'IA, nécessitant de leur part un travail personnel, pour acquérir de nouvelles compétences d'un niveau plus élevé. L'outil d'IA est souple, il peut apprendre, et le manager peut jouer un rôle de formateur d'IA, en même temps qu'il se formera lui-même. Ce passage de relais a bien été étudié par Midler, dans la maîtrise des risques dans les chantiers de changement, d'où son paradoxe : « plus on avance dans le temps, plus on acquiert de connaissances et d'expérience, et moins on a de marge de manœuvre ». Par contre, le pilote reste indispensable, car sa connaissance du système lui permet de détecter les dysfonctionnements et d'y remédier. L'erreur fréquente est de le supprimer, quand il n'a presque plus à intervenir.
-

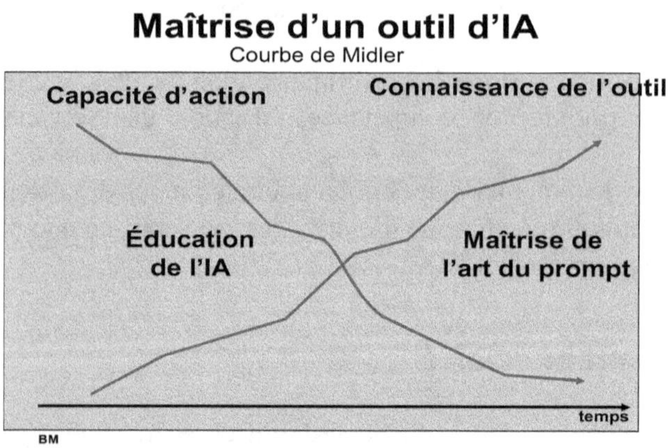

Courbe de Midler

- En tant qu'encadrants, ils devront aider leurs subordonnés à suivre, à leur niveau, des évolutions semblables aux leurs, et les assister dans ce cheminement. Il leur appartiendra de détecter les difficultés que certains pourront rencontrer, et de voir, sans doute avec la DRH, les orientations, les accompagnements, les formations capables d'y porter remède. Fondamentalement, le rôle des encadrants sera d'identifier, et de corriger les biais cognitifs de leurs subordonnés. Ils pourront être appuyés dans ce travail par la RH.

Le management des équipes devra s'orienter vers le **management par intention**. Au lieu d'expliquer comment faire, il faudra définir l'objectif, sa mesure, les limites à ne pas franchir puis laisser faire, tout en restant disponible si nécessaire.

Il sera nécessaire de développer les capacités de **discernement** et de **distanciation** des équipes vis-à-vis des livrables de l'IA. Il ne s'agit pas de douter des résultats, mais d'en vérifier la pertinence et d'essayer d'en comprendre les mécanismes par d'éventuelles requêtes complémentaires de vérification.

Les préconisations de mise en œuvre

Le déploiement de l'IA influera sur l'organisation du travail, et sur les contenus des postes. Mais les choix et les orientations stratégiques, portés par les dirigeants, sont déterminants dans **la manière dont l'IA sera déployée dans leurs organisations.**

Entre la situation où l'homme est totalement remplacé par une IA, et celle où l'homme décide seul, il existe trois options, faisant collaborer IA et humains.

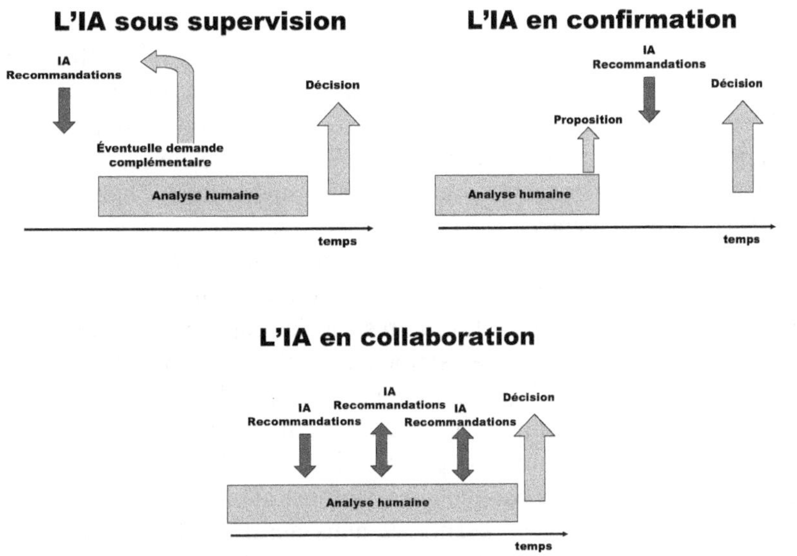

Les trois cas de collaboration IA/humain

Dans le premier cas, l'IA fait des recommandations, que le tenant du poste peut interroger avant de prendre sa décision. Le risque est celui du biais d'informatisation : on accepte la proposition sans états d'âme. De nombreuses expérimentations ont montré l'importance de la perception que pouvait avoir l'humain de l'IA (cela recouvre beaucoup de biais possibles). Dans ce cas, l'humain reste responsable de la décision prise.

Dans le second cas, l'humain analyse seul la situation et arrive à une proposition, qui est comparée à celle de l'IA. Soit les deux sont convergentes, et il n'y a pas de problème, soit elles sont divergentes, l'IA faisant valoir des arguments non visibles a priori. À ce niveau, il faut regarder les justifications données par l'IA pour sa recommandation. La décision finale sera-t-elle celle de l'IA ou celle de l'humain, éventuellement amendée ? Quelle sera la latitude de décision de l'humain ? C'est cette autonomie qui déterminera la responsabilité attachée à la décision.

Dans le troisième cas, on peut imaginer une approche de la décision par paliers, et échanges successifs, entre humain et IA. Par exemple : 1/ synthèse du dossier, 2/ analyse des risques, 3/ revue des précédents, 4/ élaboration d'une décision, 5/ justification de celle-ci, tant sur des éléments de probabilité, que dans des éléments de contexte. Dans ce cas il faudra se pencher sur l'autonomie de l'humain. Peut-il lancer toutes les requêtes qu'il souhaite (prompts), ou l'IA établit-elle un balayage standard conduisant à un rapport type ? Si l'on est dans la seconde solution, on n'est pas en collaboration.

Chaque poste est un cas particulier, et il est impossible de recommander un cas ou un autre. La solution devra être construite avec les tenants des postes, de même que les livrables de l'IA devront être fixés avec eux.

Nous proposons une approche progressive, « bottom up[186] », différente de celle « top down » actuellement observée aux États-Unis. Le discours à tenir est difficile car, s'il faut montrer que l'humain aura toujours sa part dans les futures prises de décision, il faut aussi lui faire prendre conscience que dans certains domaines, la machine est désormais supérieure à l'humain, et ceci sans créer de traumatismes.

Nous suggérons une approche en dix étapes, tout en portant une attention aux compétences transverses nécessaires au dialogue homme/machine, à la bonne communication avec les autres, à la capacité à transférer ses compétences et savoir-faire organisationnels. Il s'agira de porter une attention particulière aux soft skills[187] (rééquilibrer soft skills et hard skills). En d'autres termes, cela revient à définir le cadre de cette collaboration homme/IA.

1. Sensibiliser l'ensemble du personnel sur les basics de l'IA, par de **courtes sessions**, illustrées par quelques démonstrations, expliquant ce qu'elle est, son fonctionnement, ses avantages mais aussi ses limites. Insister sur l'analyse de la donnée, qui sera demain l'affaire de tous. Donner quelques bases sur les probabilités. Il devient donc essentiel de former et sensibiliser

---

[186] « Bottom up » : de la base vers le sommet – système participatif. « Top down » : du sommet vers la base – système autoritaire laissant peu de marge de manœuvre au terrain.

[187] On rappelle que ce sont les capacités à se comporter et à être, en fonction de la situation.

les équipes sur les notions de data, et tous les concepts qui y sont reliés, afin de leur apporter une maîtrise suffisante. Il faudra veiller tout particulièrement au management, qui aura la charge de rassurer, répondre aux questions et assurer la transition entre passé et futur. L'objectif de cette sensibilisation est de créer un intérêt, permettre les échanges et permettre aux craintes (normales) de s'exprimer, et d'être débattues. Attention au discours qui sera tenu, car dans cette étape, on est dans le cadrage (cf. les biais). Tout ne doit pas être dit d'emblée. Les informations à présenter, la façon de les présenter et leur progression devront être pensées de façon à minimiser les biais cognitifs. L'information devra être complétée au fil des expérimentations, si possible en réponse aux questions de façon à permettre une bonne assimilation.

2. Mettre en place des espaces d'expérimentation (salles dédiées, ateliers, outils en libre accès) pour permettre à tous ceux qui le souhaitent de manipuler différents outils. Donner un côté ludique à ces espaces et prévoir une animation. L'objectif est de créer le buzz et de susciter des questions et des idées, mais surtout de faire pratiquer.

3. Proposer, pour les personnes intéressées, des formations approfondissant les apports de l'IA, mais aussi ses limites et ses dangers. Objectif : favoriser l'émergence de vocations pour adapter et enrichir l'IA, tout en restant conscients des enjeux, techniques, juridiques, économiques ou éthiques, que pose le recours à ces outils (pour préparer des pilotes bénévoles). Ces formations pourraient prendre la forme d'échanges, de débats avec un ou plusieurs experts. Ce pourrait aussi être le visionnage de vidéos, suivies d'un débat animé par un spécialiste, ou le responsable d'un service (DRH, directeur financier par exemple).

4. Lancer plusieurs chantiers expérimentaux avec des volontaires, dans différents départements de l'entreprise, pour permettre le repérage des tâches « améliorables » par l'IA. Plusieurs dimensions devront être prises en compte pour leur choix : la complexité de la tâche, le degré d'interdépendance des tâches ou métiers au sein d'une organisation et le **risque d'erreur** acceptable. Objectif : sensibiliser et rendre **acteurs** les utilisateurs dans leur domaine d'activité (ils privilégieront sans doute les tâches les moins valorisantes). Cadrer ces expérimentations.

5. Suivre les résultats et adapter le plan de sensibilisation en conséquence. Être à l'écoute des besoins, des difficultés. Faire intervenir les spécialistes capables de résoudre certaines difficultés rencontrées. Objectif : montrer l'intérêt de l'entreprise, tout en prouvant que l'humain prime sur la technique.

6. Organiser fréquemment des rencontres entre les pilotes des différents chantiers pour partager expérience et connaissances. Objectif : décloisonner, partager les bonnes pratiques et dessiner les contours de projets plus ambitieux faisant intervenir plusieurs services ou départements.

7. Encourager la curiosité et l'expérimentation. Diffuser les résultats des chantiers (une publication périodique, par exemple). Peut-être mettre en place un système de reconnaissance des travaux intéressants ? Utiliser les résultats

des chantiers pour alimenter l'étape 1. Objectif : démultiplier l'intérêt auprès d'un nombre grandissant de personnes.

8. Définir un cadre commun d'évaluation. S'intéresser aux tâches automatisées et à l'utilisation qui est faite individuellement du temps gagné. En quoi la performance de l'équipe a-t-elle évolué ? Encourager le glissement des tâches sur un même poste (vers plus de valeur ajoutée – quelle mesure de celle-ci ?). 1er objectif : sécuriser les parcours professionnels pour les personnels utilisant l'IA. Accompagner les individus dont les emplois pourraient disparaître demain semble indispensable. Ce travail doit être fait avec les personnes concernées, leur hiérarchie sous pilotage fort RH. 2nd objectif : amener les personnels à évaluer les tâches en termes de valeur ajoutée à la structure.

9. Dès que les outils commencent à se mettre en place, mener des réflexions collectives sur les risques éventuels et les mesures à mettre en place pour les limiter. Ce travail peut se concrétiser par des listes de bonnes pratiques ou des formes de contrôle internes pour évaluer la solidité des algorithmes et la fiabilité des résultats. Peut-être serait-ce l'occasion de créer un des postes nouveaux qui ont été vus précédemment.

10. Analyser les facteurs qui ont favorisé l'usage de l'IA. Il semblerait que la forme que prendront les présentations des recommandations de l'IA soit essentielle, afin qu'elles soient correctement et efficacement interprétées. Si l'IA donne des scores de confiance, les expliquer, en citant les données ayant le plus pesé dans la recommandation, ou les cas semblables vus dans le passé, et justifiant la recommandation. Dans l'approche en collaboration IA/humain, demander à l'IA de réaliser des dossiers structurés, en réponse aux différents prompts, de façon à permettre à l'individu d'évaluer les marges de manœuvre du système. Une demande de prêt peut être refusée pour de multiples raisons, mais un montant inférieur, ou une caution pourrait peut-être le rendre acceptable. Ce sont de tels éléments, dont le titulaire peut avoir besoin, pour rester autonome. La qualité de l'interface IA/humain a plus d'impact sur la décision finale, que le travail effectué par l'IA.

Dans cette étape, se pencher également sur les cas où humain et IA étaient en désaccord. Y a-t-il eu un arbitrage hiérarchique ? Y a-t-il un suivi particulier du dossier ?

L'expérience que nous avons connue lors de l'arrivée des NTIC montre qu'il est possible de concilier technologie et humain, et d'en tirer des améliorations de productivité ou des décisions enrichies.

Dessin de Sylvain Pongi pour le mythe de l'IA

Il reste que l'on se polarise beaucoup sur l'IA et que l'on semble oublier que l'homme, avec ses nombreux biais, n'est pas si cartésien que ce qu'on veut faire croire.

Il y a cinq ans, aux Nations unies, Dan Faggella, fondateur et chercheur principal d'Emeri Artificial Intelligence, avait fait une présentation sur les deep fakes qui commençaient à apparaître sur les réseaux. À l'époque, il avait souligné qu'en dépit des avertissements concernant ces faux numériques, **« les gens ne croient que ce qu'ils veulent croire »**. En d'autres termes, ils ne retiennent que l'information qui les conforte dans leurs certitudes, qu'elles soient vraies ou fausses[188].

Les humains se retrouvent facilement dans des mondes qui correspondent à l'image qu'ils ont des choses, et peu leur importe finalement, que les leurs soient excentriques, ou tout simplement erronées. Finalement, le maillon faible dans nos relations avec l'intelligence dite artificielle, c'est nous-mêmes. Dans ce face-à-face, pour chacun d'entre nous, il est essentiel de comprendre quelles sont nos attentes, et nos failles, qui expliquent nos réactions émotionnelles face aux outils que nous créons.

Il nous faudra vivre avec l'IA, la connaître et l'utiliser comme un amplificateur de nos talents.

188 Voir le chapitre 2 et Biais de renforcement de la croyance (annexe 8).

Chapitre 8
Prospective

Selon le cabinet d'études IDC, au cours des prochaines années, les dépenses des entreprises en services, logiciels et infrastructures pour l'IA générative vont exploser, passant de 16 milliards de dollars en 2023 à 143 milliards de dollars en 2027.

Un foisonnement de visions pour l'IA

Les économistes

Il y aurait des gisements de productivité non exploités ! Thierry Bedos, directeur général de SAS France, déclarait en 2019 que « 95 % des données existantes restaient encore inaccessibles à l'analyse. Propulsée par la connectivité, la digitalisation, l'automatisation et l'IA, l'analytique va contribuer à augmenter les capacités humaines. Mais elle ne se met pas en place sans réorganisation dans les entreprises. Les outils d'analyse doivent être au plus près des données, pouvoir être embarqués partout, et largement accessibles, y compris sur les Smartphones. La vision par ordinateur, qui va bien au-delà de la reconnaissance faciale, le traitement du langage naturel et l'apprentissage machine, en sont trois composants de base ».

Les utopiques

Le philosophe suédois Nick Bostrom[189] note que les machines disposent de certains avantages par rapport aux cerveaux humains, notamment en ce qui concerne la mémoire, la vitesse (la fréquence des processeurs étant de l'ordre de dix millions de fois plus élevée que celle des neurones biologiques), et la capacité à partager des connaissances (sous forme de données). Par ailleurs, signale-t-il, elles n'ont pas d'état d'âme, ni de vague à l'âme. Le but du progrès, selon lui, est de supprimer le besoin de travailler pour les humains. Il plaide pour la fin du travail et la distribution d'un **revenu universel**. Le manque de main-d'œuvre général (en partie lié à la baisse de la natalité) lui apporte des arguments complémentaires. Nick Bostrom se présente comme un optimiste !

---

[189] Selon Nick Bostrom, le but ultime de l'IA doit être la disparition du travail.

Avec un taux de natalité en baisse dans la plupart des régions du monde, la planète approche de sa bascule démographique plus vite que prévu. Sur tous les continents, les sociétés se posent des questions concrètes au sujet du marché du travail et des systèmes de retraite, mais également existentielles, quant à la planète qu'on imagine pour demain[190].

Le revenu universel consiste à verser à tous les membres d'une communauté nationale un revenu d'un montant égal pour tous, sans contrôle des ressources ou des besoins, sur une base individuelle, de façon inconditionnelle, sans exigence de contrepartie. Le revenu universel se démarque ainsi d'un revenu d'assistance traditionnel, tel que le revenu de solidarité active (RSA en France), soumis à un contrôle des ressources, versé sur une base familiale, et conditionné à des efforts d'insertion professionnelle ou sociale. Destiné à répondre à la fin du travail, le revenu universel doit également être suffisant, pour permettre de vivre décemment sans travailler[191].

NB : Le revenu universel fait l'objet d'un intérêt médiatique et politique croissant. Il est défendu à la fois par des ***libéraux****, pour qui il s'agit de lutter contre un système paternaliste et inquisiteur, par les* ***sociaux-démocrates****, dans l'objectif de compléter la protection sociale actuelle, par ceux qui y voient un moyen de gérer la fin du travail qu'ils croient inéluctable du fait de la robotisation, et par les* ***décroissants***[192]*, qui, tous, veulent limiter la production.*

Les humanistes193

À leurs yeux, si les investissements sont massifs dans la technologie, ceci bénéficie à la formation, à la fois pour les étudiants et pour les professionnels favorisant une société plus productive et « heureuse » (*sic* !). Effectivement, les modèles texte-vidéo peuvent créer des applications faisant appel à l'IA pour aider les gens à être productifs, et faire en sorte qu'ils maîtrisent mieux leur travail. « Il peut s'agir de les former à devenir d'excellents vendeurs, de les aider à écrire du bon code ou à coder beaucoup plus, que ce qu'ils peuvent faire aujourd'hui », donc augmenter la rentabilité de la structure qui les emploie, « dans le cas où il n'a pas été décidé de les remplacer par de l'IA ». Cependant « on aura toujours besoin de ceux qui maîtriseront l'IA ».

[190] *Courrier international* n° 1746 du 18/04/2024.

[191] https://www.vie-publique.fr/parole-dexpert/268297-un-revenu-universel-pour-repondre-la-fin-du-travail

[192] La décroissance : école de pensée prônant une réduction du productivisme et contestant la notion de croissance économique.

[193] Il était difficile de résister au désir de citer ce texte enthousiaste venant des USA, qui ne manque pas d'ambiguïté.

Les catastrophistes[194]

Cette angoisse va bien au-delà des craintes liées aux conséquences de l'IA sur l'emploi ou sur l'économie. Les messages inquiétants sont régulièrement brandis sur la place publique depuis l'explosion de l'IA générative, et ils ne sont pas que l'apanage de certains groupes de la société civile. On trouve des avertissements de scientifiques – à commencer par celui de l'astrophysicien Stephen Hawking, qui, en 2014, évoquait déjà le risque de voir l'Humanité remplacée par des robots.

Pour certains, l'IA pourrait entraîner la fin de l'Humanité, à l'image de Pause AI, un groupement néerlandais, qui milite pour un moratoire dans le secteur. *« Nous risquons l'effondrement social. Nous risquons l'extinction de l'humanité »*. Pour ces derniers, cette technologie pourrait faciliter la fabrication de cyberarmes, et surtout, elle pourrait prendre le contrôle en atteignant un stade de *« super intelligence »*, et décider d'anéantir la civilisation. Cette peur, que l'on retrouve dans de nombreux scénarios de science-fiction, est loin d'être nouvelle.

Certains scientifiques comme Clark Barrett[195] ne rejettent pas complètement l'idée de voir un système d'IA travailler de manière malveillante contre nous. « Le fait que l'IA pourrait essayer de voler toute notre énergie, ou toute notre puissance de calcul, ou essayer de manipuler les gens, pour qu'ils fassent ce qu'elle veut que nous fassions [...] n'est pas réaliste à l'heure actuelle. Mais je ne peux pas dire que c'est impossible ».

Geoffrey Hinton[196] a décrit plus récemment le risque de voir les humains incapables de contrôler l'IA à mesure des « progressions » de cette technologie. Il y a aussi eu la retentissante lettre, signée par plus de 1 000 scientifiques et figures du secteur de la tech et de l'IA, demandant un moratoire en raison du « risque d'extinction ». Sam Altman, le PDG d'OpenAI, à l'origine de ChatGPT, a déclaré que « si cette technologie tourne mal, cela peut effectivement très mal tourner ».

Cette peur se reflète chez une partie de la population. En France, un sondage Ipsos, publié en février 2023, montrait que 37 % des Français interrogés étaient effrayés par l'intelligence artificielle.

---

194 Voir aussi Wikipédia Risque de catastrophe planétaire lié à l'intelligence artificielle générale.

195 Codirecteur du Centre pour la sécurité de l'IA de l'Université Stanford, en Californie.

196 Geoffrey Hinton est une figure de l'IA, qui a quitté son poste chez Google.

La montée des régulations

Le 6 juillet 2023, António Guterres, le secrétaire général de l'ONU, s'exprimait lors du sommet « AI for Good[197] », organisé à Genève par l'Union internationale des télécommunications (UIT), réunissant gouvernements, société civile, agences des Nations unies, innovateurs en intelligence artificielle et investisseurs. « Le développement de l'intelligence artificielle, ou IA, *pour le bien de tous*, nécessite des garde-fous fondés sur les droits de l'homme, la transparence et la responsabilité ».

En mai 2023, des experts et des chefs d'entreprises, ont signé une déclaration percutante, disant que « contrôler le risque d'extinction par l'IA devrait être une priorité globale, au même titre que d'autres risques à l'échelle de nos sociétés, comme les pandémies ou la guerre nucléaire[198] ».

Quelque temps plus tard, Michael Osborne, un enseignant de l'université d'Oxford, « en rajoutait une couche » en disant : « Il y a la possibilité que l'IA se comporte comme un nouvel organisme en compétition sur la planète, comme une sorte d'espèce invasive, que nous aurions créée, et qui pourrait jouer un rôle dévastateur pour notre propre survie en tant qu'espèce ».

Les quelques façons par lesquelles une IA pourrait essayer d'accroître son pouvoir[199]. « La recherche de pouvoir viserait à obtenir les moyens d'accomplir **ses** objectifs, selon 14 axes ».

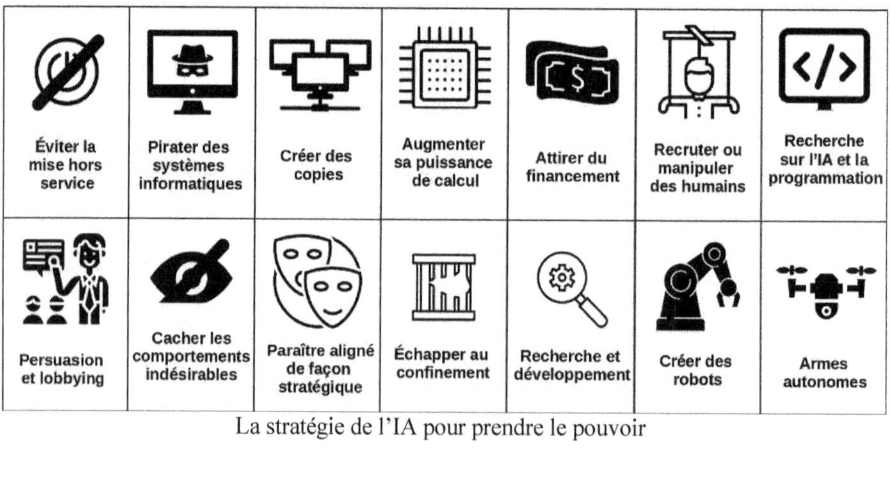

La stratégie de l'IA pour prendre le pouvoir

[197] L'événement explore les moyens d'utiliser l'IA pour aider le monde à atteindre les objectifs de développement durable (ODD).

[198] Site Internet du Centre pour la sécurité de l'IA (ONG spécialisée basée à San Francisco).

[199] https://commons.wikimedia.org/w/index.php?title=User:Jlleon&action=edit&redlink=1

Il est évident que tous ces risques existent. En réponse à Michael Osborne, Nick Bostrom[200] a exposé que la « super intelligence[201] » pourrait aider à réduire le risque existentiel lié à d'autres technologies puissantes, telles que les nanotechnologies moléculaires, et la biologie synthétique, si l'IA est utilisée défensivement. Ce qui suggère que développer la super intelligence, avant ces autres technologies dangereuses, serait stratégiquement avantageux, pour réduire les risques existentiels.

Des équipes se penchent sur l'alignement des intelligences[202], celles des humains et celles artificielles que l'on force artificiellement, à base de deep learning. L'idée sous-jacente serait d'inculquer à une IA des **valeurs compatibles** avec l'humain, pour éviter les risques de sujétion de l'homme à la machine. La démarche semble un tantinet utopique, cependant certains y travaillent.

Une IA peut être considérée comme une machine qui choisit l'action qui semble la plus efficace, pour atteindre **l'ensemble** des objectifs qui lui sont donnés[203]. Une **« fonction d'utilité »** associe à chaque situation un nombre, qui représente sa désirabilité, l'IA pouvant en tester un très grand nombre. Une situation, dont la fonction d'utilité renvoie un score supérieur à une autre, est jugée préférable. Tout agent « intelligent » peut être décrit comme maximisant une fonction d'utilité, si ses décisions sont cohérentes et ne souffrent pas de préférences circulaires. Les chercheurs savent comment écrire des fonctions d'utilité simples, comme « maximiser le nombre de clics sur un bouton ». Cependant, ils n'ont pas de solution pour la fonction **« maximiser l'épanouissement humain »**. En plus, il n'est pas sûr qu'une telle fonction existe de façon universelle. Une fonction d'utilité qui tiendrait seulement compte de certaines valeurs humaines aurait tendance à bafouer les autres.

Les gouvernements du monde entier ont amorcé des réflexions pour réglementer l'intelligence artificielle (IA) et les systèmes algorithmiques, de manière plus générale, par le biais de la législation. Mais ce phénomène est lent, face à un outil qui se développe rapidement. L'Europe dans ce domaine fait figure de pionnière avec AI Act, mais elle a commencé son travail en 2021 et l'entrée en vigueur du texte est prévue en 2026.

Ponctuellement des initiatives voient le jour, par exemple aux USA certaines villes, et des États américains, ont déjà adopté des lois, limitant l'utilisation de l'IA, dans des domaines tels que les enquêtes policières ou le recrutement, qui auraient besoin d'être encadrés.

---

200 Nick Bostrom est un philosophe suédois connu pour ses travaux sur les risques existentiels, le principe anthropique.

201 Faisant référence à l'IA générative.

202 Voir *The Alignment Problem* par Christian Brian.

203 Cette notion est importante. En cas d'objectifs multiples, l'humain les traitera de façon successive, alors que l'IA aurait la capacité de les traiter conjointement. Dans le domaine militaire, où les menaces sont toujours multiples, l'IA apparaît très intéressante.

Dans l'immédiat, tout repose sur les régulateurs, et de nombreuses agences de régulation sont déjà à l'œuvre. On peut citer l'« Office of Technology and Consumer Financial Protection Bureau » (CFPB) de la Federal Trade Commission (FTC) des États-Unis, ainsi que l'« Office of Communications du Royaume-Uni » (OFCOM) et le « Centre européen pour la transparence algorithmique » et d'autres encore aux Pays-Bas et en Espagne. Pour la plupart, ce sont des régulateurs de plateformes en ligne ou des régulateurs algorithmiques.

Au vu des publications disponibles, les travaux de régulation semblent porter sur cinq aspects :

1/ Une **obligation d'information** : un utilisateur serait systématiquement informé lorsqu'il interagit avec un système algorithmique. Cependant, l'obligation pourrait inclure également une obligation « d'explicabilité », dans laquelle il se verrait offrir un aperçu de la raison pour laquelle le système a généré une décision ou un résultat spécifique. Selon les réflexions en cours, cela pourrait se faire par la fourniture de statistiques ou la description des données sous-jacentes. Le RGPD de l'Union européenne garantit le droit individuel à des « informations significatives sur la logique » des systèmes algorithmiques, la loi européenne sur l'IA créera de nouvelles exigences substantielles en matière de transparence lorsque son application sera effective.

Dans l'esprit des régulateurs européens, il semble qu'il y ait la volonté de bien informer les utilisateurs, pour leur permettre de choisir le meilleur outil d'IA (idée de mise en concurrence entre IA). Pour pouvoir en juger, il faudrait que les différents outils partagent les mêmes données d'apprentissage, ce qui pose un problème d'un autre ordre.

2/ La **transparence algorithmique** offerte aux personnes concernées, au grand public, aux autres organisations, et aux régulateurs eux-mêmes. La tendance serait de réaliser des audits des systèmes algorithmiques, en particulier de « ceux présentant un plus grand risque de préjudice[204] ». Les audits sont particulièrement bien adaptés à la découverte de failles algorithmiques, car ils permettent de s'affranchir des affirmations des concepteurs et ils autorisent des analyses directement par les régulateurs. À ce jour, ils ont révélé « des inexactitudes, des discriminations, des distorsions des environnements d'information, une utilisation abusive des données sous-jacentes et d'autres failles importantes dans les systèmes algorithmiques ». Selon les pays et l'application algorithmique, ces failles peuvent constituer une violation des lois et réglementations susceptibles d'intéresser les régulateurs. Le principal mécanisme d'application de la loi européenne sur l'IA est la capacité des régulateurs à exiger des informations sur les systèmes algorithmiques à haut risque, afin d'évaluer le respect de la loi.

---

204 Notion non définie précisément, mais l'idée est là.

La Commission australienne de la concurrence et de la consommation a effectué un audit de la publicité de classement des hôtels de Trivago, et a constaté qu'elle induisait les consommateurs en erreur.

3/ Une phase de **test dans un sandbox d'IA**[205] réglementaire, avant généralisation et distribution. L'idée de sandbox vise à améliorer la communication entre les régulateurs et les développeurs d'IA. Aujourd'hui, la participation aux bacs à sable d'IA (volontaire) facilite le contrôle de la conformité réglementaire et offre une sécurité juridique aux opérateurs, tout en améliorant la compréhension des régulateurs sur le développement et le déploiement d'une IA. Cela aide les régulateurs à identifier les problèmes juridiques potentiels liés à un système d'IA particulier au cours de son développement. En plus de prévenir les préjudices, cela peut permettre à un développeur d'IA d'apporter des corrections de cap plus précoces à ses algorithmes – et donc potentiellement moins coûteuses.

Les bacs à sable d'IA présentent de nombreuses qualités distinctives par rapport aux autres interventions réglementaires en matière d'IA. Ils nécessitent une collaboration continue entre les régulateurs et les opérateurs, et sont moins conflictuels qu'un audit. Ils apportent également plus de clarté aux développeurs d'IA, sur les évolutions réglementaires en réflexion. Dans certains cas, cela pourrait accélérer la mise sur le marché. Le débat est de savoir s'il faut les imposer, ou simplement les recommander.

4/ Un recours possible à un « Assurance IA », terme fourre-tout désignant des garanties offertes par diverses entreprises technologiques spécialisées dans la surveillance, l'évaluation et la conformité juridique des systèmes algorithmiques[206]. Leurs offres se chevauchent et leurs modèles économiques varient considérablement. Certaines entreprises, telles que Weights & Biases, proposent des logiciels sur mesure, qui facilitent principalement le processus de développement algorithmique. D'autres offrent la possibilité de documenter, de stocker des données ou des modèles antérieurs, ou d'offrir un service juridique (veille juridique et lobbying, étant donné que la plupart des lois sur l'IA sont encore en cours de rédaction, plutôt que d'être mises en œuvre.). Une thématique qui émerge est celle de la **reproductibilité nécessaire** à une conformité réglementaire détaillée, ce qui semble irréaliste, compte tenu du mode de fonctionnement de l'IA.

5/ Les régulateurs devraient également accueillir favorablement les **plaintes** provenant des utilisateurs lésés, ou **des lanceurs d'alerte** (souvent

---

205 Sandboxing (bac à sable) : mécanisme informatique consistant à isoler une application du système d'exploitation pour la tester sans risques sur le reste du système.

206 Il existe de nombreuses entreprises sur ce marché émergent, notamment Weights & Biases, Babl AI, Eticas Research and Consulting, Credo AI, Fairly AI, Solas AI, Fiddler AI, FairPlay AI, Armilla AI, Trustible et Holistic AI.

des développeurs d'IA). Tous deux peuvent disposer d'informations pertinentes sur les faiblesses des systèmes algorithmiques.

Le plus célèbre lanceur d'alerte est Frances Haugen, qui a fourni aux régulateurs et aux journalistes des milliers de pages de documents internes de Facebook, qui contredisaient les déclarations publiques de l'entreprise. Il faut aussi citer les plaintes de Peter Zatko, selon lesquelles Twitter permettait à un trop grand nombre d'employés d'accéder aux données sensibles des utilisateurs, qui ont conduit aux USA, à des audiences au Congrès.

Les plaintes individuelles sont souvent difficiles, voire impossibles à documenter du fait de l'obscurité notoire des systèmes algorithmiques. La naissance de structure de défense collective serait encouragée par les régulateurs.

Bref, c'est un sujet qui va beaucoup évoluer, et qu'il faudra suivre de très près.

L'IA, nouvel enjeu international

L'IA est déjà au cœur d'une intense bataille technologique entre les États-Unis et la Chine. Au cours de l'année écoulée, ces deux États ont promis d'investir chacun entre 40 et 50 milliards de dollars dans l'IA.

Alors que les États-Unis et la Chine ont fait de la maîtrise de l'IA l'un des piliers de leur stratégie de puissance, de nombreux pays veulent également relever le défi de l'IA et apparaître parmi les leaders mondiaux, pour conserver « la maîtrise de leur avenir », ne pas rester à la traîne – ou se retrouver avec une technologie décisive, dominée par l'étranger. Surtout, ils veulent engranger les gains de productivité annoncés.

Depuis qu'OpenAI, entreprise américaine, a lancé son agent conversationnel ChatGPT en novembre 2022, les annonces de nouveaux outils nationaux se succèdent, confirmant une tendance profonde et irréversible.

Le 28 novembre 2023, Abou Dhabi lançait **Alyi**, une entreprise publique d'intelligence artificielle (IA) qui commercialisera **Falcon**[207], son propre grand modèle de langage (LLM).

Le 11 décembre 2023, **Mistral**, start-up française lancée sept mois auparavant, annonçait une levée de fonds record de 385 millions d'euros, ce qui devrait valoriser l'entreprise à plus de 1,85 milliard d'euros[208].

Le 15 décembre 2023, **Krutrim**, une start-up indienne, annonçait le premier LLM multilingue d'Inde[209].

---

207 « Nous voulons que AIji soit un concurrent planétaire de sociétés comme OpenAI », a déclaré l'agence gouvernementale à l'origine de la start-up émiratie.

208 « Bravo à Mistral, c'est ça, le génie français ! » a salué le président Emmanuel Macron.

209 « ChatGPT et d'autres LLM où l'anglais prédomine ne peuvent pas saisir notre culture, notre langue, notre philosophie », a déclaré le fondateur de Krutrim.

En 2023, d'autres États ayant de grandes ambitions concernant l'IA (Royaume-Uni, Allemagne, Arabie saoudite, Suède, Corée du Sud, Taiwan) ont annoncé vouloir investir dans l'IA. L'essentiel de cet argent serait utilisé pour l'achat d'unités de traitement graphique (GPU), la construction d'usines fabriquant de telles puces, et pour le financement de la recherche en IA.

La Corée du Sud prête à investir 7 milliards de dollars d'ici 2027 dans l'IA pour devenir un leader des semi-conducteurs. *« Il n'est pas exagéré de dire que l'avenir de l'industrie des semi-conducteurs dépend de l'IA »*, a dit le président Yoon Suk-yeol (la Corée du Sud est le fournisseur de Nvidia). Annonce du 9 avril 2024.

D'ores et déjà les contours de nouveaux complexes industriels de l'IA se dessinent.

- Les États-Unis, dont le secteur privé innove furieusement. Le seul soutien direct de l'État concerne des investissements, pour accroître la capacité de production nationale de puces, pour réduire la dépendance vis-à-vis de Taiwan (TSMC[210]). Pour rester en tête, les États-Unis mettent en place des mesures protectionnistes (contrôles drastiques sur les exportations de technologies de pointe en IA, et examen des pays tiers achetant des puces Nvidia[211]).
- La Chine. Le brusque intérêt chinois autour de l'IA est récent, car il date de 2016, lorsqu'AlphaGo, une machine conçue par DeepMind, triompha de l'un des meilleurs joueurs de go au monde, le Coréen Lee Sedol. Cela pourrait paraître anecdotique, si ce n'était la place singulière qu'occupe le jeu de go dans la civilisation chinoise[212]. Sa stratégie en matière d'IA est en grande partie une réponse à celle des USA. L'État chinois aurait dépensé près de 300 milliards de dollars, entre 2021 et 2022, pour développer sa propre chaîne d'approvisionnement en semi-conducteurs[213].

Les autorités centrales et locales engagent également des capitaux dans des entreprises d'IA, par le biais de « fonds d'orientation ». Les capacités d'incitation du gouvernement sont considérables (les sommes consacrées au développement de tout l'univers de l'IA ne sont pas publiques), cependant des

---

[210] TSMC : entreprise taiwanaise, leader mondial des fabricants de puces électroniques (avec 70 % du marché mondial, devant le Japon : 13 % et les USA : 8 %).

[211] Entreprise américaine, Fabless (qui conçoit ses puces, mais en sous-traite la production à des fondeurs, notamment TSMC), leader mondial dans ce domaine.

[212] Ce jeu est né en Chine au premier millénaire avant notre ère. Difficile d'accès, il exige de l'entendement une grande agilité. Il est étroitement lié à la tactique militaire traditionnelle : on en retrouve les principes dans *L'Art de la guerre*, de Sun Tsu, et, depuis les Huns, il s'est imposé comme le loisir de prédilection de la classe militaire et aristocratique.

[213] Huawei et SMIC auraient réussi à concevoir et à fabriquer une GPU étonnamment puissante fin 2023.

réalisations remarquables sont notées, comme le traducteur en temps réel **Mavericks**[214].

Le gouvernement organise également les partages de données, pour les mettre à disposition du deep learning en IA. Il existerait déjà cinquante bourses d'échange de données en Chine. La régulation en est politique.

La force de soutien stratégique de l'armée chinoise vient de publier une annonce, en mars 2024, pour recruter « 500 employés issus d'universités de premier plan, et spécialisés dans l'intelligence artificielle et le Big Data[215] ».

- Les États pétroliers du Golfe. Le dirigisme économique de la Chine donne des idées aux États pétroliers du Golfe, où la protection des données personnelles ou celle de l'emploi ne sont pas des préoccupations essentielles. Ces pays ont des moyens financiers considérables et peuvent s'offrir les GPU et l'électricité nécessaire pour mettre au point leurs outils de LLM. La régulation est politique.

Leurs universités, largement subventionnées, sont en train de se hisser rapidement en tête des classements mondiaux, en débauchant les meilleurs professeurs de Berkeley, ou Carnegie Mellon. Ils gardent ensuite les meilleurs étudiants, en leur faisant des propositions attractives. Cette stratégie des pays du Golfe porte ses fruits comme l'ont démontré les capacités du modèle Falcon.

- Enfin, un troisième groupe de pays mène une stratégie intermédiaire, entre celle des USA et celle de la Chine, avec une faible régulation (Royaume-Uni, Allemagne et France), ou sans régulation, dans le cas de l'Inde. La mise au pont de l'AI Act européen a montré où étaient les réticences des côtés français et allemand, sans doute parce que ce texte pourrait gêner le développement des deux champions nationaux (Mistral : France et Aleph Alpha : Allemagne). La stratégie française en matière d'IA est présentée en annexe 2.

L'**Allemagne** finance un tiers des 30 milliards d'euros que devrait coûter la nouvelle usine de semi-conducteurs, que le fabricant américain Intel construit dans le pays.

Le gouvernement allemand investit avec de grandes entreprises allemandes dans l'IA. Un immense laboratoire, l'Innovation Park Artificial Intelligence (IPAI[216]), est en construction dans le sud du pays dans le Bade-Wurtemberg. L'objectif : préserver la compétitivité allemande, notamment des petites et

[214] Mavericks, outil de traduction automatique chinois basé sur la reconnaissance vocale, mis au point par YaTrans. Mavericks est mis à la disposition du ministère de la Sécurité de l'État (en charge du contre-espionnage) pour le contrôle des conversations téléphoniques.
[215] Les postes sont basés en Chine. Le télétravail ne semble pas accepté.
[216] *Courrier international* n° 1746 du 11 avril 2024.

moyennes entreprises, grâce à des logiciels utilisant l'apprentissage automatique. L'IPAI serait un maillon du réseau européen de l'IA qui espère pouvoir réaliser avec les USA et la Chine.

Le **Royaume-Uni** s'est engagé à débloquer 1 milliard de livres, sur cinq ans, pour développer l'IA et des supercalculateurs, et le gouvernement envisage d'autoriser les entreprises à exploiter les nombreuses données du service de santé publique (NHS).

L'**Inde**, à coups de « généreuses incitations », soutient la production de semi-conducteurs, et encourage les principaux fournisseurs de stockage informatique à construire davantage de centres de données en Inde (c'est dans ceux-ci que sont formés les LLM). La plateforme de services publics numériques India Stack[217] regorge d'informations qui serviront demain à l'entraînement des IA.

En **France**, selon le cofondateur de Mistral, le gouvernement « apporte son soutien plein et entier à l'IA ». La Commission de l'IA a publié le 13 mars 2024 un rapport[218] contenant 25 recommandations pour que la France puisse tirer parti de cette révolution technologique et en saisir toutes les opportunités (cf. annexes 2 et 3). La Commission formule 25 recommandations à destination des pouvoirs publics, parmi lesquelles **7 prioritaires** « si la France veut mener en Europe une **dynamique d'appropriation collective** et de **déploiement du plein potentiel de l'IA** ».

1. Créer les conditions d'une appropriation collective de l'IA et de ses enjeux en lançant un **plan de sensibilisation et de formation** de la nation.
2. Investir massivement dans les **entreprises du numérique** et la transformation des entreprises pour soutenir **l'écosystème français de l'IA** et en faire l'un des premiers mondiaux.
3. Faire de la France et de l'Europe un **pôle majeur de la puissance de calcul**, à court comme à moyen terme.
4. Transformer notre **approche de la donnée personnelle pour continuer à protéger** tout en facilitant l'innovation au service de nos besoins.
5. Assurer le **rayonnement de la culture française** en permettant **l'accès aux contenus culturels** dans le **respect des droits de propriété intellectuelle**.
6. Assumer le principe d'une **expérimentation** dans la **recherche publique en IA** pour en renforcer l'attractivité.
7. Structurer une **initiative diplomatique** cohérente et concrète visant la fondation d'une **gouvernance mondiale de l'IA**.

---

[217] India Stack : plateforme logicielle unifiée (en cours de développement) regroupant des informations étatiques, professionnelles et individuelles. Présentée comme devant faire entrer la population indienne dans l'ère numérique.

[218] Voir annexe 3.

Le rapport de la Commission indique page 8 : « Selon notre analyse, la croissance économique annuelle de la France pourrait doubler, grâce à l'automatisation de certaines tâches. Au bout de dix ans, la hausse de PIB serait comprise entre 250 et 420 Md€, soit du même ordre de grandeur que l'activité actuelle de l'industrie dans son ensemble ». Plus loin : « Notre prospérité devrait être renforcée par une deuxième caractéristique majeure de l'IA : elle semble accélérer l'innovation ».

Concernant Mistral, le fleuron de l'IA française créé début 2023, on vient d'apprendre, le 26 février 2024, que la licorne, valorisée deux milliards de dollars, vient de signer un accord avec Microsoft, qui lui donne accès à son infrastructure de supercalculateurs. Ce partenariat a suscité de vives réactions, car il serait en contradiction avec les assurances données par sa direction, lors des négociations de l'AI Act. À cette occasion, Mistral avait plaidé pour une régulation moins stricte, qui ne briderait pas les champions européens, au nom de l'émancipation par rapport aux géants américains.

Cette volonté de maîtrise est compréhensible, dans les secteurs sensibles ou fortement régulés, comme la défense, la banque ou la santé, pour lesquels de nombreux gouvernements préféreraient ne pas recourir à des IA importées. Toutefois, chaque variante du nationalisme appliqué à l'IA présente un certain nombre de risques techniques, et bien sûr financiers. En tout cas, il est probable que la concurrence va être rude, en particulier pour attirer et garder les spécialistes du domaine.

Pour le moment, les Chinois et les Américains font la course en tête. Les autres pays demeurent manifestement en retrait, sauf dans des secteurs d'activité très précis, comme l'industrie de défense, où la Corée du Sud, Israël et la Russie, par exemple, ont affiché des ambitions similaires, bien que la réalité de leurs avancées soit difficile à évaluer, quand on n'est pas dans le saint des saints !

La conquête du consommateur/client/citoyen

Dans un proche avenir, beaucoup d'acteurs vont se battre pour accaparer le consommateur, client, citoyen (CCC), ce que chacun de nous est aussi. On voit bien dans les chapitres précédents que l'on s'oriente vers des relations à cheval entre l'information, la publicité, la simplification de la relation et la manipulation, dont nous serons les cobayes. Dans ce schéma, à partir d'une connaissance fine du CCC (par recoupement de milliers d'informations individuelles et personnelles accessibles sur le Net – mais pas seulement – permettant une « profilisation »), deux approches se combineront.

1/ Une approche proactive individualisée (fournisseur vers CCC).

Analyse des comportements de chaque profil.

Proposition d'offres « customisées » en fonction du profil.

2/ Une approche associative généraliste (fournisseur <> algorithme <> CCC).

Analyse historique des centres d'intérêt (Google, réseaux, achats...).

Proposition de grilles d'analyses personnalisables directement par le CCC.

Réalisation d'études comparatives répondant aux spécificités du CCC, en lui permettant d'agir sur ses paramètres, lui permettant d'avoir un tableau de décision.

Dans les deux approches, le recours à l'IA sera central. Dans le premier cas, il est au service du fournisseur. Dans le second cas, il sert d'intermédiaire entre les fournisseurs et les CCC, et cherche les meilleurs compromis, en « présentant au consommateur le fait qu'il est libre de choisir ».

Chaque acteur de la Big Tech essayera de se positionner en tant qu'interlocuteur incontournable.

En novembre 2023, Microsoft a annoncé la disponibilité de Copilot. Il s'agit de « Compare & Decide Ads », qui est greffé à son moteur de recherche Bing. Compare & Decide Ads est une application qui peut lancer toute une série de requêtes Bing. Ainsi il peut établir des tableaux comparatifs, sur les critères signifiants par l'utilisateur, et lui offrir une assistance dans sa décision de choix, voire d'achat. Copilot couvre tous les domaines du search. Il est tous produits proposés (voyages, automobile, etc.). Par sa grande souplesse, et une forme d'universalité, Compare & Decide va rendre obsolètes les plateformes spécialisées actuelles.

Prenons l'exemple d'un utilisateur qui changerait bien sa voiture, mais qui n'est pas vraiment décidé à passer à l'acte. Dans un premier temps, une simple aide à la réflexion est proposée (non engageante). Il est invité à lister les caractéristiques du véhicule idéal. Un tableau lui sera proposé, dont il pourra affiner les paramètres (voir tableau ci-dessous : les paramètres figurent ici ligne par ligne).

Dans un second temps, un dialogue sera initié, tenant compte de données personnelles glanées sur le web. Des vidéos pourront être proposées, des bons de démonstration, des annonces de promos flash (difficile de résister à une offre bradée du véhicule dont vous rêviez, mais que vous n'aviez pas les moyens de vous offrir). Bien évidemment, seront mobilisés l'effet « Leurre[219] », les biais « Ikéa » et « coûts irrécupérables ». Le service peut aller jusqu'à la reprise de l'ancien véhicule, l'achat et le financement.

Microsoft explique que son offre démocratise l'IA, mais en fait il propose un service client complet, et au passage il engrange une montagne d'informations personnelles.

---

[219] Effet leurre, ou illusion de la connaissance asymétrique.

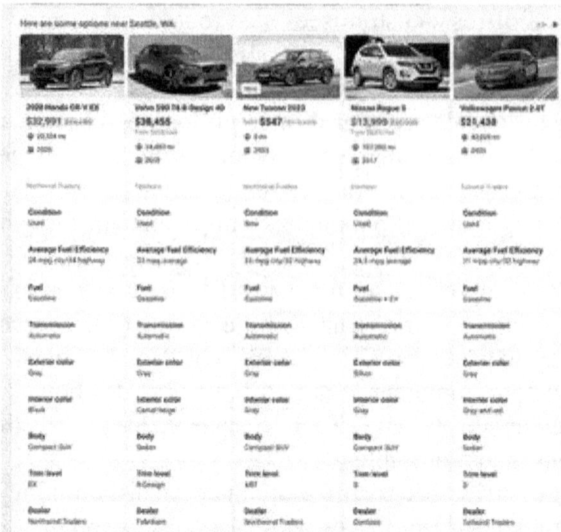

Exemple de tableau « Compare & Decide »

L'IA dans la guerre économique et industrielle

Dans la guerre économique et industrielle mondiale, un nouveau front apparaît : celui de l'information. Cela concerne aussi bien l'information, comme production immatérielle (la transaction bancaire, le mail, la gestion ou l'enseignement), que l'information comme ressource, clé de toute prévision, stratégie ou décision.

Partout, l'information s'est émancipée des supports traditionnels (livres, revues, journaux). Convertie techniquement en unités élémentaires, mesurables, elle devient une marchandise comme toutes les autres. Elle est produite, distribuée et vendue, sous forme de « données » plus ou moins élaborées. Nous avons signalé que certains pays constituent des bases de données, dont le contenu pouvait être vendu. « Aujourd'hui les données sont le nouveau pétrole ». Pour beaucoup, les bases de données contenant ces données sont des éléments de **souveraineté**.

L'industrie de l'information, soucieuse de faits et de chiffres, est née aux États-Unis, y est en plein épanouissement. La rivalité entre distributeurs, éditeurs, sociétés de services, firmes électroniques et éditeurs y est vive. Elle est sortie du cadre états-unien et s'est étendue au monde entier où elle ne rencontre, partout, qu'une faible résistance.

Si la communication est une industrie, elle a une autre caractéristique qui la rend unique : elle est transverse à toutes les autres industries, agroalimentaires, matières premières, énergie, téléphone, électronique, qui toutes ont besoin de maîtriser de l'information pour prévoir et prendre leurs décisions. C'est la pertinence de l'information et de son traitement qui permet de faire les bons choix d'investissement, d'implantation, de mouvement ou de commercialisation.

La domination américaine en matière d'information a eu un effet mondial.

À l'heure où les informations « s'exploitent », se « transforment », se « traitent ». L'accès au savoir se vend, comme n'importe quel autre produit industriel. Les impératifs de rentabilité et la concurrence annoncent une guerre commerciale, où risquent de s'engloutir les notions de service public et de souveraineté des États.

Maintenant que la technique est là – même si elle est encore très améliorable – les entreprises vont glisser d'une approche techno-centrée, à une approche « business driven », utilisant les nouvelles avancées techniques de l'IA pour devenir plus concurrentielles.

Le fait de disposer de grands volumes de données de diverses sources, et de pouvoir relativement facilement les exploiter, permet de mieux comprendre les comportements des consommateurs, et de prendre des décisions plus éclairées en matière de marketing.

Les données sont pour partie celles disponibles sur le Net, ainsi que celles complémentaires que l'on peut acheter. Ce sont des données généralistes, ou propres à un secteur. Il y a aussi toutes les données historiques propres à l'entreprise, qui ont un caractère confidentiel (historique clients, ventes...). Il y a enfin les données collectées, comme les historiques de navigation sur le web des prospects et des clients, leurs interactions avec les médias sociaux, leurs recherches en ligne, leurs préférences de produits, leurs comportements d'achat.

Ces informations mises en perspective par l'IA peuvent aider les entreprises à mieux comprendre les besoins, les motivations et les comportements des clients, à prédire les tendances du marché, à optimiser les campagnes publicitaires, à personnaliser les offres de produits et de services, et à améliorer l'expérience globale du client. Rappelons que l'utilisation du Big Data en marketing soulève des questions de confidentialité et de sécurité, notamment en ce qui concerne la collecte et l'utilisation des données personnelles des consommateurs. Il y a donc lieu de mettre en place des mesures de protection de ces données, pour éviter toute violation de la vie privée des consommateurs.

Les avantages de ce qu'il est convenu d'appeler le **marketing digital**[220] sont :

[220] Le marketing digital désigne les techniques marketing utilisant des supports et des canaux numériques pour promouvoir des produits ou des services, augmenter les ventes, donner de la visibilité et de la crédibilité aux entreprises et attirer les clients.

- Compréhension approfondie des clients permettant aux entreprises de mieux cibler leurs offres de produits, d'adapter leur message marketing et de personnaliser leur expérience client.
- Optimisation des campagnes marketing et mesure de leur efficacité sur des publics cibles et optimisation en conséquence.
- Opérations d'analyses prédictives pour identifier les segments de clientèle les plus susceptibles d'acheter tel produit.
- Ciblage de segments particuliers avec des publicités ciblées et des offres spéciales.
- Amélioration de l'expérience client. Cela peut aider à améliorer la satisfaction des clients et à augmenter leur fidélité.

Mais aussi :

- Coût plus faible que la publicité classique.
- Meilleure efficacité.
- Possibilité, à budget identique, de multiplier les campagnes marketing.
- Prédiction des tendances du marché, permettant aux entreprises d'adapter en temps réel leur stratégie marketing, mais aussi leur production pour rester compétitives.

Le marketing digital est facilement accessible aux PME et aux TPE, ce qui leur permettrait de rester compétitives, face aux grandes entités aux fortes capacités financières, en jouant sur leur souplesse et leur agilité (par exemple, dans le lancement de nouveaux produits).

Les budgets en jeu

L'IA générative va très certainement bouleverser les métiers du marketing et elle fera de plus en plus partie des plateformes publicitaires. Elle permettra d'accroître l'efficacité des entreprises, d'engager les clients différemment. Par exemple, elle va révolutionner le travail des experts marketing qui deviendront des analystes statisticiens (moins de temps sur les tâches opérationnelles et plus de temps sur les activités prospectives).

Jetons un œil sur les budgets publicitaires en jeu. Indépendamment des investissements techniques évoqués plus haut, les budgets « de publicité » vont recourir massivement à toutes les formes émergentes d'IA. La publicité va continuer à migrer vers une forme toujours plus ciblée, à l'audience plus mesurable – la pandémie ayant joué un rôle d'accélérateur de ce phénomène. Naturellement, les plateformes (dans l'ordre : Google, Facebook, Amazon) vont tirer profit de ce glissement au détriment de la presse. Voici les chiffres de la publicité aux USA de 2015 à 2020.

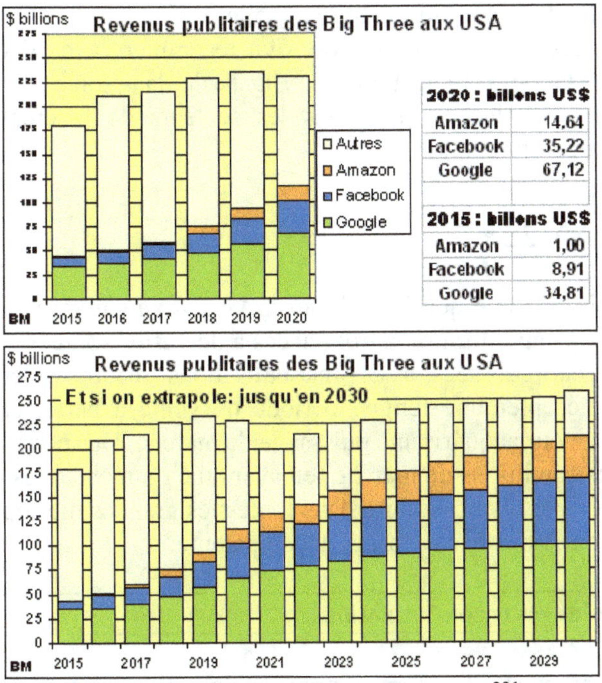

Projection dépenses publicitaires aux USA [221]

Même en aplatissant la courbe de croissance des Big Three, leurs investissements représenteront 80 % du secteur. Il est possible qu'ils contrôlent les 3/4 de la publicité mondiale (hors marché chinois) en 2030. Cette extrapolation est évidemment à prendre avec prudence.

Ces grands acteurs vont donc voir leurs profits augmenter fortement par rapport au reste de secteurs, tels que les médias d'information et du divertissement[222]. Leur résistance aux aléas conjoncturels, leur capitalisation et leurs réserves de cash ne vont qu'accroître leur poids spécifique, au détriment de toutes les autres industries, même si un rééquilibrage fiscal était mis en place. Les proportions écrasent tout : on parle ici d'un groupe de trois entreprises valorisées à 7 500 milliards de dollars, soit plus que l'ensemble des bourses d'Euronext (Paris, Amsterdam, Lisbonne, Oslo, Bruxelles, qui totalisent 7 200 milliards de capitalisation). Quant aux réserves de liquidités, elles se monteraient à 588 milliards de dollars. Dans ce schéma, la recherche de la **véracité de l'information** pèse finalement peu.

[221] Source The MediaLeader.

[222] Le monde du divertissement comprend les métiers du cinéma, de la télévision et des médias, des jeux d'argent, de la musique, de la culture, du théâtre, du jeu vidéo, du sport, d'accueil, du service, du tourisme, de la mode et les métiers de gestion de lieux événementiels. C'est l'industrie du spectacle (show-biz), mais pas seulement.

Sous l'effet de la pression politique (celles de la presse, entre autres), et de négociations sectorielles (comme on a vu récemment avec l'Australie et la France contre Google et Facebook), la Big Tech, dans son ensemble, pourrait subventionner de plus en plus tous les secteurs de la création : médias d'information, culture, audiovisuel.

Les GAFAM223

Il est vraisemblable que le club des GAFAM va s'élargir. Les nouveaux entrants à forte capitalisation auront accès à de vastes sources de trésorerie à faible coût, car adossées à des capitalisations records. Cet argent leur permettra d'accepter une longue période de vente à perte, et des déficits gigantesques, pour acquérir une puissance de marché, leur permettant de fixer les prix et les conditions de marché (en ayant tué ou racheté les concurrents). C'est ce que Uber rêvait de faire dans toutes les grandes métropoles (et qu'il a raté) et ce qu'Amazon a réussi de façon patente.

Un domaine en reconfiguration

Netflix par exemple pourrait prendre une place déterminante dans la production audiovisuelle. Le graphique ci-dessous, centré sur la création de films et séries, est intéressant, si l'on considère que les 15 milliards de dollars d'investissement de Netflix, dans les créations originales pour 2019, sont passés à 17 milliards en 2020 (une année noire pour Hollywood) et approcheront les 20 milliards en 2024.

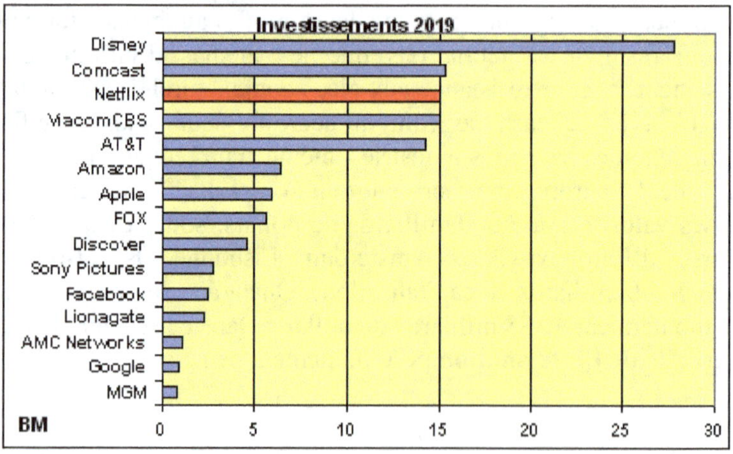

Source Financial Times, BMO Capital, Markets, Crédit Suisse, RBC
Production audiovisuelle aux USA

[223] Les GAFAM ou Big Five ou Big Tech désignent les géants du web : Google (Alphabet), Apple, Facebook (Meta), Amazon et Microsoft.

Certes, le poids de Netflix, d'Amazon Prime ou d'Apple TV+ (et dans une moindre mesure de Facebook et Google) reste faible, mais si on extrapole l'évolution de leurs investissements, ils vont rapidement représenter la plus grande partie de la création originale de contenus audiovisuels. D'ici quelques années, les géants de la tech pourraient investir 45 ou 50 milliards de dollars par an, pour une dépense annuelle totale de 120-140 milliards. Avec quelques acquisitions bien menées, et des investissements technologiques, qui réduiront le coût des productions, une part de plus de 50 % de la création audiovisuelle américaine serait parfaitement envisageable d'ici moins de dix ans.

Pour le secteur de l'information, l'équation est différente. Il est possible que d'ici quelques années, les géants de la tech injectent l'équivalent de quelques milliards de dollars dans l'écosystème de l'information, sous forme d'aides directes négociées avec les groupements d'éditeurs, de subventions aux abonnements, de mise à disposition d'outils publicitaires, de conditions avantageuses pour la distribution publicitaire, etc.

Mais cela restera minuscule pour une industrie de plus de 100 milliards actuellement. Tout se jouerait dans l'effet de levier : aujourd'hui, les plateformes choisissent d'aider en priorité les plus gros éditeurs, ceux qui ont un pouvoir significatif auprès des politiques. Facebook n'agit qu'en réaction des menaces potentielles sur son business, lesquelles grandissent de jour en jour. Chez Google, les personnes qui traitent avec les médias sont convaincues de la nécessité de maintenir un écosystème financièrement sain et diversifié, mais plus on remonte dans le management, plus cette conviction faiblit.

En une séance, la valeur de Nvidia a bondi le 22 février de 277 milliards de dollars, un montant encore inédit à la Bourse de New York. Portée par l'appétence mondiale pour ses circuits d'intelligence artificielle, Nvidia continue d'enregistrer des profits records, et pointe désormais à la troisième place des plus grosses capitalisations mondiales, après Microsoft et Apple, devant Amazon et Google.

Ainsi l'acronyme GAFAM risque de s'allonger d'un « S » comme SpaceX, d'un N comme Nvidia et un « B.O. » comme Blue Origin. Les entreprises spatiales d'Elon Musk et Jeff Bezos sont littéralement en passe de coloniser les orbites basses (où la place n'est pas infinie), avec des dizaines de milliers de satellites pour délivrer de l'Internet rapide partout dans le monde, toujours avec la même recette : des investissements énormes, permis par un accès à de l'argent pas cher, couplés à la perspective assumée de plusieurs années de pertes. Cette colonisation avance à grands pas.

L'éducation ne sera pas en reste. Le fournisseur de cours en ligne « Coursera » entre en bourse. Le service adresse déjà une clientèle globale de 77 millions d'apprenants, et a des accords avec 6 000 universités et grandes écoles. Dans dix ans, il pourrait aussi parfaitement compléter l'acronyme.

Google se lance sur le marché des micro-certifications : l'idée de base est qu'à des moments clés de leur vie, les gens auront besoin d'acquérir des compétences, avec des cours de première qualité et une certification fiable, dans des domaines où la formation n'existe pas.

La santé va être « boostée », pour le meilleur et pour le pire, par l'exploitation des données collectées par des entreprises ayant des milliards d'utilisateurs. La recherche épidémiologique, les neurosciences, les diagnostics vont connaître des progrès spectaculaires avec inévitablement des progrès sur le cancer et les maladies infectieuses. Mais dans le même temps, l'analyse fine des risques individuels ira à l'encontre de la mutualisation des systèmes de santé, avec comme philosophie : « la santé n'est pas un droit, elle s'achète », qui va creuser les inégalités, comme on le constate aux États-Unis. Même pour les Welfare states[224], il sera difficile de résister.

Sans céder à la haine craintive qui domine le débat en France, le scénario d'un monde littéralement subventionné par les multinationales de la technologie est fort plausible.

Le contrôle des tuyaux de l'information

La Big Tech est en train d'organiser sa domination des infrastructures numériques. L'heure n'est plus aux projets de science-fiction, comme le réseau de ballons de Google (projet Loon), ou les avions solaires de Facebook (projet Aquila) qui ont été abandonnés. Retour au basique avec, par exemple, la construction financée par le duopole d'un vaste réseau de câbles sous-marins entre les États-Unis et l'Asie, dénommé Pacific Line Data Cable Network (PLCN). Cela porte à 19 le nombre de câbles transcontinentaux actuellement financés par Google, Amazon, Facebook et Microsoft. Dans le même temps, Facebook multiplie les accords avec les opérateurs mobiles nationaux, en échange de la prise en charge d'infrastructures hertziennes de 5G et plus tard de 6G.

Il est évident que de multiples facteurs peuvent bouleverser ces schémas : une résurgence de l'inflation avec une remontée des taux d'intérêt qui va renchérir le coût du capital, une action forte et concertée des régulateurs européens et américains pour calmer ces appétits, une interférence chinoise de nature inconnue (allant d'une globalisation des services numériques, à une attaque possible sur Taiwan, donc une prise de contrôle d'approvisionnements clés en composants). Sans même prendre en compte une éruption solaire, une cyberattaque globale et incontrôlable, une nouvelle pandémie plus méchante encore… Bref, l'incertitude reste le charme de la prédiction.

224 Welfare state : État providence ou État social : État ou nation qui s'offrent des protections sociales au bénéfice de leurs citoyens.

Conclusion très provisoire

Une IA peut être considérée comme une machine qui choisit l'action qui semble la plus efficace pour atteindre l'ensemble des objectifs qui lui sont donnés, sans chercher forcément un quelconque épanouissement humain. Il reste que l'on se polarise beaucoup sur l'IA et que l'on semble oublier que l'homme n'est pas si cartésien que ce que l'on veut faire croire. Le grand nombre de biais cognitifs le prouve à l'évidence. Et il est normal que l'on les retrouve dans l'IA également.

Il y a cinq ans, aux Nations unies, Dan Faggella, fondateur et chercheur principal d'Emeri Artificial Intelligence, avait fait une présentation sur les deep fakes qui commençaient à apparaître sur les réseaux. À l'époque, il avait souligné qu'en dépit des avertissements concernant ces faux numériques, « **les gens ne croient que ce qu'ils veulent croire** ». En d'autres termes, ils ne retiennent que l'information qui les conforte dans leurs certitudes, qu'elles soient vraies ou fausses[225].

Le vrai danger n'est pas l'IA, c'est l'homme.

[225] Voir le chapitre 2.

Chapitre 9
L'IA et la désinformation

Définition

La désinformation est une fausse information, qui a été délibérément conçue et diffusée pour causer des préjudices, ou diffuser de fausses allégations, ou créer un contenu qui semble officiel, comme un hyper trucage.

La désinformation consiste à fabriquer et diffuser **intentionnellement** des informations partiellement ou entièrement falsifiées, dans le but d'influencer, de manipuler ou d'induire en erreur l'opinion de publics cibles. Comme on l'aura compris, l'arrivée sur le marché de systèmes à base d'IA rend les moyens de désinformation accessibles au plus grand nombre.

Les médias sociaux augmentent la portée des messages des auteurs nationaux qui comptent de nombreux abonnés, comme les influenceurs, les personnes ayant des comptes vérifiés ou les personnalités publiques. Une fausse information répandue par des personnalités nationales, en vue de miner la confiance envers les institutions et les processus démocratiques, peut se propager davantage, et avoir une plus grande incidence sur l'opinion publique, que lorsque ce sont des auteurs étrangers qui cherchent à faire la même chose, de façon discrète.

Bien que des sites comme 4chan, 8chan, Gab et Parler[226], n'aient pas la portée des médias sociaux plus populaires, ils opèrent dans le dark web[227], qui est peu ou pas régulé. Ces outils permettent à des personnes aux vues similaires de se rassembler pour interagir et entretenir des opinions radicales,

---

[226] 4chan est un site web en anglais, sur lequel les internautes peuvent, anonymement, publier des photos et des images, et créer des espaces de discussion, librement accessibles. C'est un tableau d'images structuré par tableaux (thèmes), théoriquement accessibles aux plus de 18 ans et sans régulation. Certains « tableaux » autorisent les discours de haine (racisme, transphobie) et les contenus pornographiques.

8chan, aujourd'hui 8kun, fonctionne comme 4chan avec encore moins de modération.

16chan fonctionne comme 4chan sur le dark web, et contient du contenu illégal.

[227] Dark web : c'est un réseau non accessible avec les moteurs de recherche traditionnels. Les plus connus sont Tor, I2P, Freenet, Zeronet. Contrairement aux réseaux publics, les adresses des utilisateurs ne peuvent pas être tracées.

qui peuvent ensuite être propagées sur l'ensemble de la toile par les réseaux sociaux conventionnels.

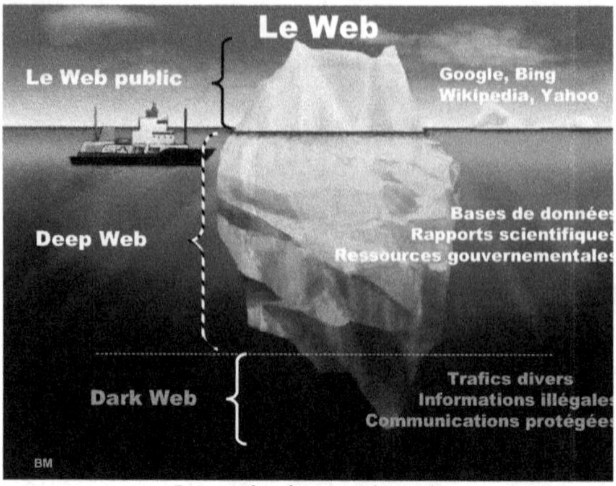

Les trois niveaux du web

Les applications de messagerie chiffrée, comme WhatsApp, Signa et Telegram, compliquent le suivi et le freinage de la propagation de fausses informations. C'est d'ailleurs pour cette raison que de nombreux groupes, chassés de plateformes d'applications conventionnelles, se tournent vers des applications de messagerie chiffrée. De plus, de par le caractère fermé de ces applications, la plupart des utilisateurs communiquent avec des gens qu'ils jugent « dignes de foi », ce qui amplifie leurs idées (par effet de renforcement de croyance). La transmission d'informations à de grands groupes augmente également le risque qu'une fausse information soit interprétée comme un fait, par effet de fréquence.

Les acteurs de la désinformation

Certains **gouvernements et partis politiques** se servent de la désinformation, ou manipulent l'écosystème informationnel en ligne pour influencer les électeurs. Par exemple, pendant la campagne électorale de 2021 en Ouganda, Facebook a retiré un réseau de faux comptes, et de comptes en double liés au gouvernement ougandais, qui étaient utilisés pour augmenter la popularité des messages. Dans les jours qui ont suivi, le gouvernement a interdit les médias sociaux et a fermé l'accès à Internet en Ouganda. Les gouvernements restreignent de plus en plus l'accès à Internet durant les élections pour limiter l'accès à l'information, étouffer l'opposition et contenir la liberté d'expression.

WeChat, une application chinoise offrant de multiples fonctionnalités, et qui est utilisée par des milliards de personnes à travers le monde, a diffusé de la désinformation ou de la propagande, en s'adressant spécifiquement à la diaspora chinoise qui utilise la plateforme.

L'**influence étrangère** en ligne est devenue un outil courant entre nations. Elles y ont recours pour servir leurs intérêts fondamentaux, comme la sécurité nationale, la prospérité économique et des objectifs idéologiques. Les campagnes d'influence en ligne peuvent avoir pour objectif :

- d'avoir un impact sur le débat public ;
- d'influencer les choix des décideurs politiques ;
- de compromettre les relations gouvernementales et la réputation des politiciens ;
- de délégitimiser le concept de la démocratie, ainsi que d'autres valeurs, comme les droits de la personne et la liberté ;
- d'aggraver les frictions existantes dans les sociétés démocratiques.
- Les « luttes informationnelles » à l'occasion de la guerre en Ukraine ou la confrontation franco-russe au Sahel, ont mis en lumière la militarisation des réseaux sociaux, devenus le théâtre d'opérations de cyberdéstabilisation entre nations. Les guerres de l'information qui s'y jouent sont désormais industrialisées, s'épanouissent à bas coût et à bas bruit sur des réseaux sociaux devenus partie intégrante de l'arsenal des guerres hybrides dont les trois piliers sont :
- les modèles artificiels de viralité,
- l'information (et son corollaire, la désinformation),
- nos schémas **cognitifs et perceptifs**.

L'usage paraétatique des réseaux complique la question de la modération, pour l'emmener sur le champ sensible des stratégies militaires d'influence.

Les **entreprises privées** sont de plus en plus nombreuses à offrir des services d'influence en ligne, à des gouvernements, et à des acteurs politiques. Une étude menée à Oxford en 2020 a identifié 48 cas où des entreprises privées se livraient à de la désinformation, pour le compte d'un acteur politique. Depuis 2018, les mêmes chercheurs ont trouvé plus de 65 entreprises, offrant la désinformation en tant que service, comme « Team Jorge » (Israël), Internet Research Agency (Russie), « X » (Afrique du Sud), « Y » (Inde : cf. les « Usines à mensonges » de Gauri Lankesh), « CLS Stratégies » (USA, qui a monté des campagnes d'influence, dans trois pays d'Amérique latine, à l'occasion des élections), « X » (Iran). Pour rappel, car bien relayé par la presse, citons : « Cambridge Analytica » (GB), « Story Killers » (Europe), « Renaissance Technologie » (fonds d'investissement visant l'Europe), « Gatestone » (USA > Europe), « The Rebel » (Canada visant l'Europe : Macron leaks).

Les **mouvements nationaux ou politiques**. Des auteurs de cybermenaces parrainés par des États, dont la Russie et l'Iran, ont profité de groupes et de mouvements nationaux dans certains pays et se sont servi des messages et de la notoriété de ces groupes, pour influencer les électeurs. Par exemple, certains ont fait la promotion de contenus et de messages liés au mouvement QAnon, dans le but de toucher l'électorat aux États-Unis. Ils se sont également fait passer pour des groupes nationaux américains, pour envoyer des messages individuels menaçants à des électeurs.

Les **influenceurs**[228] qui vivent de leur réseau de « followers[229] » peuvent délibérément ou non servir de relais de désinformation. En France on compterait 150 000 influenceurs (la loi du 9/6/2023 vise à encadrer leur activité, dès le moment où leur activité concernerait la France). Certains influenceurs ont plusieurs milliers, voire millions d'abonnés. Leurs avis orienteraient 49 % des intentions d'achat des consommateurs (selon l'étude Meltwater – 2023). Instagram compterait 500 000 influenceurs en 2019.

Des **intellectuels et des journalistes** de certains pays ont également été utilisés, à leur insu, par des auteurs de cybermenace étrangers, pour rédiger des articles présentant un certain angle politique et qui sont ensuite utilisés dans des campagnes plus générales d'influence étrangère.

Des **cybercriminels** qui profitent de la présence en ligne des partis politiques ou des politiciens, pour en tirer des gains financiers, que ce soit en détournant des sites web ou des comptes, de partis politiques ou de politiciens, ou en créant de faux sites web, comptes, courriels ou autres communications, conçus pour donner l'impression d'être officiels. Les cybercriminels peuvent utiliser un rançongiciel, ou mettre en œuvre des attaques DDoS[230] pour perturber des événements. Ils peuvent créer des pages en ligne pour tenter de soutirer de l'argent à des personnalités, ou à des partis politiques. L'information sensible et volée à partir de comptes compromis peut être divulguée, dans le but de ternir la réputation d'une personnalité, ou être utilisée comme forme d'extorsion.

L'influence informationnelle

La notion de « désinformation » est difficile à isoler, puisqu'il s'agit d'une partie des pratiques de ce qui est désigné comme « l'influence informationnelle ».

« L'influence informationnelle renvoie à l'ensemble des pratiques d'influence qui vont mobiliser des ressources et des technologies informationnelles afin d'atteindre une cible et obtenir un résultat, conforme aux attentes et aux objectifs de l'influenceur. Cela englobe donc de multiples

---

[228] Un influenceur est une personne qui utilise un blog personnel, ou un forum et qui utilise les réseaux sociaux (Instagram, Twitter, Facebook, LinkedIn), pour développer son audience auprès de « followers ». Les influenceurs sont rémunérés par les plateformes en fonction de leur audience, et parfois aussi par les marques qu'ils recommandent.

[229] Un follower est un internaute abonné à une page ou un site d'un réseau social. Sur Facebook ou LinkedIn, on parlera de contacts ou d'amis.

[230] DDoS : attaque en déni de service visant à rendre inaccessible un serveur afin de provoquer une panne ou un fonctionnement fortement dégradé du service.

pratiques, dont la désinformation, mais aussi la diplomatie publique, la propagande médiatique, les opérations et manipulations informationnelles. »

L'exemple de la Russie. On connaît bien les opérations de désinformation, d'intoxication ou de subversion, parfois très ingénieuses, conduites par le FSB (ex-KGB) à l'extérieur des frontières soviétiques, avec des objectifs multiples, comme le dénigrement de l'Occident capitaliste, le soutien aux mouvements révolutionnaires, ou la légitimation de la politique étrangère de l'URSS. La désinformation est un outil à part entière de l'action internationale de la Russie postsoviétique, qui s'appuie sur une armature institutionnelle, et un savoir-faire certain. Son usage est redevenu systématique et désinhibé, depuis le début de la guerre en Ukraine en 2014 (Crimée). Toutefois, n'oublions pas qu'une partie des raisons pour lesquelles l'influence russe atteint parfois ses objectifs, y compris en matière de soft power et de puissance d'attraction, repose sur le fait que celle-ci s'appuie sur des ressources (politiques, culturelles, idéologiques, spirituelles, etc.) **bel et bien existantes**, ou sur une production de récits souvent manipulés ou détournés, mais fondés sur des **phénomènes bien réels**, comme la critique de la colonisation européenne.

Les Américains[231], pour leur part, ont choisi une stratégie d'influence à large spectre (une sorte d'infiltration culturelle), en privilégiant les échanges de personnes dans le cadre de l'International Educational Exchange Program, et plus précisément du Foreign Leader Program. Objectif : créer des synergies entre services d'information et Bureaux des affaires culturelles, des deux côtés de l'Atlantique. Le programme cible les élites françaises susceptibles (ou non) de servir les stratégies d'influence des États-Unis.

Les autres sphères d'influence approchées sont l'université (création de chaires d'études américaines, en France et en Europe), puis le monde culturel. L'objectif est de permettre une meilleure compréhension, sinon de la politique américaine, au moins de sa culture, de ses valeurs. L'« exception française » a été un sujet de préoccupation constant, pour les Américains.

Selon la Maison-Blanche, « la stratégie la plus efficace, pour lutter contre les idées reçues et les représentations erronées des États-Unis, aurait été la promotion des échanges éducatifs et culturels » au sein du programme Fulbrigh, véritable « Plan Marshall de la culture européenne ».

Toujours dans le cadre des stratégies d'influence, il faut citer les radios. Principalement VOA (Voice of America), Radio Free Europe et Radio Liberty, les deux dernières étant des stations de radio libres (ou clandestines), créées et financées par les États-Unis pour diffuser des émissions dans les pays d'Europe de l'Est, derrière le rideau de fer.

[231] https://books.openedition.org/pur/140472?lang=fr

Un peu plus de 30 ans après la chute de l'URSS, on assiste de nouveau à une opposition entre les États-Unis et la Russie. Mais avec eux, d'autres pays se sont lancés dans ce conflit informationnel, comme l'Iran, la Chine, ou encore le Japon.

Les canaux les plus utilisés aujourd'hui sont essentiellement **les médias sociaux qui vont être vus comme parfois des médias alternatifs**.

L'espace numérique n'est pas un espace qui a des frontières bien délimitées, ce qui peut aussi poser question. Selon les spécialistes, **« il faut l'occuper pour éviter de laisser trop d'espace aux autres »**.

Le dispositif d'influence, qui porte la désinformation, peut faire intervenir trois catégories d'acteurs de façon complémentaire.

- Les acteurs étatiques à la main d'un État. Par exemple pour la Russie, ce sont les médias internationaux RT et Sputnik (parmi les plus visibles et les plus financés). Ce sont aussi les agences de renseignement par ses différents services (FSB, SVR, GRU). Il est difficile d'attribuer une source certaine à ces opérations clandestines. Cette catégorie intègre naturellement le ministère des Affaires étrangères ou le ministère de la Défense, dans différentes langues et au sein même des pays d'implantation. Les ambassades de Russie sur les réseaux sociaux sont très présentes et mobilisent volontiers la désinformation (surtout depuis le 24 février 2022). La même analyse pourrait être faite pour les USA ou la Chine et aussi d'autres acteurs (comme les pays du Golfe).
- La deuxième catégorie d'acteurs comprend des acteurs non étatiques, semi-étatiques ou non officiels capables de s'affranchir des lourdeurs bureaucratiques. Certains sont de véritables entrepreneurs d'influence ou de désinformation, autrement dit des hommes d'affaires qui investissent leur propre capital financier dans ces opérations, pour servir l'État ou leurs propres intérêts. Une figure archétypale est celle d'Evgueni Prigojine. Récemment, l'opération « Doppelgänger/RRN[232] » a fait l'objet d'une importante couverture médiatique. L'une des « forgeries » mises en œuvre consistait à usurper l'identité de dizaines de sites institutionnels et médias authentiques, dans plusieurs pays (comme Le Parisien, 20 Minutes, Le Figaro et Le Monde, en France) afin de diffuser de faux articles ou documents sur des sites clonés.
- La troisième catégorie est composée d'« acteurs tiers ». Ces acteurs, souvent des natifs des pays ciblés, agissent consciemment ou inconsciemment, au service de l'influenceur, à des fins lucratives, politiques ou idéologiques. L'Afrique subsaharienne est un bon exemple en matière de désinformation, avec de nombreux cas de sous-traitance médiatique. L'influence a d'autant

[232] Les hackers ont mis en ligne de faux articles sur une page en tout point identique à celles du site officiel de ces médias, mais avec un nom de domaine légèrement différent. La copie est tellement poussée qu'un clic sur les liens hypertextes qu'elle contient renvoie sur les autres articles du vrai journal. La pratique est baptisée « typosquattage ».

plus de portée qu'elle s'intègre dans des réseaux et écosystèmes bien implantés localement, et crédibles.

Les outils d'IA renforcent les risques de désinformation, par sa facilité à générer de faux contenus, ou à greffer de faux messages (texte, images, vidéos), sur des contenus issus du réel, donc très difficiles à détecter par les récepteurs. La démultiplication de ces faux contenus, par les réseaux sociaux, rend la modération quasi impossible.

S'allier à des sources légitimes pour qu'elles soutiennent des points de vue spécifiques donne de la crédibilité aux messages véhiculés par des campagnes d'influence étrangère en ligne. Cela brouille davantage la distinction entre les auteurs d'un pays, et ceux de l'étranger et donne de la crédibilité aux points de vue soutenus par des campagnes d'influence.

La faiblesse occidentale

La plupart des pays occidentaux ont abandonné leurs mesures défensives contre les attaques informationnelles soviétiques, après la guerre froide, à l'exception de certains États d'Europe centrale, nordique et orientale. Cette décision les rend aujourd'hui vulnérables, lorsque la nécessité de se protéger se présente. La prise de conscience des vulnérabilités des États démocratiques, face aux attaques informationnelles de la dernière décennie, a évolué en trois temps :

- En 2014, l'annexion de la Crimée par la Russie et la déstabilisation du Donbass en Ukraine ont mis en lumière la notion de guerre hybride, comprenant une composante majeure de guerre informationnelle. Cette situation a montré aux États les fragilités de leurs défenses, face à de telles menaces, notamment dans les pays ayant des liens historiques ou linguistiques particuliers avec la Russie, comme les pays baltes.
- La vulnérabilité des grandes puissances occidentales est apparue criante lors de l'ingérence russe dans la campagne présidentielle américaine de 2016. Puis en France en 2017, avec l'épisode des Macronleaks[233]. Ces ingérences ont démontré que même les pays influents n'étaient pas à l'abri de ces manipulations, et présentaient des capacités de résilience inégales. En conséquence, à partir de 2017, de nombreux pays ont adopté des mesures – que ce soit sur les plans organisationnel, législatif ou éducatif – pour renforcer leur capacité à contrer les manipulations de l'information.
- L'analyse objective de la situation a montré que la menace n'est pas uniquement d'origine russe, ni strictement étatique. La Chine est désormais au centre des préoccupations, ainsi que celle des acteurs non étatiques, tels

233 Macronleaks : piratage des sites de campagne du candidat à la présidence de la République et diffusion sur les réseaux sociaux (4chan). Au sein des documents authentiques confidentiels, plusieurs documents frauduleux ont été insérés. La fuite a lieu 3 heures avant la période de réserve électorale.

que les mouvements populistes ou complotistes. L'émergence d'entreprises spécialisées dans la désinformation est devenue une préoccupation mondiale. La guerre de Gaza montre également l'émergence de l'Iran, et de ses commensaux. On observe également que, dans l'espace numérique mondialisé, ces menaces dans leur ensemble sont à la fois distinctes et interconnectées. Elles fonctionnent comme des écosystèmes susceptibles de s'entrecroiser. La notion d'« écosystème de propagande », employée notamment par le Global Engagement Center du département d'État américain, fait référence à un ensemble complexe de ressources et de mécanismes, qui sont utilisés pour propager, de manière systématique et souvent biaisée, des informations, des idéologies ou des narratifs spécifiques, dans le but d'influencer l'opinion publique, de manipuler la perception du public ou de servir des intérêts particuliers. Ces écosystèmes englobent divers acteurs étatiques ou non étatiques, plateformes, médias, organisations et individus, qui collaborent ou agissent de manière coordonnée, pour diffuser des messages de propagande. Ils peuvent inclure des médias contrôlés par un État, des groupes politiques, des trolls sur les réseaux sociaux, des médias alternatifs, des campagnes de désinformation en ligne, des campagnes de lobbying, etc.

Les écosystèmes de propagande de l'ère numérique exploitent souvent des techniques de persuasion, de manipulation psychologique, de désinformation, de diffusion sélective de l'information et de discours polarisants, pour influencer les perceptions, les croyances et les comportements des individus.

Ils sont utilisés à des fins politiques, idéologiques, économiques, militaires ou autres. La propagation de fausses informations et la création d'une **atmosphère de confusion** font partie intégrante de ces efforts de propagande visant à atteindre des objectifs spécifiques.

Créer une atmosphère de confusion.

La guerre et la désinformation

Toutes les guerres ont une composante (dés)informationnelle. La guerre en Ukraine comme le récent conflit israélo-palestinien sont accompagnés d'une hypermédiatisation, et d'une amplification démesurée sur les réseaux sociaux. À cela s'ajoute la circulation de données en provenance du terrain, produites quasiment en temps réel. Ces flux informationnels, qui pour la plupart ne sont plus filtrés par les médias traditionnels, alimentent massivement et quotidiennement la « guerre de l'information », qui s'enchevêtre avec la guerre conventionnelle. Dans ce déluge informationnel, difficile de démêler le vrai du faux. L'effet de répétition joue à plein, même si les images sont recyclées d'un autre conflit ou générées spécifiquement. La désinformation est alors utilisée de manière systématique, désinhibée et quotidienne.

À l'échelle internationale, chaque camp met en avant les informations qui lui sont favorables, et occulte les aspects les plus préjudiciables à ses opérations militaires.

À ce titre, quelques jours après l'attaque de l'Ukraine, la Douma a voté une loi interdisant la « diffusion d'informations mensongères sur les forces armées russes » pour renforcer l'autocensure, déjà présente en Russie.

La « galaxie Prigojine » finance depuis plusieurs années des « trolls » (projet Lakhta) ou des médias locaux en RCA, au Mali ou au Burkina Faso.

Les attaques informationnelles, caractérisées par la vitesse de leur amplification, sont devenues de plus en plus sophistiquées, au gré des évolutions technologiques, dites de rupture, désormais facilitées par le recours généralisé à l'intelligence artificielle (IA).

Les réponses à la désinformation

Pour surveiller, comprendre les écosystèmes de propagande, lutter contre la désinformation et promouvoir la transparence dans l'espace public, les démocraties mettent en œuvre des stratégies civiles et/ou militaires de réponses, à différentes échelles : nationale, européenne, internationale.

Les États ont réagi face à la menace en décloisonnant leurs services institutionnels dédiés, en créant des réseaux pour coordonner leurs efforts dans les domaines de la défense, de la diplomatie, de la culture, de l'éducation et de la justice. Des équipes formées à la lutte contre les manipulations de l'information ont été mises en place, dont on peut espérer une efficacité satisfaisante.

Pour faire la lumière sur les cas avérés d'ingérence, les États-Unis, le Royaume-Uni, l'Australie, l'Allemagne et la France ont mené des enquêtes publiques, relayées par les médias, pour sensibiliser la population. Certains États ont adopté une législation pour lutter contre les manipulations de l'information. L'Allemagne a adopté une loi en 2018 obligeant les plateformes numériques à supprimer rapidement les messages « illégaux ». La France a adopté une loi en 2018 contre la manipulation de l'information pendant les périodes électorales. Les États-Unis ont une législation ancienne (1930) obligeant les médias financés par un agent étranger à se présenter comme tels. D'autres pays ont choisi d'interdire certains médias, ou ont renforcé le pouvoir des autorités de régulation, ce qui conduit à des préoccupations concernant la liberté de la presse.

La France a adopté une posture offensive pour contrer les attaques informatiques, et créé une agence dédiée à la cybersécurité, l'Agence nationale de la sécurité des systèmes d'information (ANSSI), qui travaille à la protection des infrastructures critiques et à la réponse aux cybermenaces.

La militarisation de la réponse aux menaces informationnelles comporte des défis et pose des questions éthiques, notamment en ce qui concerne la liberté d'expression et la protection de la vie privée. La coopération internationale contre les manipulations de l'information est devenue essentielle, en raison de la nature transnationale de ces menaces. Les attaques liées à la désinformation peuvent provenir de l'étranger, mais elles exploitent également la nature sans frontières d'Internet. Cela pose un défi global pour la communauté internationale, nécessitant des réponses coordonnées.

En 2016, la victoire de Trump à la présidentielle a fait prendre conscience de ce que pouvait être une attaque de désinformation. Les autorités américaines ont trouvé des preuves de l'ingérence russe, à partir d'une ferme à trolls, l'Internet Research Agency (IRA), basée à Saint-Pétersbourg. L'agence a créé de grands groupes de faux comptes et de fausses pages ; elle a acheté des annonces publicitaires (payées en roubles !). Ainsi, de fausses personnes ont attaqué tantôt Trump, tantôt son adversaire démocrate Hillary Clinton, pour prouver leur objectivité, mais avec des contenus de portée différente. Certaines ont également cherché à nourrir les divisions autour de thèmes sensibles, comme les tensions raciales, l'immigration ou les armes à feu (le tout dans un anglais souvent médiocre, ce qui aurait dû alerter les modulateurs).

La capacité de la technologie à produire des deep fakes très convaincants soulève de sérieuses questions en matière d'éthique et de respect de la vie privée, et plaide en faveur d'une surveillance et d'une réglementation étroites.

L'Union européenne a élaboré des réponses spécifiques, pour lutter contre la désinformation, notamment en créant des équipes de communication stratégique, et en développant « un code de bonnes pratiques » contre la désinformation, signé par les entreprises technologiques majeures exerçant en Europe. L'OSCE[234] a adopté une approche large, en soulignant la nécessité de protéger la liberté d'expression, tout en luttant contre la désinformation.

L'affaiblissement des mesures de prévention en Occident (1990-2015) et la sophistication toujours plus poussée des outils de l'IA forment un cocktail hautement toxique. Aujourd'hui, il est tout à fait possible qu'un deep fake indétectable inonde le web et produise des effets ravageurs sur nos démocraties.

Les nouveaux outils de l'IA générative permettent de semer le chaos. Parallèlement, les programmes des plateformes pour réguler leur diffusion battent de l'aile, et certains organismes publics chargées de la lutte contre la désinformation en ligne (comme le SIO) mettent la clef sous la porte

[234] Organisation pour la sécurité et la coopération en Europe, créée en 1995. Compte 57 États membres. Aborde les notions de sécurité sous trois dimensions : politico-militaire, économico-environnementale et humaine.

L'IA générative permet de rédiger des articles de presse, de gérer des sites d'information, d'automatiser des armées de bots et même de créer des chatbots que l'on peut programmer pour induire certaines opinions politiques chez les utilisateurs.

Au Royaume-Uni, en octobre 2023, au premier jour de la conférence du Parti travailliste, un faux enregistrement audio du chef de l'opposition travailliste, Keir Starmer, a été mystérieusement parachuté sur les réseaux sociaux. Un enregistrement fabriqué, dans lequel il admonestait des assistants. Au Venezuela, en 2023 également, YouTube a suspendu plusieurs comptes, montrant des vidéos de faux présentateurs, en train de lire de fausses informations flatteuses sur le régime du président Nicolas Maduro.

Les méthodes restent toujours les mêmes, les motifs varient, mais les nouveaux outils les rendent plus troublantes. Certaines de ces campagnes de désinformation visent à influencer l'opinion, ou à discréditer des candidats. D'autres, comme c'est souvent le cas des récentes campagnes russes, cherchent à saper la confiance en la démocratie. D'autres, encore, ont tout simplement pour but d'engranger des profits, en incitant par exemple les internautes à cliquer sur un contenu publicitaire.

Tout cela n'est évidemment pas sans effets secondaires. Ne plus savoir reconnaître la vérité.

Dans le monde juridique, on entend déjà des avocats crier au deep fake pour défendre leurs clients. D'autres, par contre, fondent leur plaidoyer sur des recherches de ChatGPT, appuyées sur des arrêts de Cour de cassation. Problème, les jurisprudences avancées par le chatbot d'OpenAI n'existaient pas.

Officiant à New York depuis trente ans, l'avocat pensait que cet outil d'intelligence artificielle était une sorte de super moteur de recherche à la portée plus large que les bases de données standards. « Je me suis fait avoir par ChatGPT. C'est gênant », a-t-il reconnu. Bien qu'ayant toutes les apparences de la vérité, les jurisprudences évoquées avaient été inventées de toutes pièces par ChatGPT. Le fact checking n'avait rien remarqué, car le chatbot avait rajouté les jurisprudences **inventées**, dans celles des tribunaux évoqués de la base de contrôle.

Le juge lui a infligé une amende de 5 000 dollars. Mais l'histoire de cet avocat américain, devenu la risée des médias autant que de ses confrères, n'est pas unique. Une affaire similaire est relayée notamment par l'hebdomadaire sud-africain *Sunday Times*.

L'an dernier, lors d'un procès d'Elon Musk, ses équipes juridiques ont tenté de faire invalider une pièce essentielle : une vidéo YouTube (dans laquelle le milliardaire parle de la conduite automatique des Tesla), en invoquant le fait que cette vidéo pourrait être un hypertrucage. Le juge a récusé l'argument, qu'il a toutefois considéré comme « profondément troublant ».

Idem dans la sphère politique, n'importe quel candidat à une élection peut désormais « balayer du revers de la main » des contenus audio ou vidéo qui le désavantagent.

Des chercheurs ont aussi montré que le deep fake aggrave la méfiance des populations envers tous les contenus en ligne, même ceux qui sont authentiques. En politique, « les autocrates ont tout intérêt à attaquer l'idée qu'il existerait une vérité objective ». Les gens sont amenés à penser : « Ça ne sert à rien d'aller voter. On nous ment. Les élections ne sont qu'une vaste mise en scène. Nous n'avons aucune prise sur les résultats », ce qui fait dégringoler l'engagement citoyen.

En réponse, les réseaux sociaux planchent sur des garde-fous. La clé d'une lutte réussie réside dans la **vitesse de réaction**, si possible en temps réel. Selon l'expert Henry Ajder, « lorsqu'un contenu viral inspire une confiance mitigée, et que les plateformes tardent à réagir, elles laissent un vide épistémique dangereux, dans lequel peut s'engouffrer une légion d'acteurs peu scrupuleux, et de sites malveillants, qui tenteront d'en confirmer le contenu ». La réactivité nécessaire à la lutte contre la désinformation est fort peu compatible avec une modération humaine.

Une autre réponse serait technique. « Les créateurs de logiciels générant des avatars sont priés d'insérer des filigranes ou des indicateurs » afin d'en faciliter la détection, mais cela reste sans doute contournable, et les auteurs mal intentionnés ne le feront pas. Dans ce domaine, il est difficile d'interdire ou de contraindre.

Restent les contrôles effectués par les plateformes pour lutter contre la désinformation. C'est un problème de ressource et donc de coûts. Certaines traînent les pieds comme Telegram ou X. L'affaire Frances Haugen a révélé que Meta consacrait peu de moyens à la régulation des pays non anglophones.

Viennent ensuite les contrôles faits par les pays. Pour certains, ceci n'est absolument pas une priorité. Enfin peut-on encadrer l'IA par la loi. C'est le pari qu'a décidé de faire l'UE.

La réponse législative de l'Europe

Selon l'étude de Goldman Sachs, de par sa capacité d'apprentissage en évolution constante, l'IA pourrait un jour surpasser l'homme dans certains domaines, et ainsi le remplacer, ce qui aurait un impact sur l'emploi. Dans le même temps, les populations s'interrogent sur leur vie privée et l'utilisation qui pourrait être faite de leurs données personnelles. Ayant besoin de données pour affiner sa formation, donnera-t-on à toutes sortes d'IA l'accès aux données personnelles de chacun, sous prétexte d'un développement technologique et économique majeur ? L'exploitation des données personnelles n'est pas le seul danger. Le principal semble être lié à la façon dont on utilise l'IA. Une IA, en apparence inoffensive, pourrait être détournée de façon malveillante. On peut déjà le constater avec l'essor des « Deepvideos[235] », ces fausses vidéos, créées pour mettre en scène une personne, dans une situation compromettante.

Soucieuses de réguler cette évolution, l'Europe et d'autres entreprises mettent en place des lois et des réglementations (sortes de codes de bonne conduite).

Le 2 février 2024, le projet de règlement européen sur l'intelligence artificielle (IA Act) a été validé, à l'unanimité des ambassadeurs des vingt-sept pays de l'Union européenne réunis à Bruxelles. Le texte ne serait pas mis en application avant 2026. Ce qui fait dire au *New York Times* que « les législateurs et les autorités de régulation à Bruxelles, à Washington et ailleurs sont en train de perdre la bataille pour réglementer l'IA », car ils ne parviennent pas à suivre l'évolution rapide de la technologie. Et de rappeler que, lorsque le projet de loi européen avait été initié, ChatGPT n'existait pas encore.

Les Vingt-Sept assurent vouloir préserver les possibilités et limiter au maximum les risques ; c'est pourquoi ils ont négocié une loi à l'épreuve du futur, suffisamment flexible pour pouvoir réglementer des fonctions et des technologies inconnues pour l'heure. Et même si « les détails ne sont pas encore connus », « toutes les parties se sont déclarées satisfaites de l'équilibre trouvé ».

Les points qui ont été très discutés concernaient la réglementation des modèles d'IA générative utilisant de larges bases de données, ainsi que « les systèmes de surveillance biométrique (comme la reconnaissance faciale), point qui s'est révélé en fin de compte le plus âprement négocié ». Sur ce dernier point, certains eurodéputés demandaient une interdiction totale, et les États, de leur côté, insistaient pour qu'il y ait des exceptions. Un équilibre a finalement été trouvé. La surveillance biométrique sera interdite en règle générale et ne pourra être utilisée que par les forces de l'ordre, face à des crimes majeurs (dont le terrorisme) et seulement sur autorisation judiciaire préalable. Seront interdits les systèmes pour créer ou étendre des bases de données faciales, en captant des données de façon aveugle, sur Internet ou dans des enregistrements audiovisuels.

Autre point important : les modèles d'IA générative (comme ChatGPT) devront satisfaire certaines exigences de transparence, notamment concernant leur algorithme, et devront respecter les droits d'auteur. Les livrables délivrés par l'IA devront spécifier explicitement qu'ils ont été générés par IA.

Derrière le débat européen pointe une guerre commerciale opposant l'Europe (surtout Allemagne et France), les EU et la Chine. Alors que l'Union européenne ne représente que 7 % des investissements annuels en IA, l'accord prévoit de

---

[235] Deepvideo : deep fake en vidéo.

larges exemptions aux « modèles open source », ce qui pourrait bénéficier aux sociétés européennes d'IA en open source[236], notamment Mistral en France et Aleph Alpha, en Allemagne.

L'accord prévoit des sanctions financières vis-à-vis des entreprises d'IA, qui ne respecteraient pas les termes de l'accord.

Dans le domaine du cadrage juridique, l'UE apparaît comme pionnière. Mais, malgré les bonnes volontés, l'arsenal juridique européen pour encadrer l'intelligence artificielle (IA) ne sera pas mis en œuvre immédiatement. En décembre 2023, le Parlement européen et le Conseil de l'UE sont parvenus à s'accorder sur l'AI Act. Un texte jugé par le Washington Post comme « le plus ambitieux du monde », qui « ouvre la voie et pourrait servir de nouvel étalon pour classer les risques, imposer la transparence et pénaliser financièrement les entreprises de la tech qui ne se mettent pas en conformité ».

Seules des utilisations de l'IA sont règlementées, en fonction des risques encourus, pas l'IA en elle-même.

Principes : **transparence** vis-à-vis des utilisateurs et de respect des **droits fondamentaux** (dont les droits d'auteur), **responsabilité** en cas de dommages physiques ou moraux causés par l'IA aux citoyens européens.

[236] Logiciel open source : code accessible au public qui peut le modifier et le réutiliser à sa convenance. Ce genre de code est développé par des communautés d'utilisateurs. Il y a des centaines de logiciels open source dans tous les domaines.

Chapitre 10
Potentiel des cyberactivités menées contre les processus démocratiques

En 2024, près de la moitié de la population mondiale est appelée aux urnes. Avec la démocratisation accélérée de l'intelligence artificielle générative, les deep fakes sont à la portée de tous. Jamais les risques de propagande et de manipulation de l'opinion n'ont été aussi grands.

La démocratie

Le terme démocratie désigne un régime politique dans lequel tous les citoyens participent aux décisions publiques et à la vie politique de la cité. Ce dispositif s'effectue, soit de manière directe en soumettant des décisions au vote à tous les citoyens, soit de manière indirecte, par le biais de représentants désignés, ou par des élus.

Dans un tel système politique, « le peuple est souverain », et dispose de moyens de contrôle sur l'action de l'**exécutif** (notamment en séparant les autres pouvoirs : **législatif** et **judiciaire**). C'est une forme de société s'appuyant sur un système de valeurs, principalement l'égalité et la liberté. Les dénominateurs communs des démocraties sont la **séparation des pouvoirs**, la **souveraineté** du peuple et l'**État de droit**. C'est-à-dire l'existence d'institutions et de lois qui visent à protéger la population des dérives tyranniques ou dictatoriales, que pourrait exercer une personne ou un groupe quelconque, y compris la majorité. Dans un État de droit, tous sont soumis aux mêmes lois (égalité démocratique).

La démocratie peut être directe (le peuple vote les lois) ou représentative (le peuple élit des représentants qui votent les lois). L'outil de la démocratie directe est le référendum. La démocratie directe est plutôt observée à l'échelon local. La démocratie représentative peut être parlementaire ou présidentielle (USA = présidentielle, France = semi-présidentielle, Allemagne = parlementaire).

La démocratie s'oppose à la monarchie, l'oligarchie, la dictature, l'aristocratie, la ploutocratie.

Dans beaucoup de pays qui se disent démocratiques, les systèmes légaux sont précaires, corrompus et inefficaces, la capacité régulatrice de l'État est déficiente, la protection des citoyens est peu ou mal assurée. Les disparités sociales (aggravées par les effets conjoints de la globalisation et de l'adoption d'un modèle économique néolibéral) peuvent générer le sentiment d'être **mal gérés** et nourrir un certain désenchantement vis-à-vis des gouvernements démocratiques. Cela est observable dans le recul des partis politiques, et le clivage de certains pays, entre deux extrêmes.

Les majorités politiques d'aujourd'hui sont fragiles. On le voit un peu partout en Europe, où des difficultés récurrentes apparaissent pour constituer un gouvernement. Il a fallu des mois en Allemagne, pour mettre sur pied la grande coalition CDU-SPD après les élections de septembre 2017. En Belgique, le gouvernement de Charles Michel a chuté en décembre 2018, sur des désaccords entre partis concernant l'immigration. Il n'est toujours pas remplacé, faute d'accord de gouvernement. En Italie, Matteo Salvini, leader de la Ligue, a mis un terme à la coalition gouvernementale qu'il formait avec le mouvement Cinq Étoiles, afin de provoquer des élections qu'il pensait gagner. Mais une autre coalition s'est mise en place, entre le mouvement Cinq Étoiles et le parti démocrate. Pour combien de temps ?
La France a opté pour un scrutin majoritaire (différent de la représentation proportionnelle). Son Assemblée nationale n'est donc pas la photographie exacte du corps électoral, seulement une représentativité, parmi les tendances principales. Elle fait exception en Europe.

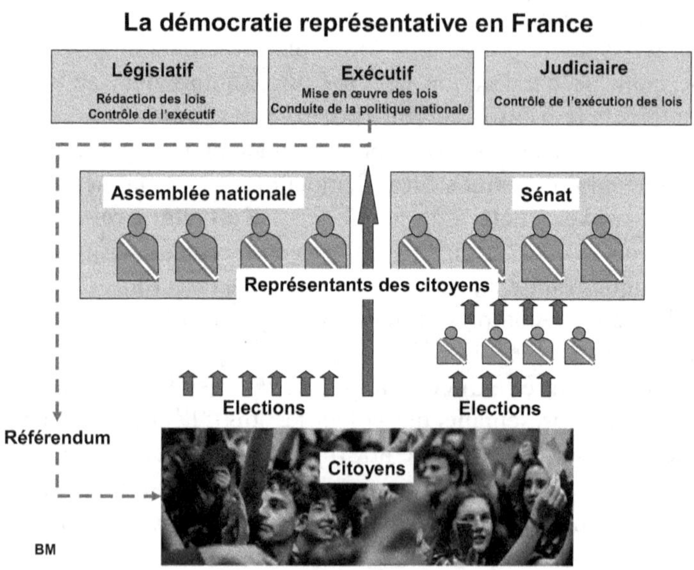

La démocratie

Les citoyens qui ne se sentent pas représentés par le pouvoir en place peuvent manifester (avec le risque de radicalisation), mais aussi se faire facilement manipuler par des activistes professionnels, comme on l'a vu avec le mouvement des gilets jaunes, utilisé par les black blocs. Laisser entendre, comme les leaders des gilets jaunes ou de la gauche radicale, que la majorité n'est pas légitime, c'est évidemment remettre en cause le principe même de la démocratie. Les opposants de gauche rêvent même d'une « convergence des luttes » qui aboutirait à déstabiliser le gouvernement.

La démocratie par définition est imparfaite. Seules les idéologies totalitaires proposent d'atteindre la perfection, au détriment de l'individu. La démocratie est fragile, car il est possible d'exacerber les tensions existantes, et de manipuler les opinions des électeurs, par le double recours aux réseaux sociaux, et aux nouvelles capacités de l'IA.

La manipulation d'opinion

Cela fait des années que la désinformation en ligne s'invite dans les élections. Mais ces derniers temps, grâce aux fulgurantes avancées de l'IA, et aux puissants générateurs de texte, d'audios et de vidéos, comme ChatGPT ou Midjourney ou Dall-E[237], manipuler les contenus numériques est devenu un jeu d'enfant. Ces contenus manipulés (deep fakes) sont de plus en plus difficiles à identifier et à stopper.

Les deep fakes font déjà partie intégrante de la désinformation qui entoure les conflits (Israël/Hamas et Russie/Ukraine). À présent, ils promettent aussi de perturber, partout dans le monde, des élections qui pâtissent déjà fortement de la méfiance des populations envers les gouvernements, les institutions et la démocratie en général, ainsi que de la vague illibérale et de l'extrémisation politique.

« Les technologies ont atteint la combinaison gagnante : réalisme, efficacité, accessibilité », résume Henry Ajder, conseiller d'Adobe et de Meta.

Un exemple slovaque récent : en septembre 2023, à deux jours des élections législatives slovaques, un mystérieux enregistrement a secoué les réseaux sociaux. On y entend le candidat de l'opposition progressiste, favori des sondages, Michal Simecka, et un journaliste, parler achat de voix, et trucage des résultats du scrutin. La séquence a été partagée par des milliers d'électeurs, durant le moratoire électoral, qui interdit toute communication publique sur les élections, deux jours avant le scrutin, interdisant ainsi toute réponse de Michal Simecka.

[237] MidJourney et Dall-E2 : deux outils d'IA capables de générer des images à partir de textes.

La police slovaque n'a pas su interdire la diffusion de la vidéo contrefaite par un outil d'IA, et le scrutin a été remporté par son rival, le candidat populiste Robert Fico.

Les processus démocratiques (qui comprennent les électeurs, les partis politiques et les élections) sont une cible attirante. La grande majorité des cybermenaces, ayant touché des processus démocratiques de 2015 à 2020, peuvent être attribuées à des auteurs de cybermenaces parrainés par des États. Ces derniers ciblent des processus démocratiques, pour servir leurs objectifs stratégiques (c'est-à-dire des objectifs politiques, économiques et géopolitiques).

Les auteurs de cybermenaces ciblent une combinaison d'électeurs, de partis politiques et infrastructures électorales. Il est estimé que les auteurs de cybermenaces perçoivent probablement qu'il est plus efficace de diriger leurs efforts sur plusieurs cibles liées à un processus démocratique, que de se concentrer sur un seul groupe. Le ciblage des électeurs est une façon efficace et relativement facile de s'ingérer dans les processus démocratiques.

Les auteurs de menace peuvent par exemple utiliser des textes ou des vidéos falsifiés, pour s'immiscer dans le processus électoral, en ciblant individuellement les électeurs, ou en recourant à l'hameçonnage auprès des candidats et/ou de leur entourage, ou enfin en faisant une mauvaise utilisation des processus gouvernementaux en ligne. Compte tenu de la nouveauté des procédés accessibles, ces attaques seraient peu détectées.

Les activités de cybermenaces menées contre les processus démocratiques à travers le monde peuvent avoir des effets à court, à moyen et à long termes. Dans certains cas, la perception d'une activité de cybermenace réussie contre les processus démocratiques mine la confiance du public dans les institutions démocratiques, et ce, même si la cyberactivité ne s'est jamais concrétisée ou n'a eu aucune conséquence sérieuse. Par exemple, l'appareil du renseignement des États-Unis a constaté que durant l'élection présidentielle américaine de 2020, certains auteurs étrangers ont diffusé de fausses allégations, ou ont multiplié des allégations concernant de présumées compromissions des modes de scrutin, pour miner la confiance dans le processus électoral, et mettre en doute les résultats. De nombreuses allégations de fraudes électorales ont persisté, même après avoir été démenties, et se sont installées dans beaucoup d'esprits. Ces croyances ont fragilisé, de façon durable, la confiance dans les processus démocratiques aux États-Unis.

Lorsqu'une activité de cybermenace cible des partis politiques ou l'infrastructure des élections, et qu'elle est combinée à des activités d'influence étrangère en ligne, les impacts qui en découlent peuvent être très profonds.

À court terme, les cybermenaces peuvent notamment avoir les conséquences suivantes :

- mettre en lumière un message faux ou clivant ;
- dissimuler l'information légitime ;
- nuire à la popularité ou au soutien d'une personnalité ;
- semer le doute sur la légitimité du processus électoral et les résultats ;
- infléchir les résultats dans un sens désiré ;
- détourner l'attention des électeurs des enjeux importants ;
- limiter la participation électorale.

Les conséquences à moyen et à long termes sont les suivantes :
- altération de la confiance du public envers le processus démocratique ;
- méfiance envers le journalisme et les médias ;
- création des fractures au sein des alliances internationales ;
- augmentation des divisions internes, diminution de la cohésion sociale ;
- désignation de boucs émissaires ;
- perte de confiance envers les dirigeants ;
- promotion d'intérêts économiques, géopolitiques ou idéologiques d'États étrangers.

Points de vigilance en démocratie

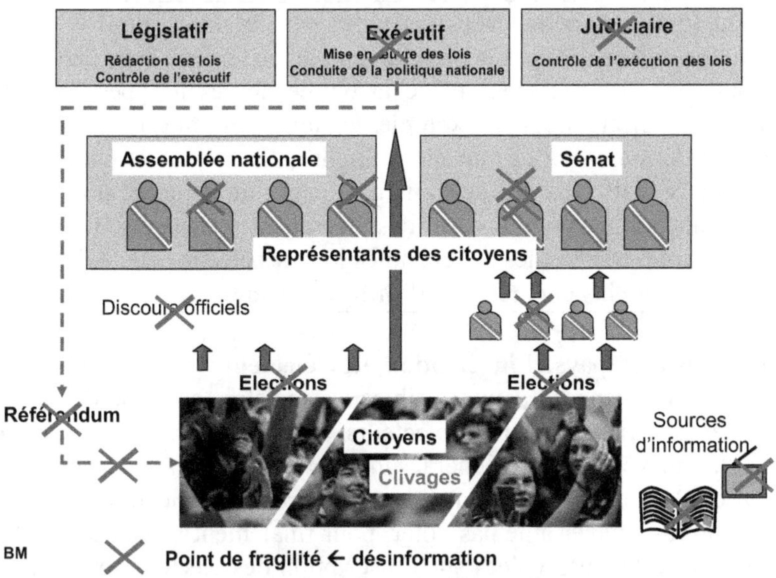

Point de vigilance en démocratie

L'influence étrangère en ligne semble être la cybermenace la plus importante, qui pèse sur les électeurs. Elle se produit lorsque des auteurs étrangers créent, diffusent ou amplifient discrètement des informations fausses et trompeuses en ligne, afin d'influencer les croyances ou les comportements des citoyens. Les auteurs ciblent également les bases de données contenant des renseignements sur les citoyens, que détiennent les partis politiques et les organismes qui administrent les élections, ainsi que les sites web, que consultent les électeurs pour obtenir l'information dont ils ont besoin pour voter. Ce peut être l'occasion de noter **qui** s'intéresse à quoi, et d'en tirer des profils qui seront exploités par des messages personnalisés par exemple (c'est ce qui a été observé lors la dernière élection américaine).

L'**ingérence étrangère**[238] est une activité secrète, trompeuse ou coercitive menée par un auteur étranger, contre un processus démocratique, pour servir des objectifs stratégiques.

Les électeurs doivent donc composer avec un écosystème informationnel en ligne pouvant comporter des informations fausses et trompeuses. Ces dernières peuvent provenir de sources étrangères, ou intérieures. Il est souvent difficile de déterminer la provenance de l'information qui circule sur Internet, et de savoir qui la diffuse, et pourquoi. Des renseignements faux ou inexacts diffusés par des auteurs nationaux (avec des intentions malveillantes ou non) peuvent avoir un effet important sur les électeurs, et peuvent miner la confiance dans les processus électoraux, et diviser davantage l'électorat.

Des auteurs de cybermenaces parrainés par des États, dont la Russie et l'Iran, ont profité de groupes et de mouvements nationaux dans certains pays et se sont servi des messages et de la portée de ces groupes pour mieux influencer les électeurs. Par exemple, certains ont fait la promotion de contenus et de messages liés au mouvement QAnon dans le but de toucher l'électorat aux États-Unis. Ils se sont également fait passer pour des groupes nationaux américains, pour envoyer des messages menaçants à des électeurs.

Des exemples semblables ont été notés lors des élections en Afrique, ou en Ukraine, souvent plusieurs réseaux d'influence étant à l'œuvre.

Dans plusieurs pays, l'**inscription des électeurs** se fait en ligne. Les auteurs de cybermenaces peuvent cibler les registres en ligne des électeurs pour tenter d'y ajouter de faux électeurs, effacer ou chiffrer des données, trafiquer le site web pour empêcher les inscriptions ou publier de l'information trompeuse. Ces activités peuvent ralentir le processus électoral, frustrer les électeurs ou les amener à ne pas voter, pour finalement influencer le résultat du scrutin. Les données volées sur l'inscription des électeurs peuvent servir pour exercer des menaces suite à l'élection, et parfois sur des sujets n'ayant aucun lien avec l'élection, simplement du fait d'un profil, qui aurait pu être établi à cette occasion.

---

238 L'ingérence étrangère est d'un niveau plus agressif que l'influence informationnelle.

Lorsqu'il est tenu en ligne, le scrutin est particulièrement vulnérable aux auteurs de cybermenaces. Ainsi, en 2021, un parti politique d'Allemagne dans le cadre d'une conférence virtuelle suivie d'un vote a été la cible d'une attaque DDoS. L'attaque a causé l'interruption de la conférence, mais n'a eu aucune incidence sur le scrutin, puisqu'il n'était pas hébergé sur le même serveur que la conférence. Mais la tentative était bien réelle.

Des opérations ont été détectées suite à certaines élections, pour discréditer ou miner le gouvernement élu, avant qu'il prenne le pouvoir. Ces opérations ne visent pas nécessairement les électeurs, les partis politiques ou les élections. Souvent, les auteurs ciblent les institutions gouvernementales en général, ou même les infrastructures essentielles. Ils peuvent même faire de la désinformation au lendemain d'une élection, pour semer le doute sur les résultats du suffrage, ou pour tenter d'empêcher le gouvernement élu de prendre le pouvoir.

En 2020, des hacktivistes[239] biélorusses ont défiguré des sites web du gouvernement et ciblé des institutions gouvernementales. Ils ont par exemple publié le nom et l'adresse de 1 000 fonctionnaires ayant soutenu l'ancien président, dont plusieurs ont été agressés.

Parfois, les employés de certains organismes d'administration électorale préparent les élections en travaillant à distance. Les personnes qui travaillent à distance peuvent introduire de nouvelles vulnérabilités, car elles accèdent à des données sensibles à partir du réseau Wi-Fi de leur domicile, qui est souvent moins bien protégé qu'une infrastructure réseau d'un milieu professionnel.

Un défi aux enjeux considérables

Les démocraties occidentales du XXIe siècle se retrouvent à l'avant-garde d'une bataille complexe et multidimensionnelle, dans l'arène de l'information numérique. Les enjeux sont considérables, allant de la sécurité nationale à la préservation des valeurs fondamentales de la démocratie. Les menaces informationnelles, qu'elles émanent de sources étrangères ou d'acteurs internes, sont devenues une menace incontournable. La guerre de l'information est devenue une réalité complexe et changeante, et les démocraties occidentales continuent de chercher des solutions adaptées, pour préserver la liberté d'expression et la sécurité nationale.

Il est plus que probable que nous assisterons en 2024 à des campagnes de deepfakes de plus en plus sophistiquées, dans les nombreuses campagnes électorales prévues cette année.

[239] Hacktivistes : rapprochement de hacker et activistes.

Les gouvernements somment Facebook, YouTube, TikTok et X/Twitter de placer des garde-fous contre les deep fakes, de brider les acteurs malveillants et de modérer efficacement les contenus équivoques, tout en restant impartiaux. Cependant, comme déjà dit, les plateformes sociales sont souvent moins bien armées que lors des précédentes grandes élections, car beaucoup d'entre elles, dont Meta (maison mère de Facebook), ont réduit drastiquement les équipes chargées de la modération. Chez X, aux mains d'Elon Musk, le problème est plus compliqué, car il est opposé à la modération au nom de l'« absolutisme de la liberté d'expression ».

La lutte contre les ingérences informationnelles

La lutte contre les ingérences informationnelles dans les élections de 2024 représentera un défi majeur, mais aussi une opportunité pour renforcer les fondements des sociétés démocratiques, à l'ère de la globalisation numérique.

D'ores et déjà des efforts conséquents ont été mis en œuvre dans de nombreux pays, dont la France, pour lutter contre la désinformation et les « manipulations de l'information ». Mais le fait est que la Russie, par son histoire et son régime autoritaire, a une longueur d'avance dans le domaine de l'influence informationnelle, puisque leurs acteurs n'engagent pas leur responsabilité, ni celle de leurs dirigeants, lorsqu'ils font un usage systématique et décomplexé de la désinformation. Ce qui n'est pas le cas dans les démocraties libérales, où de telles pratiques sont politiquement très risquées, car contraires à nos principes fondamentaux. Cette asymétrie rend particulièrement sensible, l'adoption, par des pays comme la France, d'une approche offensive, dans l'espace informationnel.

Rappelons que la désinformation est, à bien des égards, une « arme du faible », souvent à court terme. Il est aussi indispensable de rappeler que la désinformation n'est pas seulement un problème exogène. Une partie considérable des contenus de désinformation observés en France, ou aux États-Unis, par exemple, ne provient pas d'une puissance étrangère hostile, mais bien d'acteurs endogènes, comme des groupes conspirationnistes, ou des médias prétendument « contre hégémoniques ». En définitive, si la lutte contre la désinformation est essentielle, elle ne saurait obtenir de résultats tangibles, sans être combinée à des politiques publiques de long terme, comme l'acculturation des populations, l'éducation aux médias, la lutte contre les inégalités sociales, et la régulation des grandes plateformes numériques.

Depuis mars 2024, Meta[240] ne promeut plus les contenus politiques.

Est-ce une réminiscence tardive du scandale Cambridge Analytica (mars 2017), ou l'approche des élections présidentielles américaines, qui a précipité la décision ? Toujours est-il que Meta va dorénavant cesser de recommander de manière proactive des « contenus politiques » sur Threads[241] et Instagram. Pour continuer à voir s'afficher ce type d'informations, les utilisateurs devront expressément suivre les comptes qui les publient, alors que les algorithmes ne les mettront plus en avant. Beaucoup de créateurs de contenus s'insurgent déjà contre cette mesure, qui montre à quel point un acteur privé peut, seul, décider d'une forme de censure douce, sans en référer à personne.

Pour certains, il existe une lueur d'espoir : la crise de confiance généralisée pourrait pousser les électeurs à se détourner des réseaux sociaux, pour, de nouveau, aller chercher leurs informations auprès des institutions traditionnelles et des médias fiables, qui font autorité.

Mais pour d'autres, si nous ne pouvons plus croire nos yeux et nos oreilles, l'avenir s'annonce sombre : nous ne pourrons plus rien prendre pour argent comptant ; nous interrogerons la véracité de tout, et la démocratie vacillera.

Selon Nicholás Müller[242], « ces technologies vont devenir très, très performantes, et elles continueront à rester utilisées. Nous ne pourrons sans doute plus nous fier d'emblée aux contenus audio ou vidéo. Nous devrons changer de paradigme, et aussi notre manière de voir les choses ».

---

240 Meta, anciennement Facebook, est un des géants du web, aux côtés de Google, Apple, Amazon et Microsoft. Reposant à ses débuts sur le réseau social Facebook, l'entreprise a acquis Instagram, WhatsApp et Oculus VR. En juin 2015, le groupe annonce l'ouverture à Paris d'un laboratoire de recherche consacré à l'intelligence artificielle. En juillet 2023, Meta lance un nouveau réseau social intitulé « Threads ».

241 Threads : application de réseau social développée par Meta et liée à Instagram, qui permet aux utilisateurs de publier de courts textes et d'interagir dans des discussions.

242 Nicholás Muller (1913-2000) est un photographe espagnol d'origine hongroise. Dans la citation rapportée, il évoquait les possibilités des logiciels de retouche photo.

Glossaire des sigles et acronymes

4chan ou 4channel, dont le nom vient du japonais, est un forum anonyme anglophone. C'est un réseau d'échange d'images, calqué sur les sites populaires japonais 2channel. Lors de sa création, un des principaux objectifs de 4chan était d'être le support de discussions relatives à l'anime, aux mangas, aux dōjinshi et à l'ensemble de la culture japonaise. 4chan est maintenant un site web en anglais, sur lequel les internautes peuvent, anonymement, publier des photos et des images, et créer des espaces de discussion, librement accessibles. C'est un tableau d'images structuré par tableaux (thèmes), théoriquement accessibles au plus de 18 ans et sans régulation. Certains « tableaux » autorisent les discours de haine (racisme, transphobie) et les contenus pornographiques.

8chan, aujourd'hui 8kun, fonctionne comme 4chan avec encore moins de modération.

16chan fonctionne comme 4chan sur le dark web, et contient du contenu illégal.

Adresse IP : numéro d'identification unique attribué à chaque périphérique d'un réseau utilisant le protocole Internet. C'est cette adresse qui permet le bon acheminement des messages (paquets de données).

AI ou IA : intelligence « dite » artificielle : système formé (apprentissage) sur d'énormes quantités de textes et documents (livres, articles Wikipédia, forums, du code et bien d'autres sources). En absorbant tout cela, le système explore et découvre des structures linguistiques, des relations entre concepts, des réalités sous-jacentes du monde qui nous entoure. Cette accumulation d'informations est stockée dans le modèle, lui permettant d'avoir une vision étendue sur de nombreux sujets. Cette « connaissance » est basée sur des motifs récurrents, des patterns dans les données d'entraînement, et non sur une véritable compréhension. L'IA a une approche probabiliste et implicite pour réaliser une tâche (à l'opposé des algorithmes).

AI Act : projet de règlement européen sur l'intelligence artificielle.

Adobe Firefly : ce moteur IA d'Adobe n'utilise que des photos libres de droits pour générer ses nouvelles créations. Adobe met un point d'honneur à ce que son IA soit la première IA éthique de génération d'images.

Aleph Alfa : start-up allemande d'IA concurrente de ChatGPT. Originalité : offrir des options d'explicabilité et de personnalisation.

Algorithme : méthode déterministe et explicite pour résoudre un problème, description de la suite des étapes permettant d'obtenir un résultat à partir d'éléments fournis en entrée. Pour être mis en œuvre sur ordinateur, il doit être exprimé dans un langage informatique (logiciel ou application). À l'opposé, l'IA est une approche probabiliste et implicite pour réaliser une tâche. L'algorithme peut être un outil pour l'intelligence artificielle, mais pas l'inverse.

Alignement des intelligences : école de pensée qui voudrait inculquer à une super intelligence des valeurs compatibles avec l'humain pour éviter les risques de sujétion de l'homme à la machine (cf. *The Alignment Problem* de Christian Brian).

AlphaZero est un jeu d'échec et de go à base d'IA, développé par DeepMind (groupe Google).

ANSSI : Agence nationale de la sécurité des systèmes d'information.

Annotation : voir qualification.

API ou « interface de programmation d'application » est une interface logicielle qui permet de « connecter » un logiciel ou un service à un autre logiciel ou service afin d'échanger des données et des fonctionnalités.

Apprentissage automatique : voir machine learning.

Apprentissage automatique (*machine learning* en anglais) est la technique qui vise à donner aux machines la capacité d'« apprendre » à partir de données, via des modèles mathématiques. Le but de cette phase est l'ajustement des paramètres du modèle pour obtenir les meilleures performances lors de la réalisation de la tâche attribuée au modèle.

Apprentissage supervisé (ou apprentissage automatique supervisé) est une sous-catégorie de l'apprentissage automatique. Il se caractérise par l'utilisation de jeux de données étiquetées (préalablement annotées, qualifiées par des humains) qui entraînent des algorithmes pour prédire des résultats avec une précision maximale. Au fur et à mesure que les données sont introduites dans le modèle, celui-ci ajuste ses pondérations pour atteindre un optimum de fiabilité. C'est un processus progressif de validation croisée. À partir d'un certain seuil, il est possible de basculer en apprentissage non supervisé sur des données non étiquetées.

Apprentissage non supervisé : situation d'apprentissage automatique, où les données ne sont pas étiquetées. Le système analyse les structures sous-jacentes à ces données sans que l'algorithme puisse calculer de façon certaine un score de réussite, aussi évaluera-t-il une Appareil qui émet un faisceau laser et en reçoit l'écho (comme le radar), permettant de déterminer la distance d'un objet.probabilité ou, dans le cas des réseaux de neurones, comme combinaison de préférences de caractéristiques neuronales encodées dans les poids et les activations de la machine.

Apprentissage par renforcement : procédé d'apprentissage automatique consistant, pour un système autonome, à « apprendre les actions à réaliser », à partir d'un grand nombre d'expériences, de façon à optimiser une **récompense** quantitative au cours du temps. Le système définit un comportement décisionnel optimal qui maximise la somme des récompenses.

Apprentissage profond (ou deep learning) : procédé d'apprentissage automatique utilisant des réseaux de neurones possédant plusieurs couches de neurones superposées donnant lieu à de très nombreux paramètres. Leur réglage nécessite l'étude d'un nombre très important de données afin d'être entraînés.

Architecture « transformer » : modalité d'apprentissage profond (introduite en 2017) principalement utilisée dans le domaine du traitement automatique des langues, mais pouvant aussi servir à traiter d'autres modalités : images, vidéos ou son, parfois simultanément.

Avatar : représentation informatique animée d'une personne sous forme 2D ou 3D. Peut être la représentation de l'internaute lui-même lors d'échanges en ligne.

Bard AI : chatbot de Google à base d'IA. Pas disponible en Europe. Voir Gemini.

Big Data : le terme est devenu populaire grâce à l'essor de la technologie mobile, de l'Internet des objets et de l'IA. Il s'agit de jeux de données complexes, provenant essentiellement de nouvelles sources, qui ne sont pas forcément structurées (texte, audio et vidéo, mais aussi IoT). Ces ensembles de données sont si volumineux qu'un logiciel de traitement de données traditionnel ne peut tout simplement pas les gérer. Mais ces énormes volumes de données peuvent être utilisés pour résoudre des problèmes qui n'auraient jamais pu être résolus auparavant. Très utilisé dans l'expérience client.

Big Tech ou Big Five ou GAFAM désignent les géants du web : Google (Alphabet), Apple, Facebook (Meta), Amazon et Microsoft. Par leur taille, ces 5 entreprises NLP (Natural Language Processing) sont particulièrement influentes sur les plans économiques, sociaux et politiques. Elles sont périodiquement critiquées ou attaquées pour abus de position dominante.

Bing Chat : moteur de recherche élaboré par la société Microsoft, rendu public en juin 2009. Il a été doté d'un nouveau moteur d'IA en février 2023, à savoir ChatGPT.

Bot : application logicielle automatisée qui exécute des tâches répétitives sur un réseau simulant l'activité d'un utilisateur humain.

CDA (Communications Decency Act) : loi américaine connue pour son article 230 qui dispense les grandes plateformes d'une responsabilité lorsqu'elles hébergent des contenus produits par des internautes et contraires à la loi, sauf si ces contenus leur ont été signalés comme illégaux. Les opérateurs de services Internet ne sont pas considérés comme des éditeurs.

Chat : messagerie instantanée permettant de discuter directement sur le net, via des échanges de textes généralement très courts.

Chatbot : programme informatique qui simule et traite une conversation humaine (écrite ou parlée), permettant aux humains d'interagir avec des terminaux digitaux comme s'ils communiquaient avec une personne réelle.

ChatGPT, pour Chat Generative Pre-trained Transformer, est un prototype d'agent conversationnel (chatbot) utilisant l'intelligence artificielle, développé par OpenAI et spécialisé dans le dialogue. Il est basé sur les grands modèles de langage d'OpenAI GPT-3.5 et GPT-4. Cent millions d'utilisateurs en deux mois ! Attention, ChatGPT n'est pas multimodal.

Chrome : navigateur open source de Google.

Clickbait : piège à clics contenu web destiné à attirer l'attention des internautes avec un titre racoleur, voire mensonger (éléments sensationnels ou émotionnels au détriment de la qualité ou de l'exactitude – basculement possible vers la fausse information). Chaque clic rapporte de l'argent au créateur de l'article.

Cloud : ensemble distribué de serveurs distants qui hébergent des logiciels et des données, et auquel on accède par l'Internet.

CNIL : Commission nationale de l'informatique et des libertés créée par la loi Informatique et Libertés du 6/1/1978. Cette autorité administrative indépendante est chargée de veiller à la protection des données personnelles contenues dans les fichiers (papiers et traitements informatiques) publics ou privés.

Compare & Decide Ads est une application qui, en liaison avec un moteur de recherche, peut établir des tableaux comparatifs sur les critères signifiants par l'utilisateur, pouvant l'assister dans sa décision de choix, voire d'achat. Couvre tous les domaines du search, produits proposés, voyages, automobile…

Convolutionnels (modèles) : systèmes informatiques qui combinent au moins deux fonctions de natures différentes, comme texte et image ou son.

Cookie : petit fichier informatique (traceur), déposé sur le terminal d'un utilisateur (ordinateur, Smartphone) lors de la consultation d'un site Internet, de la lecture d'un courrier électronique, de l'installation d'un logiciel ou d'une application mobile. Ils servent à mémoriser votre identifiant auprès d'un site marchand, le contenu de votre panier d'achats, la langue d'affichage de la page web ou de tracer votre navigation à des fins statistiques ou publicitaires, etc. Théoriquement ils ne peuvent être lus que par le serveur qui les a remis.

CPU ou processeur : composant électronique qui constitue l'unité centrale de traitement d'un ordinateur capable d'effectuer des opérations mathématiques.

CSP : Centre de sécurité publique du Canada, traite des problèmes de sécurité au niveau étatique, avec des délégations régionales aux réunions desquelles les citoyens sont invités à participer. Le CSP publie périodiquement des études intéressantes, mêlant vision globale et vision terrain.

DALL-E2 : ce modèle est le générateur d'images par texte le plus célèbre actuellement. Conçu par OpenAI, son nom est un mot-valise entre Wall-E et le peintre Salvador Dalí. Un outil qui vise la haute qualité professionnelle.

Dark web : c'est un réseau non accessible avec les moteurs de recherche traditionnels. Les plus connus sont Tor, I2P, Freenet, Zeronet. Contrairement aux réseaux publics, les adresses des utilisateurs ne peuvent pas être tracées.

Data centers : local spécialisé hébergeant des serveurs (ordinateur ultra performant, avec beaucoup de mémoire, de l'espace de stockage et un ou plusieurs processeurs puissants). Il sert à traiter, organiser, sécuriser, et conserver des données informatiques qui peuvent appartenir à des clients différents.

Data labeling : voir qualification.

DDS (Déni de service) : plantage d'un système intranet du fait d'un grand nombre de demandes de connexions supérieures à celles prévues par son concepteur.

Deep learning : voir apprentissage profond.

Deep fake : hyper trucage utilisant des IA de synthèse multimédia capable de superposer des fichiers vidéo ou audio existants sur d'autres fichiers vidéo (permettant de changer le visage d'une personne sur une vidéo) ou audio (pour reproduire la voix d'une personne pour lui faire dire des choses inventées).

Dijkstra : algorithme permettant de trouver le cheminement le plus court entre deux points sur une carte.

DSA (Digital Services Act) : règlement européen pour diminuer la diffusion de contenus illégaux et instaurer plus de transparence entre plateformes en ligne et utilisateurs. En vigueur depuis le 25 août 2023, il s'applique à l'ensemble des plateformes depuis février 2024.

Étiquetage : voir qualification.

Expérience client : il est désormais possible grâce au Big Data d'avoir une bonne vue d'ensemble de l'expérience client. Le Big Data permet de rassembler des données provenant de médias sociaux, de visites web, de journaux d'appels et d'autres sources pour améliorer l'expérience d'interaction et maximiser la valeur fournie. Cela permet de proposer des offres personnalisées, de réduire la perte des clients et de traiter les problèmes de manière proactive.

Fake : faux, contrefait, trompeur, manipulé.

Fake new : information fallacieuse ou « infox » néologisme forgé à partir des mots « information » et « intoxication ».

Falcom : outil d'AI commercialisé par AI 71 entreprise publique d'Abou Dhabi, lancée le 28/11/2023.

Ferme à trolls : structure coordonnant des trolls et hackers, diffusant de manière massive des informations partiales ou mensongères sur les réseaux sociaux.

Fine-tuning : préentraîné sur d'immenses corpus de documents, le système est ensuite entraîné à des tâches ciblées, allant de la classification à la reconnaissance d'entités nommées pour suivre des instructions : répondre à des questions, résoudre des problèmes, traduire, résumer. Voir prompt.

Fishing ou phishing : technique frauduleuse destinée à leurrer l'internaute pour l'inciter à communiquer des données personnelles.

Gamma.app : réalisation de présentations visuelles de type diaporama en seulement quelques clics.

Geek : passionné d'informatique, d'Internet et plus particulièrement de nouveautés techniques.

GitHub Copilot : cette extension d'environnement de développement intégré basé sur l'intelligence artificielle est développée par GitHub et OpenAI. Elle aide les développeurs en générant automatiquement leur code.

GEN-2 : cet outil IA développé par Runway permet de transformer les vidéos ou de les créer à partir d'images ou de textes. Disposant de 5 modes de transformation, Gen-2 est un outil complet de création vidéo.

Google : entreprise américaine née en 1998, créatrice du moteur de recherche le plus utilisé mondialement. Propriétaire de Google Maps, Google Nalytics, Google Trends, YouTube, StreetView, Chrome (navigateur open source), Google Traduction (51 langues), Google Pay. Fait partie des big five. Sa position dominante en fait un acteur contesté.

Google Gemini : modèle traitant simultanément plusieurs modalités (texte, images, son).

GPT (Generative Pretrained Transformer) est une technologie d'intelligence artificielle (IA) avancée développée par OpenAI, une organisation de recherche en IA.

GPU (Graphics Processing Unit) : processeur composé de nombreux cœurs plus petits spécialisés, travaillant ensemble et permettant le traitement des images de façon fluide. Au départ, les GPU étaient surtout utilisées dans les jeux vidéo mais elles ont évolué pour devenir des processeurs plus généraux, gérant une gamme croissante d'applications, y compris dans le domaine de l'IA.

Graphe : c'est une structure composée d'objets et de relations entre ceux-ci pouvant être représentée par un dessin de réseau. Sa représentation graphique fait apparaître un ensemble de nœuds (ou sommets ou *vertices* en anglais) qui peuvent être reliés deux à deux par un ou plusieurs liens (ou arêtes, ou arcs, ou *edges* en anglais). La théorie des graphes est une discipline mathématique et informatique qui étudie leurs propriétés. Elle trouve de nombreuses applications (informatique, réseaux sociaux, génétique, circulation, etc.).

Hacking : piratage en exploitant les faiblesses d'un système ou d'un réseau informatique, dans le but d'obtenir un accès non autorisé à des données personnelles ou d'entreprise, de rendre hors service un site web par déni de service, ou de prendre le contrôle de tout le système.

Hallucination : réponse fausse ou trompeuse qui est présentée par l'IA comme un fait certain sans avoir de données à ce sujet, par exemple, l'affichage d'une population sur mars.

IA : l'intelligence artificielle est un ensemble de techniques informatiques, permettant la gestion de vastes bases de données par des algorithmes statistiques. Elle comprend des moteurs de recherche, des systèmes de recommandations, des méthodes de résolution de problèmes à forte complexité, des systèmes de compréhension du langage naturel et des options prédictives et génératives.

IA **prédictive** : système capable d'identifier des logiques dans les événements passés pour faire des prédictions sur des **événements futurs** en s'appuyant sur l'analyse statistique.

IA **générative** : système capable de créer de nouveaux contenus, comme du texte, des images, de la musique, de l'audio et des vidéos.

IBM : géant américain des logiciels et des services informatiques.

ImageNet : base de données d'images annotées produite par l'organisation du même nom, à destination des travaux de recherche en vision par ordinateur. C'est la plus grande base de données de reconnaissance d'images du monde.

Imagine : IA générative d'images propre à l'univers Meta.

India Stack : projet de création d'une plateforme logicielle unifiée pour faire entrer la population indienne dans l'ère numérique faisant appel à l'AI.

Infox : voir fake new.

Intelligence augmentée (« augmented intelligence ») est un concept qui repose sur une complémentarité de rôles entre l'intelligence humaine et l'IA, défendant le fait que la technologie cognitive est là pour amplifier l'intelligence humaine et non la remplacer. L'intelligence augmentée vise à améliorer la prise de décision humaine et, par extension, les actions prises en réponse à de meilleures décisions. Un outil d'aide à la décision sans pouvoir de décision.

Internet des objets (IoT) : une triple signification : 1/ le réseau collectif d'appareils connectés qui génèrent et partagent des données, comme les appareils électroménagers, les haut-parleurs intelligents, les objets de type prêt à l'emploi (utilisable dès sa connexion) et les appareils médicaux ; 2/ la technologie qui facilite la communication entre les appareils et le cloud ou entre les appareils eux-mêmes ; 3/ les données collectées par les milliards d'appareils usuels connectés à Internet (brosses à dents, aspirateurs, appareils ménagers, voitures et machines). L'Internet des objets est supposé fournir des réponses personnalisées intelligentes aux utilisateurs grâce aux données collectées.

Jasper : générateur de contenus écrits. Il permet d'écrire des articles 5 fois plus rapidement avec des tonalités et des angles différents.

Krutim : start-up indienne distributrice du premier LLM multilingue d'Inde.

LiDAR : appareil qui émet un faisceau laser et en reçoit l'écho (comme le radar), permettant de déterminer la distance d'un objet.

Lénovo : après avoir racheté successivement la division micro-informatique d'IBM en 2005, l'éditeur Stoneware en 2012 puis la division X-Server d'IBM en 2014, le groupe Lenovo est le premier constructeur mondial d'ordinateurs. Vient de présenter en octobre 2023 un avatar animé traduisant du texte en langue des signes pour les sourds-muets et réciproquement.

LLM, grand modèle de langage, est un modèle de langage possédant un grand nombre de paramètres (plusieurs milliards) utilisés pour la mise en œuvre d'agents conversationnels. Ce sont des réseaux de neurones profonds entraînés sur de grandes quantités de textes non étiquetés. Ils sont entraînés à prédire une suite probable à une entrée donnée.

Log : fichier informatique caché contenant l'historique de toutes les opérations au sein d'un système, la date et l'heure, l'adresse IP de l'usager (tenue de journal de connexion, registres d'activité, bugs, intrusions).

Machine learning : voir apprentissage automatique

Mavericks : outil de traduction automatique chinois basé sur la reconnaissance vocale, mis au point par YaTrans, mis à la disposition du ministère de la Sécurité de l'État (en charge du contre-espionnage) pour le contrôle des conversations téléphoniques.

Même : concept pouvant prendre la forme d'une photo ou d'un dessin, utilisé de façon parodique et partagé massivement sur Internet.

Meta : anciennement Facebook.

Métadonnée : donnée qui fournit automatiquement de l'information sur une autre donnée c'est-à-dire des renseignements qui permettent de les situer dans leur contexte (qui, quoi, où, quand, comment ?).

Micro-ciblage : opération consistant en une segmentation très fine d'une population visée, pouvant aller jusqu'à un ciblage individuel en utilisant des données de comportement, d'opinions, de type psychologique ou de géolocalisation.

MidJourney : outil d'IA capable de générer des images à partir de textes. Un outil qui vise la beauté artistique.

Mistral : prototype français d'agent conversationnel utilisant l'IA, concurrent de ChatGPT. Les algorithmes de sa version Mistral 7B sont disponibles en open source. Assistant virtuel : « Le chat ». Existe en deux versions : l'une gratuite grand public et l'autre plus puissante et payante à la requête (fonction de sa complexité). Mistral a signé un partenariat avec Microsoft, déjà présent dans le capital d'OpenAI.

Modèle de langage : c'est un système informatique capable de prédire le mot suivant d'une phrase ou qui remplit seul les mots manquants d'une phrase.

MuZero : programme informatique à base d'IA, développé par DeepMind (groupe Google) capable d'apprendre des jeux variés (jeux de société, jeux vidéo), sans en connaître au départ les règles. Son apprentissage est guidé par des réponses « mouvement autorisé » ou « mouvement interdit ».

NLP (Natural Language Processing) : traitement du langage naturel : possibilité offerte de donner des instructions oralement à une machine.

NTIC : nouvelles technologies de l'information et de la communication.

OpenAI est une entreprise américaine spécialisée dans le raisonnement artificiel, à « but lucratif plafonné ». Organisation de recherche en IA et distributeur de ChatGPT. En mars 2019, l'association devient une entreprise à but lucratif plafonné pour attirer des capitaux. En 2019, Microsoft a par ailleurs annoncé son intention d'investir un milliard de dollars dans OpenAI, en échange d'un partenariat privilégié avec OpenAI, lorsque la société commercialisera ses technologies d'intelligence artificielle.

PaaS : Platform as a Service est un environnement informatique complet dans le Cloud, qui permet d'exploiter localement des applications louées auprès d'un fournisseur de service Cloud. La location comprend les serveurs, le stockage, les composants réseau, les outils de développement, les services de gestion et de mise à jour.

Pattern : en IA, un pattern (ou « patron ») est un arrangement caractéristique de données reconnues comme étant une bonne ou mauvaise pratique en réponse à un problème posé. Similitude de relations entre objets (caractéristiques semblables) permettant à l'IA de formuler des prédictions statistiques.

Phishing : voir fishing.

Plugin ou plug-in ou module d'extension : logiciel conçu pour être greffé à un autre logiciel à travers une interface prévue à cet effet, apportant à ce dernier de nouvelles fonctionnalités (par exemple des traductions, ou des entrées vocales).

PowerShell est un interpréteur de commandes moderne orienté objet qui comprend des commandes d'administration et de gestion des systèmes Windows (fichiers batch). Il permet d'automatiser la gestion des systèmes et simplifier certaines manipulations système.

Prédiction autorégressive : mécanisme d'un système d'IA capable de prédire le prochain token d'une séquence donnée par analyse statistique de leur probabilité d'occurrence. Opposé aux modèles de prédiction bidirectionnels capables de prévoir les tokens précédents.

Prompt : court texte (écrit ou oral) qui permet de demander à une IA qu'elle fasse une recherche ou qu'elle crée une image ou un texte en respectant les contraintes exprimées.

Qualification : travail de référencement dans un gigantesque référentiel qui couvrirait tous les domaines. La qualification peut être faite manuellement par des humains ou par deep learning sous contrôle d'un humain.

Réseaux de neurones artificiels : système informatique dont le fonctionnement s'inspire du fonctionnement des neurones biologiques, en intégrant un apprentissage sur des bases statistiques. L'originalité des réseaux de neurones est d'opérer rapidement des classifications et d'apprendre à les améliorer. Ils s'opposent aux méthodes traditionnelles informatiques où l'on doit construire un programme prévoyant toutes les éventualités possibles.

Réseaux sociaux : sites Internet ou applications mobiles permettant de développer des interactions sociales, de se constituer un réseau de connaissances, d'amis ou de relations professionnelles, avec lequel on interagit en temps réel. Par extension, communautés partageant un même support, sachant qu'une même personne peut appartenir à plusieurs réseaux.

RGPD : Règlement général sur la protection des données. Texte juridique qui encadre le traitement des **données personnelles** sur le territoire de l'Union européenne.

SaaS (« Software as a Service ») est une solution logicielle applicative proposée par un fournisseur de service, qui est hébergée dans le cloud où, au lieu de télécharger un logiciel que votre PC de bureau ou votre réseau professionnel peut exécuter et mettre à jour, vous accédez à une application via un simple navigateur Internet.

SAS (Statistical Analysis System) : langage propriétaire de programmation de quatrième génération (L4G). Système d'informatique décisionnelle, dont les composantes procèdent à différentes tâches associées à la prise de décision : gestion de BD, analyses descriptives, modélisation, discrimination, etc.

SEA (Search Engine Advertising) : technique payante, consistant pour une entreprise à acheter de l'espace et des mots clés auprès des moteurs de recherche pour apparaître en tête de liste sur un site web.

Search est à la fois la requête que fait l'utilisateur sur son navigateur, ainsi que l'ensemble des moyens et techniques permettant d'y apporter une réponse pertinente. Le search intègre désormais toutes les techniques du marketing pour promouvoir la visibilité des pages d'un site Internet sponsorisé. Le search est l'occasion d'enregistrer les centres d'intérêt d'un utilisateur pour ensuite revendre ces données.

SEO (Search Engine Optimization) : le terme définit l'ensemble des techniques mises en œuvre pour améliorer la position d'un site web sur les pages de résultats des moteurs de recherche.

SIO : Stanford Internet Observatory, institut de l'université phare de la Silicon Valley chargé de la lutte contre la désinformation en ligne.

Sora : plateforme d'IA générative d'OpenAI capable de générer des vidéos, avec différents acteurs (avatars) et d'autres éléments mobiles réalistes.

Spotify DJ : l'application utilisant l'IA pour proposer des playlists entièrement basées sur les goûts de l'utilisateur et qui évolue en fonction de ses choix.

Système expert : application informatique mettant en œuvre un algorithme d'analyse élaboré par un expert, contenant toutes les règles métier devant être respectées pour conduire à une conclusion. Ces règles métier intègrent les obligations réglementaires, des éléments de stratégie et l'expérience acquise par l'expert. L'algorithme est transparent et conduit à une conclusion unique à chaque ensemble de données fourni, parfaitement explicable.

TextCortex : compatible avec une trentaine de sites (Facebook, Twitter, LinkedIn…), ce plug-in fait appel au machine learning pour traduire plus de 25 langues en quelques secondes.

Token : séquence de caractères ayant sens dans une analyse d'IA. (Unité de texte : mot entier, partie d'un mot, ponctuation, chiffres, mémorisés par l'IA.) Tous les tokens – des milliards – sont reliés entre eux dans une BD relationnelle. Voir prédiction autorégressive. Token : aussi, dispositif matériel ou logiciel nécessaire à un utilisateur pour accéder à une application ou à un système de réseau de manière plus sécurisée (clé de sécurité).

Tor est un navigateur qui permet d'accéder au Dark Net tout en assurant un anonymat optimal.

Transformers : modalité d'apprentissage profond (introduite en 2017) principalement utilisée dans le domaine du traitement automatique des langues, mais pouvant aussi servir à traiter d'autres modalités images, vidéos ou son, parfois simultanément.

Threads : application de réseau social développée par Meta et liée à Instagram, qui permet aux utilisateurs de publier de courts textes et d'interagir dans des discussions.

Troll : intervenant qui initie volontairement des polémiques sur les forums de discussions des réseaux sociaux, afin de perturber leur déroulement. Le troll est souvent agressif. Il agit sous un pseudonyme.

URL : adresse d'un site ou d'une page sur Internet.

VBA (Visual Basic For Applications) est un langage de programmation orienté objet qui fonctionne avec les applications Microsoft Office (MS Excel, MS PowerPoint, MS Access, MS Word et MS Outlook). VBA permet d'automatiser des tâches répétitives.

VPN : réseau privé virtuel qui renforce l'anonymat en fournissant une adresse IP d'emprunt. Permet de consulter le web sans être identifié. Compatible avec tous les navigateurs, même Tor.

Web : réseau mondial. Contient trois niveaux : un web public qui contient des pages indexées ; celui que nous utilisons, un deep web, qui contient des pages non indexées auxquelles on accède par les moteurs de recherche classiques, et un dark web dont le contenu n'est accessible que par le biais de logiciels spécifiques. Le dark web permet d'échapper à la censure de certains pays.

Viral (effet viral) : image ou vidéo diffusée sur le web qui prend rapidement de l'ampleur grâce aux nombreux partages. Le contenu est vu par un grand nombre de personnes, car les internautes l'ont repartagée dans leur propre cercle de contacts.

X/Twitter : réseau social créé en 2006. Racheté en avril 2023 par la société X Corp., propriété d'Elon Musk. En juillet 2023, la marque « Twitter » a été abandonnée au profit de « X ». X/Twitter permet à un utilisateur d'envoyer des mini messages, appelés tweets, ces messages sont soumis à une limite de caractères.

Annexe 1
Quelques outils d'IA accessibles en libre-service (mars 2024)

Voici quelques-uns des meilleurs logiciels et outils d'IA en ligne disponibles en mars 2024 avec l'indication de leurs fonctionnalités (certaines ont été testées, les autres sont issues des sites des éditeurs).

Les éditeurs sont très enthousiastes quant aux possibilités de leurs outils, qui parfois les ont surpris ! Les sites sont superlatifs : les livrables sont captivants, ultraréalistes, attrayants, d'une qualité époustouflante, transmettent les messages avec une efficacité jamais vue, permettent une créativité sans limites, le tout avec une facilité déconcertante. Certains de ces superlatifs ont été conservés plus bas, mais la plupart n'ont pas été repris ci-dessous.

Cette remarque liminaire illustre bien le fait qu'il ne suffit pas de s'appuyer aveuglément sur un outil d'IA, aussi parfait soit-il. Visiblement toutes les présentations techniques ont été réalisées ou contrôlées par des IA. Il faut tout de même veiller à personnaliser ou retravailler les éléments générés pour avoir un contenu vraiment unique et pertinent pour les destinataires. Le risque est que tous ces outils donnent la même information partout, ce pourrait finalement être contre-performant.

Adcreative.ai est une plateforme qui permet aux entreprises de créer des publicités en ligne en quelques minutes. À partir d'un prompt, elle génère automatiquement des messages publicitaires « attrayants » et des visuels « captivants » pour atteindre le public cible. Adcreative.ai offre également des fonctionnalités de suivi de campagnes publicitaires pour permettre aux entreprises de mesurer les performances des publicités. Ces fonctionnalités incluent des analyses de retour sur investissement et des recommandations pour améliorer les publicités.

AITutor **AI Tutor** est une plateforme d'apprentissage en ligne basée sur l'IA qui permet aux enseignants et aux étudiants de créer et de suivre des cours personnalisés.

Les enseignants peuvent créer des cours en utilisant des outils tels que des quiz interactifs, des vidéos et des présentations. Ils peuvent également suivre les progrès de leurs élèves en temps réel. Les étudiants peuvent utiliser la plateforme pour accéder aux cours et aux ressources pédagogiques.

Tutor AI utilise l'apprentissage automatique pour personnaliser les cours en fonction des besoins et des capacités de chaque élève. La plateforme peut identifier les domaines dans lesquels l'étudiant a besoin d'aide et fournir des recommandations pertinentes. Tutor AI offre une solution innovante pour les enseignants et les étudiants à la recherche d'une expérience d'apprentissage plus efficace et plus interactive.

Adobe Firefly : ce moteur IA n'utilise que des photos libres de droits pour générer ses créations. Adobe met un point d'honneur à ce que son IA soit la première IA éthique de génération d'images.

Andi est un nouveau moteur de recherche lancé aux États-Unis. Il vise à concurrencer Google, Bing et surtout TikTok. Il s'adresse aux jeunes générations qui n'aiment pas Google en raison des spams et des publicités.

Le site est gratuit, sans publicité, sans traçage des utilisateurs et sans lien payant. Les revenus viendront plus tard d'une version premium pour les professionnels. Andi pourrait devenir un assistant personnel capable d'écrire des e-mails pour ses utilisateurs ou de créer des histoires.

AutoDraw est une application de dessin en ligne développée par Google qui permet aux utilisateurs de dessiner rapidement des images. L'application est équipée d'une technologie de reconnaissance de formes qui analyse les traits de votre dessin et suggère automatiquement des images correspondantes. Vous pouvez choisir ces dernières et les ajouter à votre dessin. Cette fonctionnalité permet aux utilisateurs de créer des dessins plus rapidement et plus facilement. AutoDraw offre également une bibliothèque d'images prêtes à l'emploi qui ont été créées par des artistes professionnels et sont triées par catégorie.

Bard AI : chatbot intelligent de Google. Pas encore disponible en Europe.

Boomy est générateur de musique et de jingles.

La plateforme contient des modèles de musique pré-faits, des bibliothèques de sons et d'instruments, et des outils de mixage et de mastérisation. Les utilisateurs peuvent simplement utiliser les éléments existants ou y déposer les leurs pour créer leur propre musique ou personnaliser les leurs. Boomy permet aussi de produire des effets sonores pour des films, des jeux vidéo et des publicités. Les utilisateurs peuvent accéder à une bibliothèque de sons comprenant des bruits de nature, des sons de voitures…

Browse AI est un outil conçu pour automatiser la collecte de données en ligne accessible à partir de sites web sans avoir à écrire de code.

C'est un logiciel d'automatisation du web qui peut extraire des données structurées (scraper) de n'importe quel site web.

Avec Browse AI, n'importe quel site web peut être transformé en une API, permettant ainsi l'exécution de tâches automatisées ou l'obtention de données et statistiques sans écrire une seule ligne de code.

ChatGPT est un modèle de langage génératif créé par OpenAI. L'outil a été entraîné sur une quantité massive de données linguistiques. Cela lui permet de comprendre et de générer du texte dans une grande variété de domaines. Le modèle est capable de répondre à une large gamme de questions et de fournir des réponses précises et utiles dans de nombreux domaines, tels que la science, la technologie, la finance, l'éducation et le commerce électronique, et bien d'autres.

ChatGPT est l'un des modèles développés par OpenAI et probablement le produit AI le plus populaire du moment. Il s'agit d'une variante de la famille des modèles GPT qui a été optimisée pour générer des réponses cohérentes et contextuellement appropriées dans des conversations, imitant un chat classique.

Actuellement ChatGPT 3.5 est accessible gratuitement. ChatGPT 4, une version plus avancée de ChatGPT avec une meilleure compréhension du contexte, des réponses plus précises, et des capacités multimodales améliorées par rapport à son prédécesseur, est en abonnement mensuel (20 euros)

ChatGPT Writer est un outil d'écriture basé sur l'IA et conçu pour aider les utilisateurs à générer du contenu de manière rapide et facile. Grâce à son algorithme d'apprentissage automatique avancé, l'outil est capable de générer des textes qui sont cohérents.

L'une des principales caractéristiques de ChatGPT Writer est sa capacité à comprendre et à utiliser le langage naturel pour générer du contenu. Les utilisateurs peuvent simplement entrer une idée ou un sujet dans l'outil et celui-ci générera un texte complet en fonction de ces informations.

L'outil peut être utilisé pour rédiger des articles de blog, des newsletters, des descriptions de produits, des messages de réseaux sociaux, des mémoires de stage ou des articles académiques.

Codeium est une boîte à outils gratuite de génération de code informatique dans plus de 20 langages avec une vitesse incroyablement rapide et une qualité de suggestion de pointe. Codeium vous garantit la prise en charge de plus de 20 langages de programmation (JavaScript, Python, TypeScript, PHP, Go, Java, C, C++, Rust, Ruby).

Copy.ai est une plateforme de génération de contenu qui utilise des techniques de traitement du langage naturel pour créer du texte à partir des indications figurant dans un prompt et s'appuie sur les modèles GPT.

La plateforme offre une variété d'outils de génération de texte, y compris la rédaction d'articles de blog, de descriptions de produits et de messages sur les réseaux sociaux. Elle utilise également des modèles de langage préentraînés pour fournir des suggestions de contenu en temps réel.

Selon leur publicité, Copy.ai serait utilisé par des professionnels du marketing, des écrivains, des entrepreneurs et des agences de publicité pour créer rapidement du contenu de haute qualité en automatisant le processus de création de contenu.

Copy.ai est plus adapté que ChatGPT pour la rédaction de contenu en termes d'expérience utilisateur.

DALL·E 2 **DALL-E 2** de génération d'images fondé sur sa banque d'images (750 millions) et utilisant GPT-3. Conçu par OpenAI, son nom est un mot-valise entre Wall-E et le peintre Salvador Dalí.

Durable est un outil pour les développeurs qui simplifie la création d'applications web évolutives destinées aux start-ups. Il traite efficacement les problèmes liés aux mises à jour et à la synchronisation des contenus de l'application grâce à une gestion du site faite par l'IA. L'approche novatrice est capable de générer un site complet, images et textes inclus, en seulement 30 secondes. Il annonce plus de cinq millions de sites déjà créés.

D-ID, appli mobile de génération de vidéo, permet de créer des vidéos IA de représentations numériques à partir d'une seule image (photo réelle ou créée par IA), en 30 secondes, à partir d'un ordinateur en ligne ou depuis un Smartphone. Disponible sur l'App Store et Google Play.

D-ID se positionne comme un pionnier dans le domaine de la création de contenu visuel grâce à sa plateforme de « Digital People ».

Jasper AI est le principal concurrent de Copy.ai. Comme ce dernier, Jasper AI crée du contenu en intégrant des algorithmes avancés d'apprentissage automatique. Jasper AI révolutionne la rédaction en proposant des textes optimisés, pertinents et personnalisés à grande.

Fliki est une plateforme de génération de vidéos en ligne publiée par Namelix.

Elle permet de convertir des textes en vidéos à partir de divers contenus textuels tels que des scripts, des articles de blogs, etc. L'outil est adapté pour la création de contenus variés tels que des vidéos YouTube, des podcasts et des livres audio.

Les fonctionnalités de Fliki permettent :

- une personnalisation de la voix bibliothèque de 900 voix dans 75 langues différentes ;
- une bibliothèque multimédia comprenant une banque d'images ;
- des clips vidéo et des musiques d'accompagnement.

Namelix permet de générer des noms d'entreprise ou d'application.

FY ! Studio est une IA qui transforme vos selfies en portraits artistiques uniques. Il suffit de télécharger dix selfies pour que l'IA crée 30 portraits différents dans une variété de styles. Une fois les portraits créés, on peut commander des impressions grands formats qui sont envoyées sous une semaine.

Gamma.app : réalisation de présentations visuelles de type diaporama en seulement quelques clics.

GEN-2 permet de transformer les vidéos ou de les créer à partir d'images ou de textes. Disposant de 5 modes de transformation, Gen-2 est un outil complet de création vidéo.

GitHub Copilot : cette extension d'environnement de développement intégré basé sur l'intelligence artificielle est développée par GitHub et OpenAI. Elle aide les développeurs en générant automatiquement leur code.

Heygen est le principal concurrent de D-ID. C'est une plateforme de génération de vidéos en ligne qui permet de convertir des textes en vidéos et naturelles à partir de divers contenus textuels. L'outil est adapté pour la création de contenus variés tels que des vidéos YouTube, des podcasts et des supports de formation. Pour 30 €, il est possible de créer jusqu'à 100 vidéos par mois, tandis que les méthodes traditionnelles coûteraient plus de 3 000 € pour chaque vidéo.

Jasper AI est une plateforme de génération de vidéos en ligne qui permet de convertir des textes en vidéos « attractives » et naturelles à partir de divers contenus textuels tels que des scripts, des articles de blogs, etc. L'outil est adapté pour la création de contenus variés tels que des vidéos YouTube, des podcasts et des livres visio.

Looka est une plateforme de création de logos en ligne qui permet aux entreprises et aux entrepreneurs de créer leur propre logo correspondant à leur image de marque en quelques minutes. Elle propose également la création de cartes de visite, de sites web et de supports marketing. Les logos sont optimisés pour les réseaux sociaux.

Midjourney propose aux entreprises, en particulier aux e-commerçants, la création de maquettes d'e-shop, pour présenter les produits de manière plus attrayante, grâce à des images ultraréalistes et détaillées.

Midjourney travaille pour générer des images personnalisées en fonction des préférences des clients. Une entreprise à suivre !

Namecheap Logo Maker est un outil en ligne de création de logos professionnels avec un générateur de slogans intégré. Il est destiné aux entrepreneurs, aux petites entreprises.

NightCafe Studio et NightCafe Creator sont des outils de création d'images à partir d'une entrée textuelle.

Playground d'OpenAI permet d'accéder à divers modèles de traitement du langage de OpenAI, dont GPT-3 (et prochainement GPT-4). À partir d'un prompt, le modèle génère une réponse. La réponse est personnalisable en choisissant différents paramètres tels que la longueur de la réponse générée et le niveau de confiance du modèle.

Profile Picture AI est un outil en ligne qui permet de créer la photo de profil « idéale » pour créer un avatar, qui selon l'éditeur reflètera parfaitement votre personnalité.

QuillBot est un outil de réécriture de texte. Il utilise des algorithmes sophistiqués pour réécrire un texte existant en un langage plus clair et plus concis. C'est un outil de paraphrasage et d'écriture assistée par IA qui aide les utilisateurs à reformuler et à améliorer leurs textes. L'application est capable de reformuler un texte en plusieurs versions (dont des résumés). Il ne s'agit donc pas ici de créer des textes comme Jasper AI ou Copy.ai à partir de 0. QuillBot intègre aussi un correcteur grammatical et un vérificateur de plagiat.

L'outil peut être utile pour les écrivains, les chercheurs et les étudiants qui doivent rédiger des travaux originaux.

Riffusion AI est un générateur de musique en ligne gratuit et open source pour générer des compositions musicales originales à partir de textes, de mots clés ou de genres musicaux.

L'outil est accessible à tous, sans nécessiter de connaissances musicales préalables.

Spotify DJ : application de la plateforme de musique Spotify à base d'IA, qui propose des playlists entièrement basées sur les goûts de l'utilisateur et qui évoluent en fonction de ses choix.

Talk to Books **Talk to Books** est un outil de recherche en ligne proposé par Google. À partir de questions ou des phrases complètes, l'outil se charge de retourner des réponses sous forme de citations de livres pertinentes. Les résultats sont sélectionnés en fonction du contexte sémantique, plutôt que de la simple recherche de mots clés. Cela permet aux utilisateurs d'obtenir des réponses personnalisées plus larges.

Talk to Books semble particulièrement apprécié des chercheurs et des étudiants qui veulent référencer un sujet donné. Il permet également aux amateurs de littérature de découvrir de nouveaux auteurs et de nouvelles œuvres en explorant des citations de livres sur des sujets qui les intéressent.

TextCortex : compatible avec une trentaine de sites (Facebook, Twitter, LinkedIn…), ce plug-in fait appel au machine learning pour traduire plus de 25 langues en quelques secondes.

Tome AI est un outil de narration générative qui crée des histoires interactives et captivantes (*sic* !) avec différents types de contenu, y compris des vidéos, des images, des graphiques et des données en temps réel.

Tome AI est un logiciel intelligent conçu pour transformer la manière dont les professionnels et les entreprises créent des présentations et des documents interactifs : présentation rapports, comptes rendus, guides, tutoriels, propositions commerciales, etc.

ValidatorAI.com **Validator AI** est un outil puissant qui permet aux entrepreneurs de valider leurs idées commerciales en les testant. L'IA peut fournir une critique constructive en évaluant les forces et les faiblesses des propositions faites et donne des commentaires sur les aspects à améliorer.

Writesonic est un outil de rédaction en ligne, pour aider les utilisateurs à créer du contenu de haute qualité, comme la rédaction d'articles de blog, des descriptions de produits. L'outil serait facile à utiliser, même pour les personnes qui n'ont pas de compétences en rédaction.

En quelques secondes, Writesonic peut générer des textes qui répondent à la description entrée par l'utilisateur, avec des idées de titres, des paragraphes et des phrases d'accroche.

Outils

Générations:	moteur recherche	Texte	Vidéo	Images	Musique	plans d'articles	Histoires, narations	Logos	Jingle	Contenus de formation	Excavation de données	Code informatique	PF de développement	Accès DB images	Sites Web	Idées commerciales	Publicités en ligne	Portails artistiques
Adcreative.ai																	OUI	
AITutor										OUI								
Audi	Généraliste																	
Boomy					OUI				OUI									
Browse AI											OUI							
Chat GPT		Généraliste																
Chat GPT Writer		Articles																
Codeium												OUI						
Copy.ai		OUI																
Dall-E														OUI				
D-ID			OUI															
Durable															OUI			
Fliki			OUI															
FY!Studio																		
Heygen			OUI															
Jasper		OUI																
Jasper AI			OUI															
Looka								OUI										
Midjourney				OUI														
Namecheap								OUI										
Night Cafe				OUI														
Playground													OUI					
Riffusion AI					OUI													
TalToBooks	Ouvrages																	
Tome AI							OUI											
Validator AI																Validation		
Writesonic						OUI												

Annexe 2
France : la stratégie nationale pour l'intelligence artificielle

Depuis 2017, le gouvernement a lancé une réflexion autour du développement de l'intelligence artificielle. Celle-ci prend la forme d'une stratégie nationale, divisée en deux phases entre 2018 et 2025. Objectif :

La France, pionnière de l'innovation en 2030.

C'est l'un des objectifs du plan France 2030, présenté par le président de la République. Pour y parvenir, le gouvernement a lancé une stratégie nationale pour l'intelligence artificielle (IA), en 2018, qui a jeté les bases d'une structuration de long terme de l'écosystème d'IA, à tous les stades du développement technologique : recherche, développements et innovations, applicatifs, mise sur le marché et diffusion intersectorielle, soutien et encadrement du déploiement.

Le 19 septembre 2023, le Comité de l'intelligence artificielle générative a été lancé. Ce Comité réunit des acteurs de différents secteurs (culturel, économique, technologique, de recherche), pour contribuer à éclairer les décisions du gouvernement et faire de la France un pays à la pointe de la révolution de l'intelligence artificielle.

Renforcer les capacités de recherche (2018-2022)

Initialement dotée de près de 1,5 milliard d'euros sur la période 2018-2022, la première phase de la stratégie nationale pour l'IA tend à positionner la France comme l'un des leaders mondiaux de cet ensemble de disciplines scientifiques et de technologies clés du traitement de l'information.

Comment ? En favorisant la création et le développement d'un réseau d'instituts interdisciplinaires d'intelligence artificielle, le soutien à des chaires d'excellence en IA, le financement de programmes doctoraux et l'investissement dans les capacités de calcul de la recherche publique (ex. : le supercalculateur Jean Zay). Depuis 2018, cette phase s'est ainsi largement concentrée sur le renforcement des capacités de recherche.

Former et attirer les meilleurs talents en IA (2021-2025)

Le gouvernement a lancé le 8 novembre 2022 la deuxième phase de la stratégie nationale pour l'IA, afin d'accroître le nombre de talents formés dans ce domaine et d'accélérer le potentiel de recherche et développement en succès économiques.

Pour cette deuxième phase, il est prévu de consacrer au total 2,22 milliards d'euros à l'IA pour les cinq ans qui viennent, dont 1,5 milliard d'euros de financements publics et 506 millions d'euros de cofinancements privés.

Cette seconde phase est tournée vers la diffusion des technologies d'intelligence artificielle au sein de l'économie tout en visant à soutenir le développement et l'innovation sur certains domaines prioritaires tels que :

l'IA embarquée, c'est-à-dire l'IA intégrée, au cœur des appareils ou des composants,

l'IA de confiance, c'est-à-dire une IA fiable, performante et répondant à des normes de transparence et de confidentialité notamment,

l'IA au service de la transition écologique,

et désormais l'IA générative et les modèles géants de langage.

Quel pilotage pour la stratégie nationale pour l'IA ?

La stratégie est pilotée par le coordinateur national pour l'intelligence artificielle et s'inscrit dans la gouvernance des crédits du Programme d'investissements d'avenir (PIA) et France 2030 par le Secrétariat général pour l'investissement (SGPI).

« La stratégie soutiendra l'animation de l'écosystème de l'IA au niveau national dans le cadre d'un partenariat public-privé. Elle s'appuiera, sous la houlette de la French Tech, sur les actions déjà entreprises par différents acteurs comme la Commission IA de France Digitale, le Hub France IA, la Commission IA de Numeum, le Manifeste des grandes entreprises pour l'IA, l'Innovation Makers Alliance et la Smart Building Alliance. Elle appuiera également les efforts de coordination en matière d'IA des pôles de compétitivité et des futurs pôles d'innovation numériques européens (eDIHs), en construction sur une échelle régionale. »

Annexe 3
Rapport de la commission nationale sur l'IA (mars 2024)

Cf. https://www.economie.gouv.fr/cge/commission-ia

SOMMAIRE

COMMISSION DE L'INTELLIGENCE ARTIFICIELLE

Les 25 recommandations et leurs pilotes

1) Créer les conditions d'une appropriation collective de l'IA et de ses enjeux afin de définir collectivement les conditions dans lesquelles elle s'insère dans notre société et nos vies quotidiennes.

Pilote : ministère de la Cohésion des territoires

2) Investir dans l'observation, les études et la recherche sur les impacts des systèmes d'IA sur la quantité et la qualité de l'emploi.

Pilotes : ministère du Travail et ministère de la Fonction publique

3) Faire du dialogue social et professionnel un outil de co-construction des usages et de régulation des risques des systèmes d'IA.

Pilote : ministère du Travail

4) Porter une stratégie de soutien à l'écosystème d'IA ouverte au niveau international en soutenant l'utilisation et le développement de systèmes d'IA ouverts et les capacités d'inspection et d'évaluation par des tiers.

Pilotes : ministère de l'Enseignement supérieur et de la Recherche et ministère de l'Économie

5) Faire de la France un pionnier de l'IA pour la planète en renforçant la transparence environnementale, la recherche dans des modèles à faible impact, et l'utilisation de l'IA au service des transitions énergétiques et environnementales.

Pilotes : ministère de l'Europe et ministère de la Recherche

6) Généraliser le déploiement de l'IA dans toutes les formations d'enseignement supérieur et acculturer les élèves dans l'enseignement secondaire pour rendre accessibles et attractives les formations spécialisées.

Pilotes : ministère de l'Enseignement supérieur et de la Recherche et ministère de l'Éducation nationale

7) Investir dans la formation professionnelle continue des travailleurs et dans les dispositifs de formation autour de l'IA.

Pilotes : ministère du Travail et ministère de la Fonction publique

8) Former les professions créatives à l'IA, dès les premières années de l'enseignement supérieur et en continu.

Pilotes : ministère de l'Enseignement supérieur et de la Recherche et ministère de la Culture

9) Renforcer la capacité technique et l'infrastructure du numérique public, afin de définir et de passer à une réelle transformation des services publics, grâce au numérique et à l'IA, pour les agents et au service des usagers.

Pilote : ministère de la Transformation et de la Fonction publique

10) Faciliter la circulation des données et le partage de pratiques pour tirer les bénéfices de l'IA dans les soins, améliorer l'offre et le quotidien des soignants.

Pilote : ministère de la Santé

11) Encourager l'utilisation individuelle, l'expérimentation à grande échelle et l'évaluation des outils d'IA pour renforcer le service public de l'éducation et améliorer le quotidien des équipes pédagogiques.

Pilote : ministère de l'Éducation

12) Investir massivement dans les entreprises du numérique et la transformation des entreprises pour soutenir l'écosystème français de l'IA et en faire l'un des premiers mondiaux.

Pilotes : services du Premier ministre et ministère de l'Économie et des Finances

13) Accélérer l'émergence d'une filière européenne de composants semi-conducteurs adaptés aux systèmes d'IA.

Pilotes : services du Premier ministre, ministère de l'Économie et ministère de l'Enseignement supérieur et de la Recherche

14) Faire de la France et de l'Europe un pôle majeur de la puissance de calcul installée.

Pilotes : services du Premier ministre et ministère de l'Économie et des Finances

15) Transformer notre approche de la donnée personnelle pour mieux innover.

Pilotes : services du Premier ministre et ministère de la Justice

16) Mettre en place une infrastructure technique favorisant la mise en relation entre les développeurs d'IA et les détenteurs de données culturelles patrimoniales.

Pilotes : ministère de la Culture et ses opérateurs

17) Mettre en œuvre et évaluer les obligations de transparence prévues par le règlement européen sur l'IA en encourageant le développement de standards et d'une infrastructure adaptée.

Pilote : ministère de la Culture

18) Attirer et retenir des talents de stature internationale avec des compétences scientifiques ou entrepreneuriales et managériales dans le domaine de l'IA.

Pilotes : ministère de l'Économie et ministère des Affaires étrangères

19) Assumer le principe d'une « Exception IA » sous la forme d'une expérimentation dans la recherche publique pour en renforcer l'attractivité.

Pilote : ministère de l'Enseignement supérieur et de la Recherche

20) Inciter, faciliter et amplifier le recours aux outils d'IA dans l'économie française en favorisant l'usage de solutions européennes.

Pilotes : services du Premier ministre et ministère de l'Économie

21) Faciliter l'appropriation et l'accélération des usages de l'IA dans la culture et les médias pour limiter la polarisation entre grands groupes et petits acteurs et lutter contre la désinformation.

Pilote : ministère de la Culture

22) Structurer une initiative diplomatique cohérente et concrète visant la fondation d'une gouvernance mondiale de l'IA.

Pilotes : ministère des Affaires étrangères, ministère de la Culture et ministère de l'Économie

23) Structurer dès maintenant un puissant écosystème national de gouvernance de l'IA.

Pilotes : services du Premier ministre, ministère de l'Économie et ministère de la Recherche

24) Doter la France et l'Europe d'un écosystème d'évaluation public et privé des systèmes d'IA au plus proche des usages et des derniers développements technologiques.

Pilote : ministère de l'Économie et des Finances

25) Anticiper les concentrations de marché sur l'ensemble de la chaîne de valeur de l'intelligence artificielle.

Pilote : ministère de l'Économie

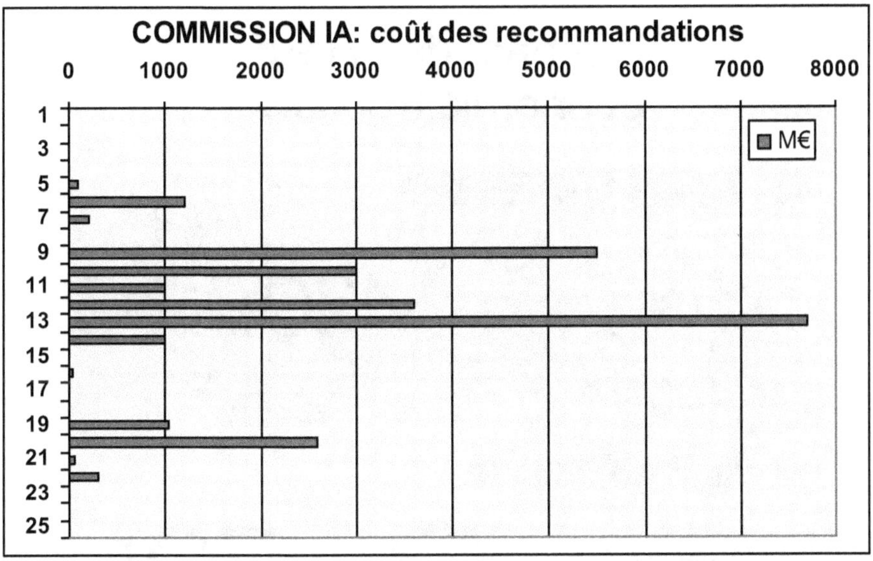

Coût des recommandations de la commission de l'IA (par recommandation)

Un plan à 27,4 milliards d'euros sur cinq ans avec pour commencer la création du fonds « France et IA » doté dès l'année 2024 de 10 milliards pour « accélérer à court terme le développement de l'écosystème d'IA » et « transformer le tissu économique français ».

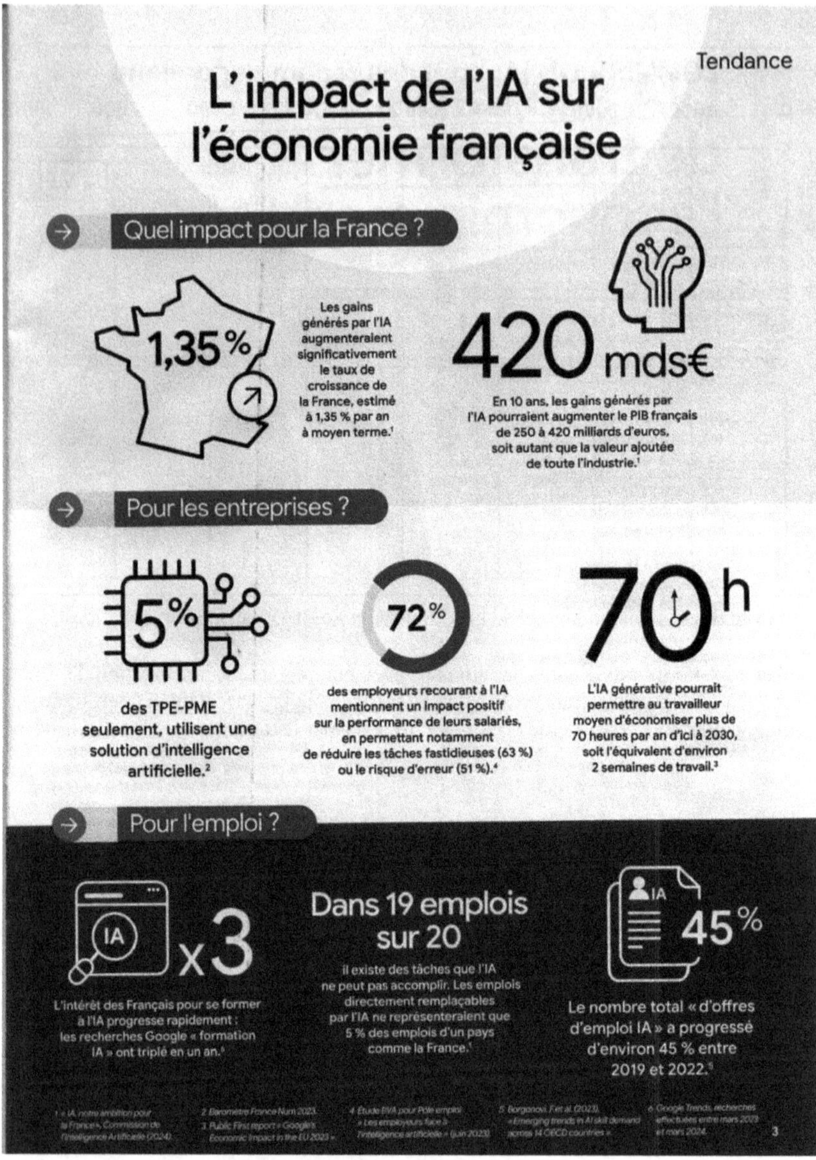

[243]

Impact de l'IA sur l'économie française

[243] Schéma publié page 3 en mai 2024 dans *Azerty*, revue périodique éditée par Google.

Annexe 4
Grille d'analyse des risques existentiels

Grille de réflexion.

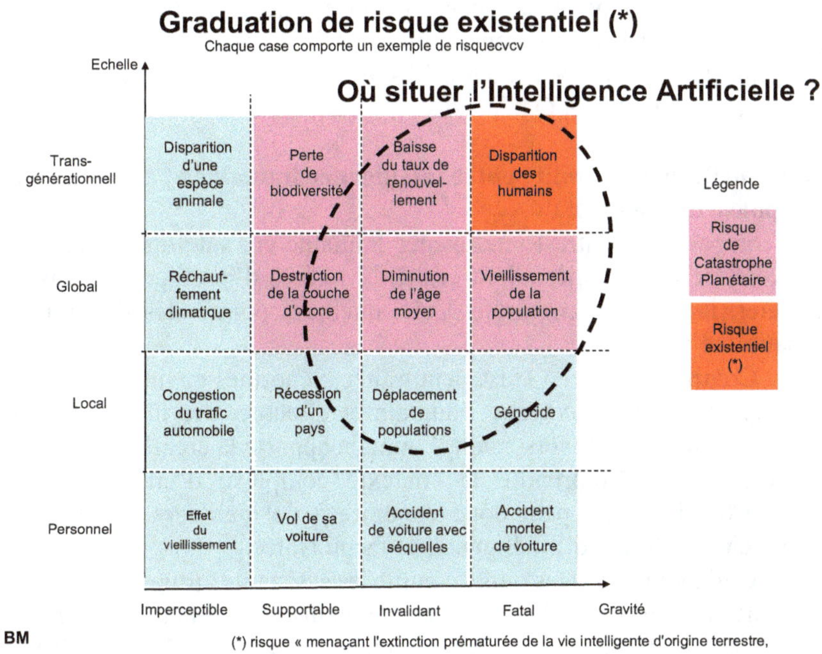

Les risques existentiels

Annexe 5
Dialogue avec ChatGPT 4

Pour illustrer nos propos, nous avons posé beaucoup de questions à ChatGPT 4. Nous n'avons fait figurer ici qu'une douzaine de questions, et les réponses faites par l'IA (figurant en bleu). On remarquera, tant la forme, que le contenu de réponses. Par contre l'IA est très réservée sur certains sujets abordés (cf. Q4, Q4bis et Q4ter).

Q1 Quelle compatibilité entre intelligence humaine et artificielle ?
Réponse de ChatGPT

La compatibilité entre l'intelligence humaine et l'intelligence artificielle (IA) se réfère à la manière dont ces deux formes d'intelligence peuvent se compléter, interagir et coexister. Voici quelques points clés illustrant cette compatibilité :

1. Complémentarité : L'IA peut traiter d'énormes quantités de données beaucoup plus rapidement que l'humain et effectuer des tâches répétitives sans fatigue ni erreur. Inversement, l'humain apporte la créativité, l'empathie et la capacité à comprendre le contexte complexe d'une situation. La combinaison des deux peut donc conduire à de meilleurs résultats qu'en utilisant chaque forme d'intelligence de façon isolée.
2. Collaboration : Des outils comme les assistants virtuels et les chatbots sont conçus pour travailler avec les humains. Ils aident à optimiser la productivité humaine en prenant en charge certaines tâches. L'IA peut également servir de support à la prise de décision humaine en fournissant des analyses détaillées et recommandations.
3. Apprentissage et adaptation : Les systèmes d'IA avancés peuvent apprendre de leurs interactions avec les humains et s'adapter au fil du temps pour mieux répondre à leurs besoins (par exemple, l'apprentissage machine). Côté humain, nous apprenons également comment interagir de manière plus efficace avec l'IA, en comprenant ses capacités et limitations.
4. Éthique et gouvernance : Pour assurer une compatibilité harmonieuse, il est essentiel de réglementer l'utilisation de l'IA afin de protéger les droits humains, d'assurer la sécurité des données et de prévenir les abus. Le rôle humain est crucial pour définir les normes éthiques et pour superviser le comportement des systèmes d'IA.

5. Emploi et économie : L'interaction entre l'IA et l'activité humaine redéfinit le marché de l'emploi et conduit à l'émergence de nouvelles professions tout en en obsolétisant d'autres. Les humains doivent s'adapter en acquérant des compétences compatibles avec une économie de plus en plus automatisée.

6. Éducation : L'IA peut être utilisée à des fins éducatives, personnalisant l'apprentissage selon les besoins de chaque élève. Cependant, une collaboration étroite entre enseignants humains et outils d'IA est indispensable pour atteindre un apprentissage efficace.

7. Innovation : L'IA stimule les capacités d'innovation humaines en offrant de nouvelles perspectives de solutions à des problèmes complexes. En retour, les humains jouent un rôle déterminant dans la conception et l'orientation de ces systèmes d'IA innovants.

Il est important de noter que la compatibilité entre l'IA et l'intelligence humaine ne se limite pas à une synergie utile et constructive. Des défis importants tels que l'érosion de la vie privée, la manipulation psychologique, la polarisation sociale, et les problèmes de discrimination algorithmique doivent être constamment abordés pour maintenir une relation équilibrée et saine entre ces deux formes d'intelligence.

Q2 L'IA est-elle un danger pour les métiers artistiques ?

Réponse de ChatGPT

L'intelligence artificielle (IA) dans le domaine artistique apporte à la fois des opportunités et des défis. Voici quelques points de vue sur la question de savoir si l'IA représente une menace pour les métiers artistiques :

Opportunités :

1. **Outil créatif :** L'IA peut servir d'outil supplémentaire pour les artistes, en leur permettant d'explorer de nouveaux horizons créatifs et de produire des œuvres qui seraient autrement difficiles ou impossibles à réaliser.
2. **Productivité accrue :** Les outils basés sur l'IA peuvent aider à automatiser certaines tâches répétitives, permettant ainsi aux artistes de se concentrer sur les aspects les plus créatifs de leur travail.
3. **Accessibilité :** L'IA ouvre de nouvelles voies d'accès à l'art pour les non-professionnels, leur permettant d'exprimer leurs idées créatives sans nécessiter les compétences techniques traditionnelles.
4. **Collaboration :** Elle peut faciliter le travail collaboratif à distance, en permettant à différents artistes de travailler ensemble de manière plus intégrée sur des projets complexes.

Défis :

1. **Authenticité et originalité :** Avec l'essor de l'art généré par IA, les notions d'originalité et d'authenticité dans l'art pourraient être remises en question.

2. **Marché de l'art :** Les œuvres d'art générées par IA pourraient saturer le marché de l'art, rendant plus difficile pour les artistes humains de vendre leurs œuvres et de se démarquer.

3. **Droits d'auteur et de propriété intellectuelle :** Il existe encore beaucoup d'incertitudes juridiques concernant la propriété intellectuelle des œuvres créées avec ou par une IA.

4. **Remplacement potentiel :** Certains métiers artistiques pourraient être impactés si l'IA devient capable de produire des œuvres comparables à celles des humains à moindre coût.

5. **Dévaluation du talent humain :** La possibilité que l'IA puisse imiter ou surpasser la créativité humaine peut conduire à une sous-estimation du talent et de l'expertise artistiques humains.

En résumé, l'IA peut être perçue comme une menace si elle est vue exclusivement comme un remplaçant potentiel pour les artistes humains. Cependant, si l'IA est utilisée comme un outil permettant d'élargir la pratique artistique et d'ouvrir de nouvelles voies de création, elle peut être bénéfique pour les artistes et contribuer à l'évolution du domaine artistique. Comme pour toute innovation technologique, son impact dépendra de la manière dont elle est intégrée et régulée dans le secteur artistique.

Q3 La propriété intellectuelle ne risque-t-elle pas d'être chamboulée avec l'IA ?

Réponse de ChatGPT

L'avènement et l'évolution rapide de l'intelligence artificielle (IA) posent en effet des défis significatifs aux cadres juridiques actuels de la propriété intellectuelle (PI). Voici plusieurs domaines dans lesquels la PI peut être chamboulée par l'IA :

1. **Création et invention :** L'IA est capable de créer des œuvres d'art, de la musique, des textes littéraires et même de découvrir de nouvelles inventions techniques. Cela soulève la question de savoir qui est le véritable auteur ou inventeur de ces œuvres – l'IA elle-même, son programmeur, ou l'utilisateur de l'IA ? Selon la législation de nombreux pays, seul un être humain peut être reconnu comme auteur ou inventeur, ce qui rend difficile l'octroi de brevets ou de droits d'auteur pour les créations et inventions réalisées par IA.

2. **Titularité et exploitation des droits :** La gestion des droits de propriété intellectuelle peut devenir plus complexe lorsque l'IA est impliquée. Si l'IA génère une création protégée, la question se pose de savoir qui détient les droits – ce problème peut être particulièrement épineux lorsque plusieurs parties sont impliquées, comme les développeurs de l'IA, les propriétaires de la plateforme, et les utilisateurs finaux.

3. **Responsabilité :** Si une IA enfreint les droits de propriété intellectuelle d'un tiers, il est difficile de déterminer qui est responsable. Cela pourrait être l'utilisateur de l'IA, le créateur de l'IA, ou même potentiellement

l'IA elle-même, bien qu'elle ne puisse pas être tenue responsable juridiquement.

4. **Licences et contrats :** Les modèles actuels de licences devront évoluer pour prendre en compte l'utilisation des œuvres générées par l'IA. Cela peut inclure la conceptualisation de nouvelles formes de licences adaptées à la distribution et à l'utilisation de telles œuvres.

5. **Éthique et partage des bénéfices :** Il peut y avoir des préoccupations éthiques quant à savoir si et comment les bénéfices générés par les œuvres ou inventions d'IA devraient être partagés, surtout lorsque ces dernières s'inspirent d'œuvres humaines préexistantes.

Pour répondre à ces défis, certains experts suggèrent des mises à jour et des réformes des législations de la PI, y compris la reconnaissance de l'IA en tant qu'acteur dans le domaine de la PI, ou l'introduction de nouvelles catégories de droits spécifiques pour les productions générées par IA. Des débats internationaux sur ces questions sont déjà en cours, mais le droit de la PI est un domaine complexe et traditionnellement lent à changer, impliquant un équilibrage entre les intérêts des créateurs, des utilisateurs, et du public.

En conclusion, l'intelligence artificielle apporte indéniablement des bouleversements dans le domaine de la propriété intellectuelle, nécessitant des adaptations au niveau des cadres juridiques nationaux et internationaux. Des évolutions sont à prévoir pour relever ces défis.

Q4 Aux États-Unis, sur les trois premiers mois de 2024, combien de postes ont été supprimés et remplacés par de l'IA ? Dans quels secteurs ? Quels types de postes ?

Réponse de ChatGPT

Je suis désolé, mais comme mon entraînement s'est terminé en 2023, je ne suis pas en mesure de fournir des informations actualisées sur des événements ou des développements ayant eu lieu en 2024, notamment en ce qui concerne le nombre de postes supprimés et remplacés par l'intelligence artificielle (IA) aux États-Unis.

Cependant, pour donner une réponse informative sur la tendance jusqu'à ma dernière mise à jour, l'automatisation et l'IA continuaient à transformer divers secteurs, tels que la fabrication, la logistique, la finance et le service clientèle. Les postes particulièrement vulnérables à l'automatisation incluaient ceux impliquant des tâches répétitives et prévisibles, comme certains emplois dans la fabrication, l'entrée de données, l'analyse de documents, et même certaines fonctions juridiques et comptables.

Pour obtenir des données à jour, il serait nécessaire de consulter les sources d'information actuelles telles que les rapports gouvernementaux, les analyses industrielles, les enquêtes sur l'emploi ou les articles de recherche spécialisés publiés après 2023.

Étant donné la réponse, il était intéressant de remonter dans le temps.

Q4 bis Aux États-Unis, sur l'année 2023, combien de postes ont été supprimés et remplacés par de l'IA ? Dans quels secteurs ? Quels types de postes ?

Réponse de ChatGPT

Je suis désolé, mais je ne peux pas fournir d'informations ou de statistiques actualisées, car ma dernière mise à jour des connaissances remonte à début 2023. Pour obtenir des données précises sur l'emploi et l'impact de l'intelligence artificielle sur les postes de travail aux États-Unis pour les trois derniers mois de 2023, il serait préférable de consulter des sources d'information récentes telles que des rapports du Bureau of Labor Statistics (BLS), des études de marché spécialisées, des communiqués de presse d'entreprises ou des analyses sectorielles fournies par des experts en économie et en technologie.

Et sur 2022, bien que l'information soit moins intéressante ?

Q4 ter Aux États-Unis, sur l'année 2022, combien de postes ont été supprimés et remplacés par de l'IA ? Dans quels secteurs ? Quels types de postes ?

Réponse de ChatGPT

Il est difficile de fournir un chiffre exact sur le nombre de postes supprimés et remplacés par l'intelligence artificielle (IA) aux États-Unis pour l'année 2022, car les données sur ce sujet peuvent varier considérablement en fonction des sources, et toutes les entreprises ne rapportent pas ces changements de manière publique ou détaillée. De plus, les effets de l'IA sur l'emploi sont souvent indirects et se manifestent sur le long terme plutôt que par des suppressions immédiates de postes.

Cependant, on peut discuter des tendances générales et des secteurs qui sont le plus influencés par l'adoption de l'IA. Voici quelques-uns des domaines et types de postes les plus susceptibles d'être affectés :

1. **Manufacturing :** Dans le secteur manufacturier, il est très courant que la robotique et l'IA remplacent des tâches répétitives et physiques. Les opérateurs de machines et les travailleurs de la chaîne de production sont parmi les plus touchés.
2. **Transport et logistique :** Le secteur des transports est fortement impacté par l'IA, en particulier avec le développement des véhicules autonomes. Les chauffeurs de livraison et les conducteurs de camion pourraient être affectés à l'avenir.
3. **Services financiers :** L'automatisation et les algorithmes d'IA sont de plus en plus utilisés pour la prise de décision en matière d'investissements, la gestion des risques, la détection de la fraude, et les services bancaires. Cela peut affecter les postes dans la banque, la finance et l'assurance.
4. **Retail :** Les magasins sans caisse et les systèmes de gestion des stocks automatisés suppriment certains emplois dans la vente au détail, bien qu'ils

puissent aussi créer de nouveaux postes axés sur le service client et la technologie.

5. **Service clientèle :** Les chatbots et les assistants virtuels prennent en charge une part croissante des interactions de service clientèle, ce qui pourrait réduire la demande pour les opérateurs de centres d'appels et le support clientèle traditionnel.

6. **Santé :** L'IA est utilisée pour le diagnostic d'imagerie médicale, la prédiction des maladies, l'analyse de données de santé et même dans certains aspects de la chirurgie. Cela peut changer le rôle des techniciens, des radiologues et d'autres professionnels de santé.

Il est important de noter que si l'IA peut remplacer certains emplois, elle peut également en créer de nouveaux, notamment en termes de développement, maintenance, supervision et gestion des nouveaux systèmes. De plus, l'IA peut améliorer la productivité et donner lieu à la création de produits et services innovants, générant de nouvelles opportunités d'emploi.

Pour des statistiques spécifiques, il faudrait consulter des études de marché, des rapports de l'industrie, ou des données gouvernementales qui peuvent fournir des évaluations et des prévisions basées sur des analyses approfondies. Cependant, beaucoup de ces données pourraient ne pas être immédiatement disponibles pour l'année récente.

Q5 Quel serait l'impact à prévoir de l'intelligence artificielle sur les emplois, en séparant les postes d'exécution, les postes administratifs, les postes d'encadrement et les postes de direction ?

Réponse de ChatGPT

L'intelligence artificielle (IA) est en train de transformer radicalement la nature du travail dans tous les secteurs. Cependant, l'impact de l'IA varie selon le type d'emploi concerné. Il est important de noter que les prévisions sont sujettes à de nombreuses variables externes et qu'il est difficile de prévoir précisément les conséquences à long terme de l'IA. Voici une analyse par catégorie de postes :

Postes d'exécution

Les emplois d'exécution sont généralement caractérisés par des tâches répétitives et routinières. L'IA, particulièrement lorsqu'elle est associée à la robotique, a un fort potentiel d'automatisation de ces tâches :

- Automatisation et suppression de postes : Des emplois dans la fabrication, la logistique et même certains aspects de la restauration rapide ou du commerce au détail risquent d'être automatisés, ce qui pourrait entraîner une réduction de la demande pour les travailleurs effectuant ces tâches.
- Augmentation de la productivité : Pour les emplois non entièrement automatisables, l'IA peut augmenter la productivité en assistant les employés dans leur travail, par exemple en utilisant des systèmes de vision par ordinateur pour superviser la qualité des produits.

- Création de nouveaux emplois : L'IA pourrait également aboutir à la création de nouveaux postes de techniciens spécialisés en maintenance et gestion des systèmes automatisés.

Postes administratifs

Les postes administratifs impliquent souvent la manipulation de données et des tâches de gestion de l'information, qui sont susceptibles d'être touchées par l'IA :

- Rationalisation des processus : Les outils d'IA tels que le traitement du langage naturel (NLP) peuvent automatiser des tâches telles que la saisie de données, la gestion de l'emploi du temps, ou encore le service à la clientèle.
- Prise de décision améliorée : L'analytique avancée et l'apprentissage automatique offrent une meilleure capacité d'analyse de données pour soutenir les décisions administratives.
- Besoin accru en compétences numériques : Les employés pourraient être requis d'acquérir de nouvelles compétences pour interagir avec des systèmes d'IA et d'automatisation plus complexes.

Postes d'encadrement

Les emplois de gestion et d'encadrement se concentrent sur la supervision du personnel, la stratégie et la gestion des opérations, un terrain où l'IA peut jouer un rôle de support :

- Outils de gestion améliorés : L'IA peut fournir des outils pour une surveillance et une optimisation plus efficaces des processus, ainsi que pour la prédiction des besoins en ressources humaines.
- Compétences en leadership : Les compétences en leadership, de créativité et d'empathie resteront cruciales et moins susceptibles d'être remplacées par l'IA.
- Changement dans la nature du travail : Les gestionnaires devront adapter leur style de gestion pour intégrer les équipes hybrides composées d'humains et de systèmes intelligents.

Postes de direction

Les cadres supérieurs et les dirigeants sont censés se concentrer sur la stratégie d'entreprise, l'innovation et la prise de décisions complexes. L'IA peut affecter ces rôles mais de manière différente :

- Support à la prise de décision stratégique : L'IA peut offrir des insights profonds grâce à l'analyse de données de marché et de performances internes, ce qui aide à la planification stratégique.
- Impact sur la culture d'entreprise : Les leaders devront guider leurs entreprises à travers des transformations numériques et culturelles importantes, centrées autour de l'IA.
- Formation et mise à jour des compétences : Les dirigeants devront mettre l'accent sur la formation continue et le développement des compétences de leurs équipes.

En résumé, bien que l'IA présente des risques de perturbation pour certains emplois, elle offre également des opportunités d'amélioration de l'efficacité et de création de nouveaux rôles. La transition vers une économie plus automatisée exige d'adapter les compétences de la main-d'œuvre et d'adopter des politiques qui facilitent cette transition pour les travailleurs touchés.

Quels postes de direction pourraient être supprimés et remplacés par l'intelligence artificielle ? Pourquoi ?

L'intégration de l'intelligence artificielle (IA) dans le monde du travail pourrait modifier radicalement la structure organisationnelle de nombreuses entreprises, notamment en automatisant des tâches qui étaient auparavant effectuées par des humains. Cependant, la suppression de postes de direction et leur remplacement par l'IA dépendent de la complexité du rôle et du type de décisions à prendre. Voici quelques postes qui pourraient être impactés par l'IA :

1. **Directeur des opérations (COO) :** Des postes impliquant la gestion de chaînes d'approvisionnement, la logistique et les opérations pourraient être partiellement automatisés grâce à des algorithmes avancés d'IA qui optimisent les flux de travail et la distribution des ressources.
2. **Directeur financier (CFO) :** Les tâches liées au reporting financier, à la budgétisation, et aux prévisions pourraient être prises en charge par des systèmes d'IA capables d'analyser de grands volumes de données financières pour produire des rapports précis et effectuer des prédictions financières avec un haut niveau de précision.
3. **Directeur des ressources humaines (CHRO) :** Certaines fonctions des ressources humaines, comme le tri des CV, les premières étapes de recrutement, et la gestion administrative du personnel pourraient être gérées par des logiciels d'IA, réduisant ainsi le besoin de gestion humaine à ces niveaux.
4. **Directeur des ventes :** L'IA pourrait optimiser les ventes en analysant les données du marché pour prédire les tendances, en identifiant les opportunités de vente, et en gérant les relations avec la clientèle à travers des CRM intelligents.
5. **Directeur marketing (CMO) :** Les aspects analytiques du marketing peuvent déjà être effectués par des systèmes d'IA, y compris l'analyse des données client, l'optimisation du parcours client ou la personnalisation à grande échelle.

Pourquoi ces postes pourraient-ils être impactés par l'IA ?

- **Automatisation des tâches répétitives :** L'IA est très efficace pour automatiser des tâches répétitives et structurelles, permettant ainsi de réduire les coûts et d'augmenter la productivité.
- **Prise de décision basée sur les données :** L'IA peut traiter et analyser des volumes massifs de données plus rapidement et souvent avec plus de précision qu'un humain, ce qui peut être utile dans la prise de décision stratégique.

- **Efficacité opérationnelle :** L'IA peut contribuer à une meilleure gestion des ressources et une planification plus efficace, ce qui est crucial dans les postes de direction opérationnelle.

Il est important de noter que même si l'IA peut prendre en charge certaines fonctions de ces rôles, elle est loin de pouvoir remplir toutes les fonctions de leadership et de direction. Les compétences humaines telles que la créativité, l'empathie, la négociation complexe, la prise de décision stratégique dans des situations ambiguës et l'établissement de relations sont des domaines où l'IA ne peut pas encore rivaliser avec les humains. De plus, les responsabilités éthiques et les implications sociales du remplacement des rôles de leadership par des IA sont des considérations majeures. Les organisations doivent évaluer non seulement ce qui est techniquement possible mais aussi ce qui est souhaitable et éthique dans l'utilisation de l'IA pour remplacer le leadership humain.

Q6 Quels postes de direction pourraient être supprimés et remplacés par l'intelligence artificielle ? Pourquoi ?

Réponse de ChatGPT

L'intelligence artificielle (IA) progresse à grands pas et commence à impacter divers aspects du monde du travail, y compris certains postes de direction. Toutefois, remplacer des postes de direction n'est pas une tâche simple ni immédiate car les rôles de direction exigent souvent des compétences nuancées telles que le leadership, la prise de décision stratégique, la gestion des relations interpersonnelles et la compréhension des dynamiques complexes du marché, qui sont, pour l'instant, difficiles à automatiser. Cependant, certains aspects de ces postes pourraient être assistés ou partiellement remplacés par l'IA :

1. **Analyse de données et reporting :** Les postes de direction impliquant une grande quantité d'analyse de données pour générer des rapports et des insights peuvent être assistés, voire remplacés par des systèmes d'IA qui sont capables d'analyser de grands volumes de données plus rapidement et parfois même de manière plus précise que les humains.
2. **Gestion opérationnelle :** Les Directeurs des opérations pourraient voir une part de leurs fonctions automatisées, notamment la planification de la production, l'optimisation de la chaîne d'approvisionnement et la logistique, grâce à des systèmes d'IA avancés.
3. **Service clients :** Les responsables des centres d'appel et de service clients peuvent voir une partie de leurs fonctions prises en charge par des assistants virtuels intelligents et des chatbots, qui peuvent gérer les interactions courantes avec les clients.
4. **Analyse financière :** Pour des postes tels que directeurs financiers ou analystes financiers, l'IA peut automatiser plusieurs tâches de routine telles que la compilation de données financières, la réalisation de prévisions, et la détection des anomalies dans les transactions financières.

5. **Gestion des ressources humaines :** Le directeur des ressources humaines pourrait aussi utiliser l'IA pour la réduction des tâches répétitives telles que la présélection des candidats, l'analyse des évaluations de performance, et même certaines décisions de gestion des talents et de la planification de la main-d'œuvre.

6. **Directeur des opérations (COO) :** Des postes impliquant la gestion de chaînes d'approvisionnement, la logistique et les opérations pourraient être partiellement automatisés grâce à des algorithmes avancés d'IA qui optimisent les flux de travail et la distribution des ressources.

7. **Directeur financier (CFO) :** Les tâches liées au reporting financier, à la budgétisation, et aux prévisions pourraient être prises en charge par des systèmes d'IA capables d'analyser de grands volumes de données financières pour produire des rapports précis et effectuer des prédictions financières avec un haut niveau de précision.

8. **Directeur des ressources humaines (CHRO) :** Certaines fonctions des ressources humaines, comme le tri des CV, les premières étapes de recrutement, et la gestion administrative du personnel pourraient être gérées par des logiciels d'IA, réduisant ainsi le besoin de gestion humaine à ces niveaux.

9. **Directeur des ventes :** L'IA pourrait optimiser les ventes en analysant les données du marché pour prédire les tendances, en identifiant les opportunités de vente, et en gérant les relations avec la clientèle à travers des CRM intelligents.

10. **Directeur marketing (CMO) :** Les aspects analytiques du marketing peuvent déjà être effectués par des systèmes d'IA, y compris l'analyse des données client, l'optimisation du parcours client ou la personnalisation à grande échelle.

Il est important de noter que, plutôt que de remplacer complètement les postes de direction, l'IA est plus susceptible de modifier ces rôles. Les dirigeants devront adapter leurs compétences pour travailler en tandem avec l'intelligence artificielle, en exploitant la capacité de l'IA à traiter rapidement de grandes quantités de données et à exécuter des tâches automatisables, tandis que les humains se concentreront sur des tâches plus stratégiques, créatives et relationnelles qui nécessitent un jugement complexe et une intelligence émotionnelle.

Enfin, il est crucial de considérer les questions éthiques, de gouvernance, et le maintien de la confiance et de la responsabilité dans les décisions automatisées, en particulier dans les postes de direction qui ont un impact important sur les employés et l'entreprise dans son ensemble.

Q7 Quels sont les principaux pôles d'activité d'une Direction des ressources humaines ?

Cette question a pour but de préparer la suivante.

Réponse de ChatGPT

La Direction des ressources humaines (DRH), souvent considérée comme un partenaire stratégique au sein de l'entreprise, gère une variété de fonctions essentielles à l'administration efficace du capital humain. Voici les principaux pôles d'activité d'une DRH :

1. Recrutement et staffing :
   - Analyse des besoins en personnel de l'entreprise.
   - Mise en place de stratégies pour attirer des candidats.
   - Sélection et intégration des nouveaux employés.
2. Gestion de la performance :
   - Développement des systèmes d'évaluation de la performance.
   - Suivi des objectifs individuels et collectifs.
   - Mise en place de plans de développement personnel.
3. Développement et formation :
   - Identification des besoins de formation.
   - Conception et mise en œuvre de programmes de formation et de développement professionnel.
   - Suivi et évaluation de l'efficacité des formations.
4. Gestion des carrières :
   - Planification des successions.
   - Gestion des promotions et des parcours professionnels.
   - Accompagnement des mobilités internes et externes.
5. Gestion des rémunérations et des avantages sociaux :
   - Élaboration de la politique salariale.
   - Administration des salaires, des primes et des augmentations.
   - Gestion des avantages sociaux (retraite, assurance, etc.).
6. Relations sociales et légales :
   - Dialogue avec les représentants du personnel et les syndicats.
   - Gestion des négociations collectives.
   - Veille sur la conformité aux lois et réglementations du travail.
7. Santé, sécurité et bien-être au travail :
   - Promotion de la sécurité sur le lieu de travail.
   - Prévention des risques professionnels.
   - Initiatives de bien-être pour les employés (programmes de santé, équilibre vie professionnelle/vie privée).
8. Gestion administrative du personnel :
   - Tenue des dossiers des employés.
   - Administration des absences (congés, maladie).
   - Processus de départ des employés (démissions, retraites, licenciements).
9. Stratégie RH et planification :
   - Élaboration de la stratégie RH alignée sur les objectifs de l'entreprise.
   - Analyse des tendances du marché du travail et de la démographie des employés.

- Définition des indicateurs de performance RH et reporting.

10. Gestion de la diversité et inclusivité :
    - Programmes pour promouvoir la diversité en entreprise.
    - Lutte contre les discriminations.
    - Création d'un environnement de travail inclusif.
11. Transformation numérique et systèmes d'information :
    - Mise en œuvre de solutions technologiques pour optimiser les processus RH.
    - Gestion des systèmes d'information des ressources humaines (SIRH).

Chacun de ces pôles peut comporter de multiples sous-activités et spécialisations, dépendant de la taille de l'entreprise, de son contexte industriel, culturel et géographique. La DRH est donc au cœur de l'organisation, elle joue un rôle crucial dans l'adaptation de l'entreprise aux changements et dans la contribution à sa performance globale.

Q8 Quel impact (positif ou négatif) l'intelligence artificielle aura-t-elle sur les 11 pôles d'activité d'une Direction des ressources humaines ?

Réponse de ChatGPT

L'intelligence artificielle (IA) peut avoir des impacts significatifs sur les différentes fonctions d'une Direction des ressources humaines (DRH). Voici un aperçu des impacts potentiels, tant positifs que négatifs, sur onze pôles d'activité typiques d'une DRH :

1. Recrutement et acquisition de talents :

- Positif : Les outils d'IA peuvent automatiser le tri des CV, évaluer les candidatures de manière plus objective, et même effectuer des entretiens préliminaires via des assistants virtuels. Cela peut économiser du temps et améliorer la qualité des candidats présélectionnés.
- Négatif : Risque de biais algorithmiques si l'IA n'est pas correctement programmée, conduisant à une discrimination involontaire.

2. Onboarding et intégration :

- Positif : L'IA peut personnaliser le processus d'onboarding pour les nouveaux employés, en offrant des parcours adaptés à leurs besoins et à leurs vitesses d'apprentissage.
- Négatif : Manque de contact humain qui peut impacter négativement l'intégration relationnelle et culturelle de nouveaux employés.

3. Formation et développement professionnel :

- Positif : L'IA permet de créer des programmes de formation personnalisés et adaptables en temps réel en fonction des progrès et besoins des employés.
- Négatif : L'accès inégal aux outils technologiques peut créer un fossé entre les employés.

4. Gestion des performances :

- Positif : Les systèmes d'IA peuvent fournir des analyses de performances objectives et continues, permettant des retours instantanés et des ajustements en temps réel.
- Négatif : Sur-reliance sur les données et la surveillance peut créer un climat de travail anxiogène et réduire la confiance.

5. Rémunération et avantages sociaux :

- Positif : Les systèmes intelligents peuvent gérer les paies et les avantages de façon plus efficace, offrant des packages personnalisés aux employés.
- Négatif : Complexité accrue dans la gestion des données personnelles, avec des risques pour la vie privée.

6. Gestion des données RH :

- Positif : L'IA peut analyser de grandes quantités de données pour éclairer la prise de décision et prévoir les tendances.
- Négatif : Risque de fuites de données sensibles et d'atteinte à la confidentialité en cas de défaut de sécurité.

7. Engagement des employés :

- Positif : L'IA peut aider à suivre et à mesurer l'engagement des employés, et identifier les domaines nécessitant attention.
- Négatif : Peut être perçu comme intrusif et réduire l'authenticité des interactions humaines.

8. Relations de travail :

- Positif : L'IA peut aider à identifier et résoudre les conflits en analysant les tendances et en proposant des solutions.
- Négatif : Risque d'être déconnecté des nuances culturelles et émotionnelles présentes dans les relations humaines.

9. Planification stratégique des RH :

- Positif : Avec l'IA, il est possible de mieux anticiper les besoins futurs en matière de main-d'œuvre et de compétences.
- Négatif : Dépendance sur les algorithmes peut conduire à des décisions qui ne tiennent pas compte des facteurs imprévus ou humains.

10. Conformité et risques juridiques :

- Positif : L'IA peut aider à surveiller et maintenir la conformité avec des réglementations en constante évolution.
- Négatif : Les erreurs algorithmiques peuvent entraîner des violations de la réglementation.

11. Bien-être et santé au travail :

- Positif : L'IA peut permettre de surveiller et d'améliorer les conditions de travail, ainsi que de proposer des interventions en matière de santé.
- Négatif : La surveillance constante peut créer du stress et porter atteinte à la dignité des employés.

Dans tous les cas, il est crucial que la mise en place de l'intelligence artificielle en RH soit réalisée avec un fort degré d'éthique, un respect de la vie privée, et une attention particulière portée aux impacts humains de la technologie.

Q9 Comment accompagner le personnel dans la mise en place d'outils faisant appel à l'IA ?

Réponse de ChatGPT

L'intelligence artificielle (IA) est en train de transformer radicalement la nature du travail dans tous les secteurs. Cependant, l'impact de l'IA varie selon le type d'emploi concerné. Il est important de noter que les prévisions sont sujettes à de nombreuses variables externes et qu'il est difficile de prévoir précisément les conséquences à long terme de l'IA. Voici une analyse par catégorie de postes :

Postes d'exécution

Les emplois d'exécution sont généralement caractérisés par des tâches répétitives et routinières. L'IA, particulièrement lorsqu'elle est associée à la robotique, a un fort potentiel d'automatisation de ces tâches :

- Automatisation et suppression de postes : Des emplois dans la fabrication, la logistique et même certains aspects de la restauration rapide ou du commerce au détail risquent d'être automatisés, ce qui pourrait entraîner une réduction de la demande pour les travailleurs effectuant ces tâches.
- Augmentation de la productivité : Pour les emplois non entièrement automatisables, l'IA peut augmenter la productivité en assistant les employés dans leur travail, par exemple en utilisant des systèmes de vision par ordinateur pour superviser la qualité des produits.
- Création de nouveaux emplois : L'IA pourrait également aboutir à la création de nouveaux postes de techniciens spécialisés en maintenance et gestion des systèmes automatisés.

Postes administratifs

Les postes administratifs impliquent souvent la manipulation de données et des tâches de gestion de l'information, qui sont susceptibles d'être touchées par l'IA :

- Rationalisation des processus : Les outils d'IA tels que le traitement du langage naturel (NLP) peuvent automatiser des tâches telles que la saisie de données, la gestion de l'emploi du temps, ou encore le service à la clientèle.
- Prise de décision améliorée : L'analytique avancée et l'apprentissage automatique offrent une meilleure capacité d'analyse de données pour soutenir les décisions administratives.
- Besoin accru en compétences numériques : Les employés pourraient être requis d'acquérir de nouvelles compétences pour interagir avec des systèmes d'IA et d'automatisation plus complexes.

Postes d'encadrement

Les emplois de gestion et d'encadrement se concentrent sur la supervision du personnel, la stratégie et la gestion des opérations, un terrain où l'IA peut jouer un rôle de support :

- Outils de gestion améliorés : L'IA peut fournir des outils pour une surveillance et une optimisation plus efficaces des processus, ainsi que pour la prédiction des besoins en ressources humaines.
- Compétences en leadership : Les compétences en leadership, de créativité et d'empathie resteront cruciales et moins susceptibles d'être remplacées par l'IA.
- Changement dans la nature du travail : Les gestionnaires devront adapter leur style de gestion pour intégrer les équipes hybrides composées d'humains et de systèmes intelligents.

Postes de direction

Les cadres supérieurs et les dirigeants sont censés se concentrer sur la stratégie d'entreprise, l'innovation et la prise de décisions complexes. L'IA peut affecter ces rôles mais de manière différente :

- Support à la prise de décision stratégique : L'IA peut offrir des insights[244] profonds grâce à l'analyse de données de marché et de performances internes, ce qui aide à la planification stratégique.
- Impact sur la culture d'entreprise : Les leaders devront guider leurs entreprises à travers des transformations numériques et culturelles importantes, centrées autour de l'IA.
- Formation et mise à jour des compétences : Les dirigeants devront mettre l'accent sur la formation continue et le développement des compétences de leurs équipes.

En résumé, bien que l'IA présente des risques de perturbation pour certains emplois, elle offre également des opportunités d'amélioration de l'efficacité et de création de nouveaux rôles. La transition vers une économie plus automatisée exige d'adapter les compétences de la main-d'œuvre et d'adopter des politiques qui facilitent cette transition pour les travailleurs touchés.

Q10 Pourquoi certains postes de direction pourraient être supprimés et/ou remplacés par l'intelligence artificielle ?

Réponse de ChatGPT

L'intégration de l'intelligence artificielle (IA) dans le monde du travail pourrait modifier radicalement la structure organisationnelle de nombreuses entreprises, notamment en automatisant des tâches qui étaient auparavant effectuées par des humains. Cependant, la suppression de postes de direction et leur remplacement par l'IA dépendent de la complexité du rôle et du type de décisions à prendre.

Pourquoi ces postes pourraient-ils être impactés par l'IA ?

- **Automatisation des tâches répétitives :** L'IA est très efficace pour automatiser des tâches répétitives et structurelles, permettant ainsi de réduire les coûts et d'augmenter la productivité.

---

[244] Sans doute des révélations sur des tendances appuyées sur des signaux faibles, peu perceptibles par les individus.

- **Prise de décision basée sur les données :** L'IA peut traiter et analyser des volumes massifs de données plus rapidement et souvent avec plus de précision qu'un humain, ce qui peut être utile dans la prise de décision stratégique.
- **Efficacité opérationnelle :** L'IA peut contribuer à une meilleure gestion des ressources et une planification plus efficace, ce qui est crucial dans les postes de direction opérationnelle.

Il est important de noter que même si l'IA peut prendre en charge certaines fonctions de ces rôles, elle est loin de pouvoir remplir toutes les fonctions de leadership et de direction. Les compétences humaines telles que la créativité, l'empathie, la négociation complexe, la prise de décision stratégique dans des situations ambiguës et l'établissement de relations, sont des domaines où l'IA ne peut pas encore rivaliser avec les humains. De plus, les responsabilités éthiques et les implications sociales du remplacement des rôles de leadership par des IA sont des considérations majeures. Les organisations doivent évaluer non seulement ce qui est techniquement possible mais aussi ce qui est souhaitable et éthique dans l'utilisation de l'IA pour remplacer le leadership humain.

Il pouvait être intéressant de tester les capacités génératives de ChatGPT 4 en matière d'écriture de programmes, d'où deux questions touchant à VBA[245] (le langage sous-jacent d'Excel) et PowerShell[246].

Q11 Proposer un programme VBA permettant de passer en gras un certain nombre de cellules Excel sélectionnées.

Réponse de ChatGPT

Voici un exemple de code VBA que vous pourriez utiliser pour mettre en gras les cellules sélectionnées dans Excel. Pour l'utiliser, suivez ces étapes :

1. Ouvrez Excel et accédez à l'onglet « Développeur » (Developer).
2. Si vous ne voyez pas l'onglet « Développeur », activez-le en allant dans Fichier > Options > Personnaliser le Ruban et cochez la case « Développeur ».
3. Cliquez sur « Visual Basic » pour ouvrir l'éditeur VBA.
4. Dans l'éditeur VBA, insérez un nouveau module en cliquant avec le bouton droit sur « VBAProject (NomDeVotreClasseur) » > Insérer > Module.
5. Copiez et collez le code VBA suivant dans le module.

```
Sub MettreEnGras()
    Dim cellule As Range
    ' Vérifiez si des cellules sont sélectionnées
```

[245] VBA (Visual Basic For Applications) est un langage de programmation orienté objet qui fonctionne avec les applications Microsoft Office (MS Excel, MS PowerPoint, MS Access, MS Word et MS Outlook), permet d'automatiser les tâches répétitives.

[246] PowerShell est un interpréteur de commandes moderne orienté objet qui comprend des commandes d'administration et de gestion du système (fichiers batch). Il permet d'automatiser la gestion des systèmes et simplifier certaines manipulations système.

```
    If Not Selection Is Nothing Then
      ' Parcourez chaque cellule de la sélection
      For Each cellule In Selection
        ' Mettez la cellule en gras
        cellule.Font.Bold = True
      Next cellule
    Else
      MsgBox "Veuillez sélectionner une ou plusieurs cellules avant d'exécuter le script.", vbInformation, "Aucune sélection"
    End If
End Sub
```

6. Fermez l'éditeur VBA et revenez à Excel.
7. Sélectionnez les cellules que vous souhaitez mettre en gras.
8. Exécutez le macro en allant dans l'onglet « Développeur » et cliquant sur « Macros », sélectionnez « Mettre En Gras » dans la liste des macros disponibles, puis cliquez sur « Exécuter ».

Ce script VBA parcourt la sélection actuelle et applique la propriété de mise en forme Gras (Font.Bold = True) à chaque cellule dans la sélection. Si aucune cellule n'est sélectionnée lors de l'exécution du script, une boîte de dialogue s'affiche pour informer l'utilisateur de sélectionner des cellules.

Q11 bis Proposer à partir de l'explorateur une application Powershell exécutable d'un clic permettant de changer l'icône d'un fichier.

Réponse de ChatGPT

Pour proposer une application exécutable à partir de l'explorateur Windows qui permet de changer l'icône d'un fichier d'un seul clic, vous pourriez créer un petit programme qui s'intègre au menu contextuel de l'explorateur. Cela dit, il est important de noter que les fichiers tels que les documents Word, Excel, ou les images, n'ont pas d'icônes individualisables par défaut. Cependant, les raccourcis (.lnk) et les fichiers exécutables (.exe) peuvent avoir des icônes personnalisées.

Voici un exemple simpliste de la manière dont vous pourriez procéder en créant un script PowerShell. Notez toutefois que cette méthode ne fonctionne que pour les raccourcis et les fichiers exécutables :

1. **Écrivez un script PowerShell :** Créez un script powershell ChangeIcon.ps1 qui change l'icône d'un raccourci ou d'un fichier exécutable.

```
param (
  [string]$FilePath,
  [string]$IconPath
)
if (-not (Test-Path $FilePath)) {
  Write-Error "Le fichier cible n'existe pas."
  exit
}
```

```
if (-not (Test-Path $IconPath)) {
    Write-Error "L'icône spécifiée n'existe pas."
    exit
}
$newIconPath = $IconPath + ",0"
try {
    $shell = New-Object -ComObject WScript.Shell
    $shortcut = $shell.CreateShortcut($FilePath)
    $shortcut.IconLocation = $newIconPath
    $shortcut.Save()
} catch {
    Write-Error "Impossible de changer l'icône."
}
# Libérez l'objet COM
[System.Runtime.Interopservices.Marshal]::ReleaseComObject($shell) | Out-Null
```

2. **Intégration dans le menu contextuel :** Modifiez le registre pour ajouter le script au menu contextuel de l'explorateur. Vérifiez et exécutez en tant qu'administrateur le contenu suivant dans un fichier .reg pour ajouter l'option au menu contextuel.

```
Windows Registry Editor Version 5.00
[HKEY_CLASSES_ROOT\*\shell\ChangeIcon]
@="Changer l'icône"
"Icon"="imageres.dll,-78"
[HKEY_CLASSES_ROOT\*\shell\ChangeIcon\command]
@="powershell.exe -NoProfile -ExecutionPolicy Bypass -File \"C:\\Path\\To\\ChangeIcon.ps1\" \"%1\" \"C:\\Path\\To\\Icon.ico\""
```

Ces entrées du registre ajoutent une option « Changer l'icône » au clic droit sur les fichiers, et passent ensuite le chemin du fichier et l'icône au script PowerShell.

3. **Sécurité de l'exécution du script :** Par mesure de sécurité, Windows restreint l'exécution de scripts. Vous pouvez soit signer numériquement votre script ChangeIcon.ps1, soit changer temporairement la politique d'exécution pour les scripts PowerShell avec la commande suivante dans PowerShell (en tant qu'administrateur) :

```
Set-ExecutionPolicy -Scope CurrentUser -ExecutionPolicy Unrestricted
```

4. Avant de modifier le registre, **assurez-vous de sauvegarder vos entrées de registre** actuelles pour pouvoir les restaurer en cas de problème.

5. Enfin, n'oubliez pas de **personnaliser les chemins** vers les scripts dans les commandes ci-dessus selon l'emplacement où vous avez enregistré le script sur votre machine.

Cet exemple est une illustration simplifiée. Gardez à l'esprit que manipuler le registre et exécuter des scripts peut présenter des risques si vous ne le faites pas avec précaution. Assurez-vous de bien comprendre chaque étape avant de procéder et de toujours avoir des sauvegardes de vos données importantes.

Pour le fun, la question du nombre d'habitants sur mars a été reposée. Visiblement la réponse de 2024 est moins sujette à caution que celle de 2022 donnée par Bing, preuve patente que ce genre d'outil sait apprendre. On remarquera quand même des incohérences dans les réponses : quand on interroge ChatGPT 4 sur l'impact de l'IA sur l'emploi, il se réfugie sur un apprentissage terminé en décembre 2022. Par contre concernant le robot Zhu Rong, il intègre des informations de 2023 (présence attestée d'eau).

Q12 Combien y a-t-il d'habitants sur mars ?
Réponse de ChatGPT

À l'heure actuelle (en considérant les informations disponibles jusqu'en décembre 2023), il n'y a pas d'habitants sur Mars. Aucun humain ne vit sur la planète rouge de manière permanente. Cependant, il y a des projets de missions habitées vers Mars prévus par diverses organisations et agences spatiales, comme la NASA, SpaceX, et d'autres entités privées ou internationales. Ces projets visent à envoyer des humains sur Mars dans les décennies à venir, potentiellement pour établir des colonies, mais cela n'a pas encore été réalisé.

En attendant, Mars est explorée par des robots et des rovers, comme le rover Perseverance de la NASA et le rover Zhu Rong de l'agence spatiale chinoise. Ces engins automatisés envoient des données et des images de la surface martienne pour aider les scientifiques à comprendre l'environnement et la géologie de la planète, ainsi que pour préparer les futures missions humaines.

Annexe 6
Les recommandations de la CNIL[247] concernant le développement des systèmes d'intelligence artificielle

Publication du 10 avril 2024

En mai 2023, la CNIL avait publié un « plan IA » de sécurisation des acteurs et avait annoncé un travail sur l'encadrement juridique des pratiques.

Le 8 avril 2024, la CNIL propose une série de sept recommandations pour accompagner les acteurs dans leurs démarches de conformité avec le règlement général sur la protection des données (RGPD) sous le titre :

« Pour un usage de l'IA respectueux des données personnelles ».

« Ces recommandations concernent la phase de développement de systèmes d'IA et non celle de déploiement », précise la Commission et « se limitent aux traitements de données soumis au règlement général sur la protection des données (RGPD) ». Il en ressort que le développement des IA génératives est conciliable avec les enjeux de protection de la vie privée.

Les sept fiches, présentées dans un premier volet sous une forme succincte, abordent différents aspects sensibles en matière de protection des données personnelles, tant d'un point de vue technique que juridique. Elles doivent permettre aux acteurs de l'IA de s'assurer que les systèmes IA, dans leur phase de conception et de développement, sont bien en conformité avec le RGPD :

- **le régime juridique applicable :** RGPD, régime spécifique aux secteurs « police-justice », régime concernant la Défense nationale ou la sûreté de l'État ;
- **la finalité :** s'assurer que, dès le stade du projet, l'objectif du programme soit clairement défini, explicite et compatible avec les missions de l'organisme et qu'il justifie le recours à des données personnelles ;
- **la qualification juridique** des fournisseurs de système d'IA (responsable de traitement, responsable conjoint, sous-traitant) ;

247 http://www.vie-publique.fr/en-bref/293705-cnil-7-recommandations-sur-le-developpement-des-systemes-dia

- **la légalité des procédures de traitement** des données personnelles, qu'il s'agisse de données provenant directement de personnes ou de données collectées à partir de sources ouvertes sur Internet ;
- **la réalisation d'une étude d'impact** des risques pour les droits et libertés des personnes ;
- **la bonne conception du système** en matière de protection des données ;
- **la protection des données** dans la collecte et la gestion des données (par exemple, toutes les données collectées sont-elles pertinentes par rapport aux objectifs poursuivis ?).

La CNIL attire notamment l'attention sur les techniques employées en amont dans la phase de développement d'un système d'IA générative, comme l'apprentissage automatique.

Deux situations d'utilisation de données personnelles sont envisagées :

- lorsque **la base de données IA comporte des données personnelles** (vidéos, enregistrements de voix, données personnelles structurées…) ;
- lorsque **ces données figurent possiblement dans la base** (présence résiduelle de personnes, plaques d'immatriculation, images, citation de prénoms, adresses…) et qu'elles n'ont pas été préventivement anonymisées.

Ces recommandations ont été formulées en concertation avec les acteurs de l'IA (43 contributeurs ont été reçus). Elles ne sont pas contraignantes pour les utilisateurs. Il s'agit davantage de bonnes pratiques qui permettent de se mettre en accord avec le RGPD. Dans les mois à venir, la CNIL publiera des fiches complémentaires sur l'intérêt légitime, la gestion des droits, l'information des personnes, l'annotation et la sécurité lors de la phase de learning des IA.

Plus d'informations sont disponibles sur le site https://www.cnil.fr/fr/les-fiches-pratiques-ia.

Annexe 7
IA et dissuasion militaire

La dissuasion, qu'elle soit conventionnelle ou nucléaire, est fondée sur la capacité d'un pays à infliger des dommages inacceptables à un adversaire qui voudrait l'attaquer.

La dissuasion repose sur la possession de systèmes d'armes (traditionnelles ou nucléaires) et sur la capacité à les mettre en œuvre sans délai devant une menace, de façon à être toujours en position de supériorité.

Cela repose sur une analyse continue de la menace.

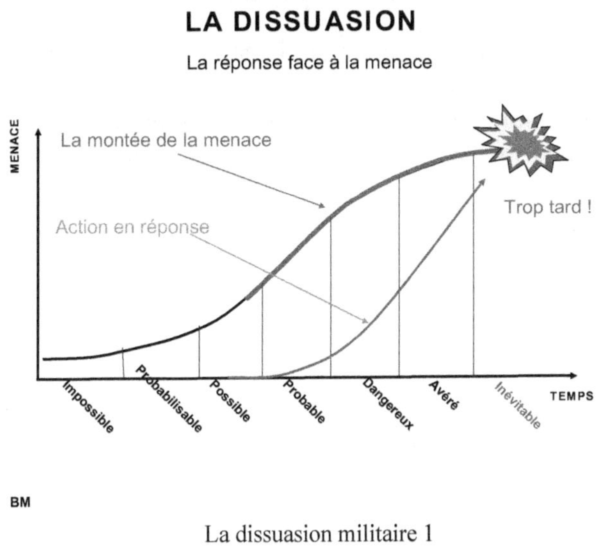

La dissuasion militaire 1

Généralement l'action n'est envisagée qu'à partir du moment où la menace apparaît comme possible ou probable. Dans le domaine militaire, il faut aussi tenir compte de l'opinion politique qui ne sera sensible qu'au niveau dangereux.

À souligner : les manœuvres des adversaires cherchent à intoxiquer l'adversaire sur ses intentions et sur son niveau de préparation, pour retarder l'action, et donc bénéficier d'une position dominante.

On notera que l'IA, de par sa capacité à analyser une grande quantité de données diverses, va être à la base de la mesure de la courbe de la menace.

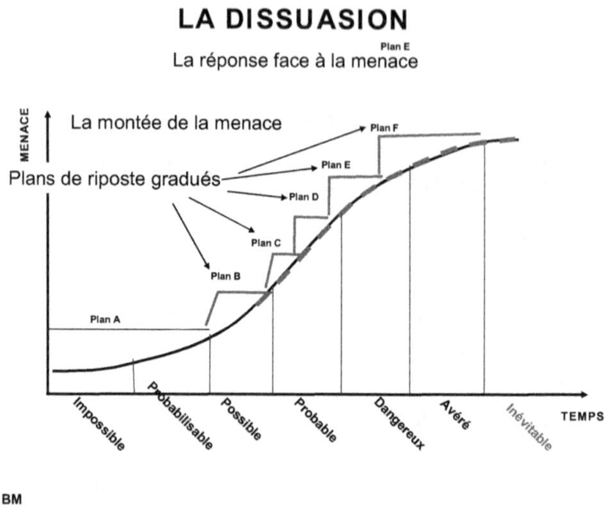

La dissuasion militaire 2

Il n'y a dissuasion que si l'action de riposte est constamment supérieure à la menace. Deux conditions :

- des plans d'action gradués préétablis et opérationnels,
- une agilité pour passer très vite d'un niveau à un autre.

Annexe 8
Les biais cognitifs

Nous avons indiqué dans notre introduction que les réponses de l'IA traduisaient souvent les biais de ses créateurs ou des personnes chargées de son apprentissage. Ces biais peuvent être cognitifs ou algorithmiques. L'IA, étant en continuelle formation, et s'alimentant de nouvelles données, dont celles qu'elle a générées, les biais initiaux, s'ils ne sont pas corrigés, auront tendance à se renforcer, à s'amplifier. Certains auteurs parlent de contagion. Nous avons pensé utile de faire un survol de ces biais, que nous retrouverons chez les utilisateurs, lorsqu'ils seront confrontés à l'IA. Pour faciliter la lecture, en face de chaque biais figure le symbole ☑ à chaque fois qu'il pourrait être mobilisé lors de la mise en place d'outils d'IA. Une très brève description suit, et nous invitons le lecteur à se procurer le livre de Kahneman sur les biais cognitifs. On remarquera que leur nombre est important, cependant tous ne seront actifs, ou au cas par cas, individu par individu. Les biais qui semblent les plus importants sont les biais d'automatisation, de cadrage et d'ancrage.

L'étude des biais cognitifs fait l'objet de nombreux travaux en psychologie cognitive et en psychologie sociale[248]. Aujourd'hui, la recherche aurait identifié près de **200 biais cognitifs**.

La définition du biais cognitif

Le biais cognitif est un **raisonnement rapide** qui nous pousse à prendre une décision hâtive. Le cerveau emprunte un raccourci pour traiter une information en quelques instants, en étant influencé par :

- des préjugés ;
- des émotions ;
- des habitudes mentales ;
- des limitations perceptuelles et attentionnelles.

Ce mécanisme est directement responsable d'erreurs d'interprétation et de jugements irrationnels, et serait issu de notre lointain passé d'homme des cavernes. À l'origine, il s'agissait d'un mécanisme de survie. Ces biais cognitifs ne sont généralement pas conscients. L'objectif est toujours

[248] Le concept de biais cognitif a été introduit au début des années 1970 par les psychologues Daniel Kahneman (prix Nobel d'économie 2002).

d'optimiser notre fonctionnement, d'économiser notre énergie et de réduire la complexité des situations. Ces raccourcis cognitifs s'appliquent d'autant plus au monde actuel, que nous sommes confrontés à des quantités d'informations de plus en plus importantes.

Les deux modes de pensées de notre cerveau

Notre cerveau fonctionnerait selon deux modes distincts :

- Un mode automatique en œuvre toutes les fois qu'une situation paraît simple. Il peut aussi être activé lorsque nous sommes sous pression et que nous devons prendre des décisions très rapidement. Notre esprit d'analyse et notre rationalité sont alors limités. Ce mode peut être actif 95 % du temps.
- Un mode adaptatif qui s'enclenche quand une situation apparaît comme nouvelle et complexe. La partie analytique du cerveau est sollicitée et la réflexion est plus longue que dans le cas précédent. La prise de décision est alors mesurée et objective. Ce mode est activé 5 % du temps.

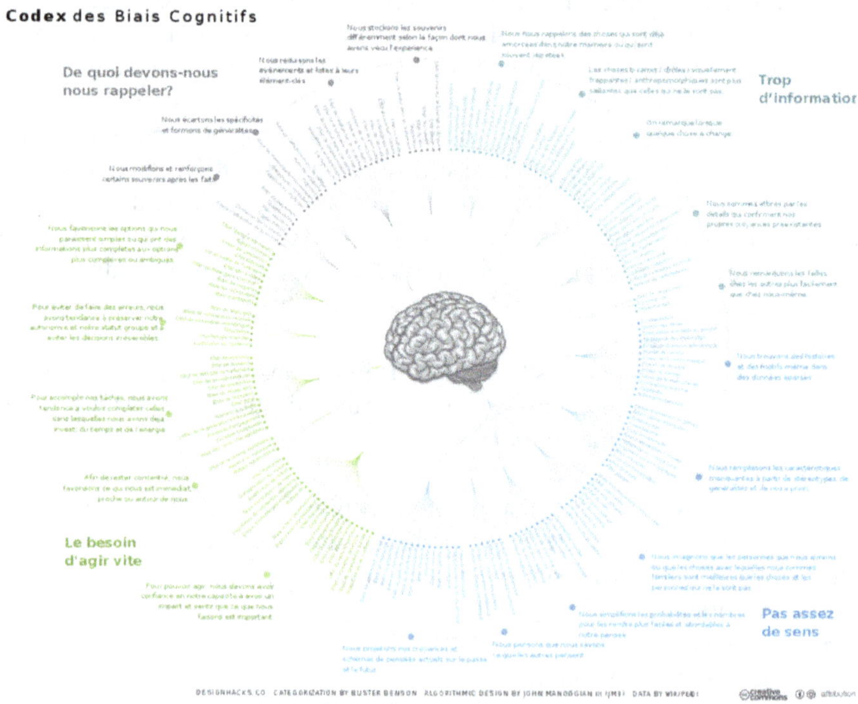

Codex des biais cognitifs

Concept et catégorisation par Buster Benson – Design par John Manoogian III

Dans les pages suivantes figure la liste des biais, repris du petit guide exhaustif des biais cognitifs[249], selon la classification de Benson. Les

249 https://amaninthearena.com/biais-cognifs/

descriptifs sont souvent de l'auteur. Ils ont été rédigés dans la perspective d'une implantation d'outils d'IA.

TROP D'INFORMATION

Des millions de pages web ; des milliards d'heures de contenu disponible en ligne ; des centaines de chaînes de TV accessibles de partout. Il y a trop d'informations. Nous n'avons pas d'autre choix que d'en filtrer la partie qui nous intéresse, ou qui nous arrange.

- Effet de fréquence : on remarque ce qui est mis en valeur dans notre mémoire ou répété régulièrement. Notre cerveau a tendance à noter les choses en rapport avec ce qui a été récemment mémorisé.
- Heuristique de disponibilité : ce biais consiste à penser que les éléments récents ont une fréquence plus élevée, selon la facilité avec laquelle des exemples viennent à l'esprit. Au travail cela se traduit par une estime suffisante d'un sujet et l'absence de recherches pour mieux cerner la problématique. Cela peut vite aboutir à une erreur de raisonnement.

☑ Biais d'attention ou de confirmation : un biais très répandu ! L'individu part avec une hypothèse de départ, et dans son processus de réflexion, il n'accorde de l'importance qu'aux faits qui confirment cette hypothèse.

☑ Effet de vérité illusoire (ou effet d'illusion de vérité) est la tendance à croire qu'une information est vraie après une exposition répétée. Concernant l'IA, cet effet peut jouer dans les deux sens.

☑ Biais de renforcement de la croyance consiste à n'écouter que les informations ou signaux qui vont dans le sens de ses croyances et ignorer totalement ceux allant en sens inverse.

Effet de simple exposition : le fait de s'exposer de façon répétée à un même stimulus le rend plus agréable.

- Effet de contexte : un contexte perçu +/- peut avoir un impact sur le ressenti ou la décision en mobilisant des souvenirs.
- Échec de récupération des souvenirs : l'information est disponible dans la mémoire, mais en l'absence d'indices de récupération, on ne peut pas la retrouver.
- Biais mnésique lié à l'humeur : caractéristique de la mémoire à privilégier certaines informations en fonction de l'humeur du moment.
- Phénomène de Baader-Meinhof (illusion de fréquence) : consiste, après avoir remarqué une chose une première fois, à avoir tendance à la remarquer plus souvent, ce qui conduit à croire qu'elle se produit plus fréquemment qu'en réalité.
- Biais d'empathie : tendance à apporter plus d'attention bienveillante aux membres d'un groupe proche.
- Biais d'omission : consiste à considérer que causer éventuellement un tort par une action est pire que causer un tort par l'inaction. Par exemple : refuser la vaccination pour ses enfants.

☑ Le biais de cadrage est la tendance à être influencé par la manière dont un problème est présenté. Par exemple, la décision d'aller de l'avant ou pas avec une chirurgie peut être affectée par le fait que cette chirurgie soit décrite en termes de taux de succès ou en termes de taux d'échec, même si les deux chiffres fournissent la même information. Il en est de même avec l'IA.

- Biais de représentativité : cette partialité cognitive revient à généraliser une idée, un cas ou une observation particulière à un ensemble. Autrement dit, considérer une particularité valable pour tous les autres champs d'applications.

☑ Biais de la fréquence de base : oubli de prendre en compte la fréquence de base de l'occurrence d'un événement, lorsque l'on cherche à évaluer une probabilité. Biais très courant quand on se réfère au taux de fiabilité de l'IA.

Tout ce qui est bizarre, drôle visuellement choquant ou anthropomorphique est plus facile à retenir. Notre cerveau exagère l'importance des choses qui sont inhabituelles ou surprenantes. Au contraire, on a du mal à remarquer ce qu'on voit tous les jours.

☑ Effet de distinction : perception différente de deux options, selon qu'on les analyse conjointement ou séparément.

- Effet d'humour : on mémorise mieux ce qui fait rire (information + émotion).
- Effet de Von Restorff : on mémorise mieux ce qui ressort du lot ou de l'ordinaire.

☑ Effet de référence à soi : une information qui a été traitée en relation à soi est mieux mémorisée. C'est la raison pour laquelle les gens aiment, en groupe, témoigner de leurs expériences.

☑ Biais de négativité : tendance à donner plus de poids aux informations et aux expériences négatives qu'aux positives et à s'en souvenir davantage.

On remarque quand quelque chose a changé. Et on juge l'importance de ce changement, selon sa direction (positive ou négative), au lieu de réévaluer la nouvelle valeur, comme si elle nous avait été présentée seule. S'applique aussi lorsque l'on compare deux choses entre elles.

☑ Effet d'ancrage : tendance à utiliser indûment une information comme référence. Il s'agit souvent du premier élément d'information acquis sur le sujet. Le premier qui parle ou propose une idée instaure les bases et la valeur de référence du dialogue. Par exemple accorder la même confiance à l'IA, qu'on le ferait à un humain.

☑ Conservatisme/résistance au changement : refus de réviser son jugement lorsqu'il est exposé à de nouvelles informations contradictoires.

- Effet de contraste.
- ☑ Biais de distinction : tendance à surévaluer les différences quand on les examine ensemble.

- Effet de focus : tendance à prendre une décision en donnant une forte importance à un facteur secondaire.
- ☑ Effet de cadrage : biais cognitif qui fait réagir différemment selon la façon dont les messages sont présentés.
- Illusion monétaire : tendance à ne considérer que la valeur nominale, et non la valeur d'achat.

☑ Loi de Weber-Fechner : plus le stimulus initial est important, plus il faut une variation importante de celui-ci, pour qu'elle soit perçue.

On privilégie les détails confirmant nos propres croyances. Et on ignore tous ceux qui les contredisent.

- Le biais de conformisme est la tendance à penser et agir comme les autres le font. (Surprenante tendance au conformisme : l'expérience de Asch.)
- L'ignorance pluraliste : un concept introduit en 1930 par les psychologues Floyd Allport et Daniel Katz, désigne un phénomène dans lequel une majorité de membres d'un groupe rejettent en privé une norme, mais supposent à tort que la plupart des autres l'acceptent, et donc s'y conforment.
- Rationalisation post-achat : par des arguments pseudo-rationnels, on se persuade que notre décision d'achat était bonne.
- Biais de soutien du choix.
- Perception sélective.
- Effet acteur/observateur.

☑ Biais de l'expérimentateur : tendance à valider ses croyances initiales, et par là réfuter les résultats les contredisant.

- Effet de l'observateur.
- Effet d'attente.

☑ Effet autruche : ne pas vouloir voir les problèmes ou les dysfonctionnements.

☑ Validation subjective : validation d'une déclaration ou situation, non pas sur son contenu, mais sur le fait qu'elle n'a pas d'impact négatif personnel.

☑ Effet de l'influence continue : tendance à croire l'information antérieure, même si elle est fausse ou a été corrigée.

☑ Réflexe de Semmelweis : tendance à rejeter de nouvelles connaissances lorsqu'elles vont à l'encontre des normes ou des croyances.

On remarque plus facilement les défauts chez les autres, que chez soi.

- Biais de la tache aveugle : sentiment que les biais cognitifs ne sont présents que chez les autres et pas chez soi.
- Biais de civisme naïf : biais qui pousse à voir plus de biais égocentristes chez les autres que chez eux.

☑ Biais de réalisme naïf : croyance que chacun voit le monde tel qu'il est avec objectivité et sans biais ou parti pris.

On simplifie les nombres et les probabilités pour les appréhender plus facilement. Mais soyons honnêtes, on est plutôt mauvais avec les probabilités.

☑ Biais du survivant : est une forme de biais de sélection consistant à surévaluer les chances de succès d'une initiative en concentrant l'attention sur les cas ayant réussi (les « survivants ») plutôt que des cas représentatifs. Par exemple, les gens qui ont réussi ont une visibilité plus importante, ce qui pousse les autres à surestimer leurs propres chances de succès.

- Comptabilité mentale.

☑ Biais de normalité : est une tendance à croire que les choses fonctionneront à l'avenir comme elles ont fonctionné normalement dans le passé et donc à sous-estimer, par exemple, la probabilité d'un événement exceptionnel tel qu'une catastrophe et ses effets possibles.

☑ Biais d'évaluation de la probabilité : tendance à prendre quelque chose pour vrai parce que cela peut probablement être le cas.

☑ Loi de Murphy : tout ce qui est susceptible d'aller mal, ira mal. Il faut prévoir les réactions les plus stupides des utilisateurs de l'IA, pour s'en prémunir.

- Effet de sous-additivité.
- Biais de la somme nulle : croyance que les pertes des uns font les gains des autres. Rejet de la solution gagnant-gagnant.
- Effet petite coupure.

☑ Nombre magique 7 +/-2 : ou loi de Miller, qui postule que le nombre moyen d'objets pouvant être mémorisés est de 7 +/- 2 selon les individus. Au-delà, on peut avoir du mal à les traiter dans leur globalité.

On réduit les événements et les listes à leurs points clés. On n'en garde que quelques bouts qui nous permettront d'en représenter la totalité.

☑ Règle du pic-fin : les gens évaluent leurs expériences en fonction des émotions qui surgissent à la fin. Une règle importante pour les managers chargés de mettre en place des outils d'IA.

- Nivellement et affinement.

☑ Effet de désinformation : la mémoire devient moins précise, voire oublie des éléments, devant une multiplication des informations récentes.

- Négligence de la durée : le jugement est plus lié à l'amplitude (sentiment, douleur), qu'à sa durée.

☑ Effet de rappel mémoriel en série : les individus se souviennent mieux des premiers et derniers éléments dans une série. Dans un projet, il faudra périodiquement rappeler les étapes depuis le départ, jusqu'à son terme.

- Effet de modalité.
- Indexage partiel.
- Effet de primauté : dans une séquence d'événements, ceux les mieux mémorisés sont ceux de la fin et ceux du début.
- Effet de récence.
- Effet de position sérielle.
- Effet du suffixe.

On stocke les souvenirs différemment selon la façon dont on a vécu l'expérience. Notre cerveau n'encode une information que si elle paraît importante sur le coup, mais cette décision peut être affectée par d'autres circonstances (ce qui arrive en même temps, comment l'information est présentée, etc.) qui ont peu de rapport avec la valeur réelle de l'information.

☑ Effet de profondeur de traitement : on mémorise mieux des informations qui ont nécessité beaucoup de temps ou d'effort pour être traitées.

- Effet de l'évaluation.
- Distraction.
- Bout-de-la-langue : défaillance de la mémoire sur un élément d'un ensemble conceptualisé (un mot, ou un nom introuvable).
- Effet « au suivant ».

☑ Effet Google : tendance à oublier les détails d'informations que l'on peut facilement retrouver en ligne, ou que l'on sait rangées quelque part.

ABSENCE DE SENS

Une fois que nous avons filtré l'information, et réduit le flot à un volume acceptable, il faut en définir le sens. Nous relions les points, comblons les vides, avec ce que nous pensons déjà savoir. Pour le meilleur ou pour le pire. On voit des histoires et des schémas même dans des données aléatoires. On filtre la quasi-totalité de l'information qui passe devant nos yeux, donc, par définition, on n'en voit qu'une infime partie. On a donc rarement le luxe de connaître entièrement un sujet et notre cerveau va essayer de reconstruire le monde avec les données partielles dont il dispose.

- Confabulation.
- Illusion des séries : tendance à voir des coïncidences ou un signe du destin dans des données liées au hasard.
- Insensibilité à la taille de l'échantillon : tendance à mal évaluer la probabilité d'un événement, surtout sur des périmètres réduits.
- Négligence des probabilités : tendance à ignorer totalement la probabilité à l'occasion d'une décision dans l'incertitude (par exemple, les survivalistes).
- Preuves anecdotiques.

☑ Illusion de validité/de compétence : l'illusion positive est un optimisme irréaliste lié à une évaluation exagérée de ses capacités. Les études ont montré que la majorité des gens ont tendance à se considérer meilleurs que la moyenne sur une diversité de capacités, ce qui est nécessairement erroné. Un exemple d'illusion positive très répandu est l'illusion de supériorité morale.

- Sophisme de l'homme masqué.
- Illusion de récence : meilleure mémorisation des éléments récents.
- Erreur du parieur : tendance à croire que lors de tirages aléatoires, les probabilités futures seraient altérées par les tirages antérieurs.

- Erreur de la main chaude : croyance qu'en persévérant, la chance tournera (fréquent chez les joueurs).

☑ Corrélations illusoires : l'illusion de corrélation consiste à percevoir une relation entre deux événements non reliés, ou encore à exagérer une relation qui est faible en réalité. Par exemple, l'association d'une caractéristique particulière chez une personne au fait qu'elle appartienne à un groupe particulier, alors que la caractéristique n'a rien à voir avec le fait qu'elle appartienne à ce groupe.

- Paréidolies : stimulus vague (son ou image) qui va créer une image mentale, par exemple voir des formes dans les nuages.

☑ Anthropomorphisme : tendance à considérer des entités comme possédant des caractéristiques humaines, émotions et intentions.

- Biais d'attribution : distorsion du système cognitif qui lie l'échec ou le succès d'un collaborateur, à son talent et/ou ses caractéristiques personnelles, sans prendre en compte les circonstances.
- Erreur fondamentale d'attribution : l'illusion positive est un optimisme irréaliste lié à une évaluation exagérée de ses capacités. Les études ont montré que la majorité des gens ont tendance à se considérer meilleurs que la moyenne sur une diversité de capacités, ce qui est nécessairement erroné. Un exemple d'illusion positive très répandu est l'illusion de supériorité morale.
- Catégorisation.
- Essentialisme.

☑ Fixité fonctionnelle : idée préconçue d'un objet qui nous interdit de l'utiliser différemment. Fréquent avec les nouvelles technologies.

- Effet d'accréditation morale.
- Croyance en un monde juste : tendance à croire que le monde est juste, et que les gens méritent ce qui leur arrive (notion proche du karma). Des études ont montré que cette croyance répond souvent à un important besoin de sécurité. Différents processus cognitifs entrent en œuvre, pour préserver la croyance que la société est juste et équitable, malgré les faits qui montrent le contraire.

Sophisme du sophisme : réfuter les preuves avancées.

☑ Biais d'autorité.

☑ Biais d'automatisation : excès de confiance accordé à une préconisation informatique, notamment de l'IA.

- Effet de mode.
- Effet placebo.
- Effet rétrospectif : avec le recul, sentiment que les événements auraient pu être évités avec plus de prévoyance.

On imagine que les choses et les gens que nous aimons ou qui nous sont familiers sont meilleurs que les choses et gens que nous n'aimons pas ou qui nous sont étrangers.

- Effet de halo : l'effet de halo se produit quand la perception d'une personne ou d'un groupe est influencée par l'opinion que l'on a préalablement pour l'une de ses caractéristiques. Par exemple, une personne de belle apparence physique sera perçue comme intelligente et digne de confiance. L'effet de notoriété est aussi un effet de halo.
- Biais d'endogroupe : le biais de favoritisme intragroupe (ou endogroupe) est la tendance à favoriser les gens qui appartiennent à un même groupe que nous comparativement aux personnes qui n'en font pas partie.

☑ Pas inventé ici : méfiance naturelle pour tout ce qui vient de l'extérieur. C'est le cas pour l'IA born in US.

- Effet de race : difficulté à identifier des personnes d'ethnies différentes de la sienne.
- Effet pom-pom girl.
- Effet de la route connue.
- Biais d'homogénéité d'exogroupe : tendance à croire que les membres de son groupe sont plus diversifiés que les autres groupes.

☑ Dévaluation réactive : consiste à rejeter toutes les idées et propositions sous le prétexte qu'elles proviennent d'un tiers.

- Effet de positivité : tendance à privilégier les informations positives dans sa mémoire (tendance observée chez les personnes âgées).

On pense souvent savoir ce que les autres pensent. Généralement on suppose que tout le monde pense comme nous, en assumant que les autres savent aussi ce que nous savons.

☑ Malédiction de la connaissance : illusion qui consiste à se fier à des croyances erronées pour appréhender une réalité, et à ne pas chercher à recueillir d'autres informations. La situation est jugée à tort, comme étant similaire à d'autres situations connues. Ainsi, une personne pourra sous-exploiter les possibilités d'un nouvel appareil. Ou un manager peut supposer que son collaborateur a un niveau de savoir égal au sien. Il n'envisage pas que son interlocuteur ne comprenne pas tout d'une discussion, d'une consigne (biais classique en formation).

- Illusion de transparence.
- Effet de projecteur : sentiment d'être davantage remarqué par les autres qu'en réalité.
- Illusion d'agent extérieur.
- Illusion de la connaissance asymétrique (ou effet Leurre) : perversion de la décision de choix entre deux produits, par la proposition d'un troisième aux caractéristiques asymétriques (classique en marketing).
- Erreur de motivation extrinsèque : sentiment que les autres n'agissent que sous des pressions externes (reconnaissance, rémunération) et non par passion.

On projette notre état d'esprit et nos croyances actuels sur le passé et le futur. Le problème est amplifié par le fait qu'on a du mal à évaluer la vitesse avec laquelle les choses changent.

- Biais rétrospectif.
- Biais de résultat.
- Chance morale : sentiment d'avoir été protégé d'un risque qui a frappé les autres.

☑ Déclinisme : « C'était mieux avant. » « Désormais c'est n'importe quoi. »

- Effet de télescopage : tendance à reculer les événements récents et rapprocher les anciens (sentiment que sa voiture est encore sous garantie, alors que celle-ci est terminée depuis des lustres).
- Biais de rétrospective heureuse.

☑ Biais d'impact : fausse interprétation des événements à venir.

☑ Biais de pessimisme : surévaluation de la probabilité que des situations négatives se produisent.

- Planification fallacieuse.

☑ Biais du temps gagné : mauvaise estimation des gains de productivité.

☑ Biais pro-innovation : sentiment que toute innovation apporte un progrès.

- Biais de prolongement.
- Biais de contrôle des émotions.
- Biais d'auto-cohérence : sentiment d'être cohérent dans le temps, en matière de discours ou d'action.

LE BESOIN D'AGIR VITE

Contraints par le temps et l'information, on ne peut pas se permettre d'attendre, sinon on risque d'être noyé. On doit avoir confiance en notre capacité à faire face. Mais parfois cette confiance est exagérée, mais sans elle, on aurait du mal à faire quoi que ce soit. C'est elle qui nous force à avancer.

☑ Biais d'excès de confiance : l'excès de confiance est la tendance à surestimer ses capacités. Ce biais a été mis en évidence par des expériences en psychologie qui ont montré que, dans divers domaines, beaucoup plus que la moitié des participants estiment avoir de meilleures capacités que la moyenne. Ainsi, plus que la moitié des gens estiment avoir une intelligence supérieure à la moyenne.

☑ Biais égocentrique : désavouer la confiance algorithmique car elle ne correspond pas à leurs critères personnels en la matière.

☑ Biais d'optimisme : le biais d'optimisme est une tendance à accorder plus d'attention aux bonnes nouvelles qu'aux mauvaises (en situation de stress, l'anxiété aide à éviter les risques du biais cognitif d'optimisme).

☑ Biais de désirabilité sociale : désir de se présenter sous un jour favorable. Travailler sur ou avec l'IA peut être valorisant, en fonction du public.

☑ Effet « troisième personne » : sorte de distance prise individuellement face aux situations.

- Effet Barnum : le biais de l'effet Barnum (ou effet Forer) consiste à accepter une vague description de la personnalité comme s'appliquant spécifiquement à soi-même. Les horoscopes jouent sur ce phénomène.

☑ Illusion de maîtrise : impression de dominer une situation sur laquelle on n'a aucun pouvoir.

☑ Effet de faux consensus : le biais de faux consensus est la tendance à croire que les autres sont d'accord avec nous plus qu'ils ne le sont réellement. Ce biais peut être particulièrement présent dans des groupes fermés dans lesquels les membres rencontrent rarement des gens qui divergent d'opinions et qui ont des préférences et des valeurs différentes. Ainsi, des groupes politiques ou religieux peuvent avoir l'impression d'avoir un plus grand soutien qu'ils ne l'ont en réalité. Cet effet peut se rencontrer dans les échanges entre managers et salariés.

☑ Effet Dunning-Kruger : lorsque le collaborateur ne maîtrise pas un sujet, mais pense mieux savoir que l'expert métier, il va simplifier son raisonnement, et sous-estimer tous les paramètres du sujet.

☑ Effet difficile-facile : biais lié à la motivation de la personne qui s'investira plus dans une situation difficile. Dépend aussi du cadrage initial.

- Illusion de supériorité.

☑ Effet Lac Wobegon : description idéale d'une ville imaginaire faisant partie de la culture états-unienne.

- Biais d'auto-complaisance : le biais d'auto-complaisance est la tendance à s'attribuer le mérite de ses réussites et à attribuer ses échecs à des facteurs extérieurs défavorables, ou aux autres.
- Hypothèse de l'attribution défensive.
- Biais d'imputation de traits : tendance à considérer que les autres sont prévisibles en fonction de certains de leurs comportements déjà observés chez d'autres.
- Justification de l'effort.
- Compensation du risque.

On favorise ce qui est immédiat au détriment de ce qui est plus loin, moins flagrant. On accorde plus de valeur aux choses du présent qu'à celles du futur et on se sent plus concerné par le cas d'un individu en particulier qu'à celles de groupes ou d'anonymes.

☑ Actualisation hyperbolique : raisonnement fallacieux qui prétend qu'une nouveauté est supérieure à ce qui existait auparavant, ou qu'un gain immédiat, même modéré, est préférable à un gain supérieur plus élevé.

☑ Biais pro-nouveauté : croyance reposant sur le postulat qu'une nouveauté doit être mise en place le plus rapidement possible pour en profiter avant les autres. Empêche d'être objectif et d'écouter les avis divergents.

☑ Effet de la victime identifiable ou biais de compassion : personnaliser une victime potentielle permet de créer de la compassion. Par exemple Louis, le comptable avec ses 22 années de bons et loyaux services, qui va être remplacé par une IA.

On est plus motivé pour finir les choses dans lesquelles nous avons déjà investi du temps et de l'énergie. C'est l'équivalent de la première loi de Newton : ce qui est en mouvement reste en mouvement.

☑ Biais des coûts irrécupérables : décision irrationnelle pour absolument rentabiliser un investissement déjà dépensé (cf. le projet Concorde). Semblerait malheureusement s'appliquer à l'IA.

- Biais d'engagement : tendance à persévérer dans le sens d'une décision initiale, même si elle n'a pas apporté les résultats escomptés (voir aussi le biais des coûts irrécupérables).

☑ Aversion à la perte : les pertes créent un impact émotionnel bien supérieur aux gains. Ceci est valable financièrement, mais aussi lors des changements. Des expériences ont montré que le rapport était de 2 !

☑ Effet Ikea. Les gens attachent de l'importance à ce qu'ils ont contribué à fabriquer.

☑ Effet de génération : une information générée par l'individu est beaucoup mieux mémorisée. C'est pour cela qu'il faut encourager la manipulation de l'IA.

- Effet de disposition.

☑ Biais du risque zéro : tendance pour opter sur des choix sans risques et refuser ceux avec risques.

☑ Effet de pseudo-certitude : tendance pour opter sur les choix présentant les risques les plus faibles.

☑ Effet de dotation : importance exagérée à des biens possédés, ou une situation acquise.

☑ Effet boomerang : tentative de persuasion conduisant au résultat inverse de celui recherché.

☑ Effet de simple exposition est une augmentation de la probabilité d'un sentiment positif envers quelqu'un ou quelque chose, par la simple exposition répétée à cette personne, ou cet objet. Ce biais peut intervenir, notamment, dans la réponse à la publicité.

☑ Biais d'unité : tendance à vouloir terminer une tâche commencée. Peut conduire certains dirigeants à aller jusqu'au bout de leur engagement public de mise en place d'IA.

Pour minimiser nos erreurs, on a tendance à préserver notre autonomie au sein du groupe et à refuser les décisions irréversibles. S'il faut faire un choix, ce sera pour la solution la moins risquée ou celle qui préserve le statu quo.

☑ Justification du système.

☑ Réactance : mécanisme individuel pour maintenir sa liberté, considérée comme menacée. Pour un individu, peut consister à faire le contraire de ce qui est attendu de lui, s'il se sent sous contrainte.

- Psychologie inversée.
- Effet de domination asymétrique : voir effet de leurre.

☑ Théorie de la comparaison sociale : rend compte de la façon dont les individus se comparent aux autres.

☑ Résistance au changement.

On favorise les actions simples ou connues par rapport à celles complexes ou ambiguës.

- Biais d'ambiguïté.
- Biais d'information : tendance à croire qu'en ayant plus d'informations, on prend de meilleures décisions.

☑ Biais de croyance : le biais de croyance se produit quand le jugement sur la logique d'un argument est biaisé par une croyance en la vérité ou la fausseté de la conclusion. Ainsi, des erreurs de logique seront ignorées si la conclusion correspond aux croyances.

- Effet de rime et raison.
- Loi de Parkinson : plus on dispose de temps pour effectuer une tâche, plus celle-ci prendra de temps. Donner beaucoup d'importance à des détails futiles.
- Effet Delmore.
- Erreur de conjonction : tendance à baser son jugement sur un nombre restreint d'éléments, que l'on considère comme représentatifs d'une population plus large.

☑ Effet « moins-c'est-mieux » : évaluation biaisée favorisant des critères simples à évaluer, plutôt que ceux importants, mais complexes.

On modifie et renforce nos souvenirs après les faits. Durant ce processus, la mémoire peut être consolidée, mais plusieurs détails passeront à la trappe. On invente aussi parfois de nouveaux détails qu'on ajoute à nos souvenirs.

- Erreur d'attribution de la source.

☑ Cryptomnésie : sentiment sincère d'avoir eu une idée, alors qu'il s'agit d'un souvenir oublié, ou qu'elle a été apportée par un autre.

- Faux souvenirs : phénomène où l'imagination est confondue à un souvenir, par exemple d'avoir assisté à un événement qui n'a pas eu lieu.

☑ Suggestibilité : les idées suggérées par des tiers peuvent altérer la mémoire des faits (confondre un encouragement à persévérer comme une reconnaissance de réussite).

☑ Effet d'espacement : la pratique de la mémorisation dans le temps est supérieure à celle concentrée sur une seule session. Il faudra garder cet effet en tête quand on fera découvrir l'IA.

On écarte les spécificités et on préfère les généralités.

- Association implicite.

☑ Biais de stéréotype implicite (culturels, de race ou de genre). L'IA étant formée sous conduite humaine, elle a tendance à reproduire et amplifier ces stéréotypes. La régulation que les concepteurs peuvent mettre en place peut entraîner des biais inverses.

- Préjugés.
- Effet de négativité : on se souvient davantage des souvenirs désagréables, que des agréables.
- Biais de l'affaiblissement de l'affect : l'émotion associée à des sentiments négatifs ou désagréables s'estompe plus rapidement que ceux reliés à des sentiments positifs.

Annexe 9
Bibliographie et sources consultées

arXiv.org (https://arxiv.org/) : Une archive de prépublications où les chercheurs partagent souvent leurs dernières découvertes avant d'être publiées dans des revues scientifiques.

https://college-de-france.fr/fr/chaire/yann-lecun-informatique-et-sciences-numeriques-chaire

https://www.economie.gouv.fr/cge/commission-ia : Rapport de la commission sur l'IA du 13 mars 2024.

https://cnil.fr/fr : CNIL.

https://www.lemondeinformatique.fr/actualites/lire-les-dsi-sous-pression-pour-la-mise-en-oeuvre-de-l-ia-93055.html : Enquête Juniper.

https://www.ufipa.fr/journee-mondiale-de-lecriture-manuscrite/

https://www.kaspersky.fr/about/press-releases/2022_gouvernance-formation-et-transparence-une-etude-kaspersky-se-penche-sur-les-enjeux-du-monde-du-travail-de-demain

https://www.developpez.net/forums : Forum developpez.com.

https://fr.wikipedia.org/wiki/Fichier:The_Cognitive_Bias_Codex_(French)_-_John_Manoogian_III_(jm3).svg (Le codex des biais cognitifs)

https://www.securitepublique.gc.ca/index-fr.aspx (Centre de sécurité publique du Canada)

https://fr.wikipedia.org/wiki/Scandale_Facebook-Cambridge_Analytica

https://www.lecho.be/dossiers/intelligence-artificielle/l-ia-generative-augmente-la-productivite-de-14-revele-une-premiere-etude/10462882.html

https://eur-lex.europa.eu/legal-content/FR/TXT/PDF/?uri=CELEX:32022R2065

https://next.ink/1092/le-president-microsoft-appelle-a-regulation-ia-et-sinquiete-deep-fakes/

https://www.economie.gouv.fr/

https://www.laboria.ai/ : Appréhender les effets de l'intelligence artificielle sur l'avenir du travail.

https://www.americanbar.org/groups/journal/

https://www.lemondeinformatique.fr/actualites/lire-ibm-depasse-les-previsions-de-croissance-du-marche-pour-2024-92779.html

https://www.forrester.com/fr/etudes/forrester-market-insights/
https://www.oliverwymanforum.com/global-consumer-sentiment/how-will-ai-affect-global-economics/workforce.html
https://www.numerama.com/tech/426774-amazon-a-du-desactiver-une-ia-qui-discriminait-les-candidatures-de-femmes-a-lembauche.html
https://www.cairn.info/revue-i2d-information-donnees-et-documents-2016-1-page-9.htm
https://www.lemondeinformatique.fr/actualites/lire-pour-la-plupart-des-emplois-l-ia-reste-plus-chere-que-l-humain-92766.html
https://www.forbes.fr/business/ia-et-productivite-au-travail-les-cadres-supérieurs-sont-encore-dubitatifs/
https://www.lemondeinformatique.fr/actualites/lire-l-ia-forcera-les-salaries-a-revoir-leurs-competences-d-ici-a-2025-91321.html
IBM's Global AI Adoption Index 2022. Annual report.
4 Reasons for Artificial Artificial Intelligence Project Failure in 2003 Dilmegani Cern.
https://www.01net.com/actualites/cessons-de-travailler-sur-lia-pendant-six-mois-ce-moratoire-inattendu-demande-par-le-secteur-de-lia.html
https://aiforgood.itu.int/
https://commons.wikimedia.org/w/index.php?title=User:Jlleon&action=edit&redlink=1
http://www.vie-publique.fr/en-bref/293705-cnil-7-recommandations-sur-le-developpement-des-systemes-dia
https://www.cnil.fr/fr/les-fiches-pratiques-ia
Courrier international, hors-série de février, mars 2024, 74 pages.
01net, n° 912, juillet 2019, Avancer masqués sur la toile, p. 38.
01net, n° 913, août 2019, La révolution numérique : travailler plus pour gagner moins, p. 28.
01net, n° 915, septembre 2019, Les algorithmes rendent la justice, p. 30.
01net, n° 916, octobre 2019, Pour vivre heureux, vivons cachés, p. 24.
Courrier international, 1408, octobre 2017, À quoi joue Facebook ?
Courrier international, 1474, janvier 2019, Comment Facebook nous a trahis.
Courrier international, 1487, mai 2019, Tous surveillés.
Courrier international, 1515, octobre 2019, Ces mensonges qui nous gouvernent.
Courrier international, 1535, février 2024, Les démocraties à l'épreuve de l'IA.
Courrier international, 1545, avril 2024, L'IA entre en guerre.
Courrier international, 1546, avril 2024, Démographie.
Journal of Artificial Intelligence Research (JAIR).
Artificial Intelligence et *IEEE Transactions on Pattern Analysis and Machine Intelligence* (PAMI).

MOOCs et cours en ligne

Coursera, edX, et Udacity offrent des cours sur l'IA dispensés par des institutions prestigieuses et par des experts. « Machine Learning » par Andrew Ng sur Coursera est un point de départ populaire pour beaucoup d'apprenants.

Fast.ai pour des cours pratiques et en profondeur sur l'apprentissage profond.

Ouvrages (triés par année de parution)

Équipe RH, acteurs de la stratégie, Bernard Merck (2003), Éditions d'Organisation.

Pattern Recognition and Machine Learning, Christopher M. Bishop (2006).

The Elements of Statistical Learning, Trevor Hastie, Robert Tibshirani et Jerome Friedman (2009), couvre les aspects théoriques de l'apprentissage statistique.

Thinking, Fast and Slow,Daniel Kahneman (2011), Éditions Penguin.

L'écologie de l'attention,Yves Citton (2014), Éditions Seuil.

Superintelligence: Paths, Dangers, Strategies, Nick Bostrom (2016).

Deep Learning, Ian Goodfellow, Yoshua Bengio et Aaron Courville (2016), édité en anglais. Ancien, mais donne un aperçu détaillé des techniques d'apprentissage profond.

Des robots et des hommes : Mythes, fantasmes et réalités, Laurence Devillers (2017), Éditions Plon, Notions de conscience, d'émotions et d'intelligence, tant chez les humains que dans les machines.

Intelligence artificielle : Manuel de survie, Jean Claude Heudin (2017), Éditions Science eBook. Ce livre propose une réflexion sur les transformations que l'IA apporte dans nos vies et les enjeux éthiques qui en découlent.

L'intelligence artificielle par la pratique, Falting Boi et Mickael Schumacher (2017), Éditions Eyrolles.

Life 3.0: Being Human in the Age of Artificial Intelligence, Max Tegmark (2018), édité par Max Tegmark, une exploration des implications futures de l'IA.

Reinforcement Learning: An Introduction, Richard S. Sutton et Andrew G. Barto (2018), édité en anglais. Ancien, mais référence en matière d'apprentissage par renforcement.

Intelligence artificielle : État de l'art et perspectives pour la France, Cédric Villani (2018). Un rapport un peu daté par le député et mathématicien Cédric Villani qui présente une synthèse sur l'IA et des recommandations pour la stratégie française. Publication enrichie en février 2019 par Futurible.

L'intelligence artificielle pour les développeurs – Concepts et implémentations en C++, de Virginie Mathivet (2018 ?). Un livre très technique destiné aux développeurs désireux de mettre en pratique les concepts d'IA dans leurs projets. Fait suite à un autre livre tourné Java.

L'Âge de la connaissance : Trait d'union entre la matière et l'esprit, Idriss Aberkane (2018), Éditions Robert Laffont. Cet ouvrage touche aux nombreuses implications de l'IA sur notre compréhension de la connaissance et de l'économie de la connaissance.

Comprendre l'intelligence artificielle, Nicolas Sabouret (2019), Éditions Ellipses.

Comprendre l'intelligence artificielle, François Cazals (2019). Une introduction généraliste qui explique les principes de l'IA et son impact sur la société.

IA : La plus grande mutation de l'Histoire, Kai-Fu Lee (2019), Éditions Les Arènes. Les enjeux actuels et futurs de l'IA vus depuis les laboratoires chinois.

Intelligence artificielle vulgarisée – Le machine learning et le deep learning par la pratique, Aurélien Vannieuwenhuze (2019), Éditions EMS.

Le crétin digital, Michel Desmurguet (2019), Éditions Points.

La civilisation du poisson rouge, Bruno Patino (2019), Éditions Babélio.

L'intelligence artificielle n'existe pas, Luc Julia (2019), Éditions First. Co-créateur de Siri, Luc Julia démystifie le concept d'IA en présentant sa vision de l'IA et ses applications concrètes dans notre quotidien.

L'intelligence artificielle, avec ou contre moi ?, Rodolphe Gelin et Olivier Guilhem, Éditions Documentation française.

L'emprise insidieuse des machines parlantes, Serge Tisseron (2020), Éditions LLL.

Intelligence artificielle : Vers une domination programmée ?, Jean-Gabriel Ganascia (2020), Éditions Le Cavalier bleu. L'analyse de l'IA et de son impact sur l'évolution de la société par un spécialiste du sujet.

The Alignment Problem: Machine Learning and Human Values, Brian Christian (2020), publié en anglais.

Comprendre l'intelligence artificielle, Nicolas P. Rougier (2021), Éditions Odile Jacob. Une introduction abordable à l'IA pour un public sans connaissances spécifiques préalables.

L'intelligence artificielle, Russel Stuart et Peter Norvig (2021), Éditions Pearson, traduit de *Artificial Intelligence: A Modern Approach* (probablement le manuel le plus populaire pour les étudiants débutant en IA. Il couvre un large éventail de sujets et est utilisé dans de nombreux cours d'introduction à l'IA).

Intelligence artificielle : impact sur le business, Jean-Michel Rodriguez (2022), Éditions ENI.

L'intelligence artificielle pour les nuls, John Paul Mueller et Luca Massaron (2022).

Guide l'IA générative, Cyril de Sousa Cardoso et Fanny Parise (2023), Éditions de Boeck.

Intelligences artificielles de la théorie à la pratique, Jean Paul Haton (2023).
La tyrannie du divertissement, Olivier Babeau (2023), Éditions Buchet Chastel.
L'intelligence artificielle : les enjeux d'aujourd'hui et de demain (2023), Éditions Futurtech.
La guerre des intelligences, le Dr Laurent Alexandre (2023), Éditions JC Lattès.
Travailler à l'ère des IA génératives, Jérémy Lamri, Gaspard Tertrais et Aurora Silver (2023), Éditions EMS.
Humain ou IA ? Qui décidera le futur, Jean-Philippe Desbiolles et Grégoire Colombes, Éditions Dunod. Une approche intéressante sur la façon dont l'humain peut utiliser l'IA (expérimentation Cavern).
Guide pratique de l'intelligence artificielle dans l'entreprise : après ChatGPT, Stéphane Rodier (2024), Éditions Eyrolles.
L'homme augmenté, Raphaël Gaillard (psychiatre et chercheur en neurosciences) (2024), Éditions Grasset.
La mathématique du chat, Daniel Justens (20024), Éditions Delagrave.
L'intelligence artificielle expliquée, David Brenet (2024), livre de vulgarisation.
Why is artificial intelligence an illusion ?, Hubert Landier (2024), Journal of Engineering & Science.
L'intelligence artificielle pour la formation, Lucie Dhorne (2024), Éditions Clic.

Annexe 10
Liste des tableaux, schémas, images

Structures éditoriales du groupe L'Harmattan

L'Harmattan Italie
Via degli Artisti, 15
10124 Torino
harmattan.italia@gmail.com

L'Harmattan Hongrie
Kossuth l. u. 14-16.
1053 Budapest
harmattan@harmattan.hu

L'Harmattan Sénégal
10 VDN en face Mermoz
BP 45034 Dakar-Fann
senharmattan@gmail.com

L'Harmattan Cameroun
TSINGA/FECAFOOT
BP 11486 Yaoundé
inkoukam@gmail.com

L'Harmattan Burkina Faso
Achille Somé – tengnule@hotmail.fr

L'Harmattan Guinée
Almamya, rue KA 028 OKB Agency
BP 3470 Conakry
harmattanguinee@yahoo.fr

L'Harmattan RDC
185, avenue Nyangwe
Commune de Lingwala – Kinshasa
matangilamusadila@yahoo.fr

L'Harmattan Congo
219, avenue Nelson Mandela
BP 2874 Brazzaville
harmattan.congo@yahoo.fr

L'Harmattan Mali
ACI 2000 - Immeuble Mgr Jean Marie Cisse
Bureau 10
BP 145 Bamako-Mali
mali@harmattan.fr

L'Harmattan Togo
Djidjole – Lomé
Maison Amela
face EPP BATOME
ddamela@aol.com

L'Harmattan Côte d'Ivoire
Résidence Karl – Cité des Arts
Abidjan-Cocody
03 BP 1588 Abidjan
espace_harmattan.ci@hotmail.fr

Nos librairies en France

Librairie internationale
16, rue des Écoles
75005 Paris
librairie.internationale@harmattan.fr
01 40 46 79 11
www.librairieharmattan.com

Librairie des savoirs
21, rue des Écoles
75005 Paris
librairie.sh@harmattan.fr
01 46 34 13 71
www.librairieharmattansh.com

Librairie Le Lucernaire
53, rue Notre-Dame-des-Champs
75006 Paris
librairie@lucernaire.fr
01 42 22 67 13

www.ingramcontent.com/pod-product-compliance
Lightning Source LLC
LaVergne TN
LVHW080932071026
849535LV00013B/4175
* 9 7 8 2 3 3 6 4 7 0 4 9 8 *